最受养殖户欢迎的精品图书

无公害肉兔安全生产手册

第二版

曹　斌　主编

U0351600

中国农业出版社

内 容 简 介

　　本书从国内养兔业的实际情况出发，结合编者多年来生产实践经验，详尽介绍了肉兔生长习性及良种识别、营养和饲料、饲养管理、兔场建筑与设备、产品加工与管理、疾病诊断与防治、兔场经营管理等方面内容，重点突出肉兔无公害化饲养关键性技术、增产措施以及经营方法，内容系统、丰富，知识先进、实用，便于读者看得懂、学得会、用得上，可供广大肉兔养殖专业人员学习和参考。

主　编　曹　斌

副主编　唐现文

编　者　曹　斌（第一章、第九章）

　　　　唐现文（第二章、第七章）

　　　　王利红（第三章、第四章）

　　　　张　玲（第五章、第六章）

　　　　牛　林（第八章、第十章）

审　稿　陆桂平

　　　　张　力

本书有关用药的声明

兽医科学是一门不断发展的学问。用药安全注意事项必须遵守，但随着最新研究及临床经验的发展，知识也不断更新，因此治疗方法及用药也必须或有必要做相应的调整。建议读者在使用每一种药物之前，要参阅厂家提供的产品说明以确认推荐的药物用量、用药方法、所需用药的时间及禁忌等。医生有责任根据经验和对患病动物的了解决定用药量及选择最佳治疗方案，出版社和作者对任何在治疗中所发生的对患病动物和/或财产所造成的损害不承担任何责任。

中国农业出版社

第二版前言

《无公害肉兔安全生产手册》第一版自2008年出版以来，以其丰富的内容、实用的技术、通俗易懂的写法，赢得广大读者的欢迎和喜爱。随着《中华人民共和国食品安全法》以及新版国际食品安全体系的颁布实施，我国现行食品法规和行业标准均已逐步修订，消费者对兔肉质量也提出了更高的要求，原书中部分内容已不能适应新形势的需要。为此，应中国农业出版社的邀请，我们按照保持原书写作风格、跟进新形势发展需要的原则，对原书进行了修订。

修改后的书稿，吸纳了国内外最新的技术成果和实践经验，内容突出现代肉兔无公害生产实用技术的介绍，既有理论又有实践，科学性、规范性、实用性、可操作性更强，使读者一看就懂，一学就会，适合基层农技推广人员、现代肉兔生产者、农民实用技术培训学习使用。

由于修订工作时间仓促，加之作者水平有限，疏漏和错误在所难免，恳请读者批评指正。

编　者
2013年8月

第一版前言

　　肉兔是我国传统的养殖业之一，目前家兔饲养量和出栏量居世界第一位。20世纪90年代以来，我国兔肉生产已形成以国内市场为主、国际市场为辅的格局，使得肉兔生产量呈稳步发展态势。中国加入世界贸易组织后，给养兔业带来了无限的商机和挑战，然而由于农畜产品中农药、兽药残留及重金属等有害有毒物质超过国际通行的食品质量安全标准，使得我国许多大宗出口创汇农畜产品被迫退出国际市场，其中包括兔肉及其制品。

　　为了解决农畜产品的质量安全问题，促进标准化生产技术的推广，不断拓宽农民获取科学知识的渠道，让更多的农民掌握无公害肉兔生产技术，为建设社会主义新农村做贡献，我们编写了这本书。全书从国内养兔业的实际情况出发，以最新颁布的无公害食品相关标准为基础，突出科学性、实用性、系统性，并结合编者多年来积累的经验，在肉兔生长习性及良种识别、营养和饲料、饲养管理、兔场建筑与设备、产品加工与管理、疾病诊断与防治、兔场经营管理等方面做了详尽的介绍，使肉兔饲养达到无公害化，保证消费者身体健康方面和出口贸易起到积极作用，对肉兔养殖户有一定的实用及参考价值。

　　本书编写过程中，参考了国内同行的一些有价值的资料，均已列入参考文献中，在此表示深深的谢意。由于作者水平有限和时间仓促，书中错误和不足之处，敬请专家和广大读者批评指正。

编　者

2007年8月

目录

第一章

发展肉兔无公害饲养业的
意义和前景

一、发展肉兔无公害养殖的意义

近年来，随着人民生活水平的不断提高，人们对健康食品的要求越来越高。随着耕地面积逐年减少，人、畜争粮矛盾的日益突出，肉兔养殖业以其投资小、风险低、周期短、效益高、节粮多的特点，越来越受到人们的重视。目前，养兔业已成为我国畜牧业的重要组成部分，肉兔将是发展节粮型畜牧业的最佳选择。

随着我国农业和农村经济进入新的发展阶段，农药、兽药、饲料添加剂、肥料和动植物激素等农资的使用不断增加，为农业生产发挥了积极的作用，但同时也由于环境污染等其他方面的原因，使农产品的污染问题日益突出。我国农产品因农药残留、兽药残留和其他有害物质超标，造成餐桌污染和中毒事件每年都有发生，严重危害了人民的身体健康。20世纪90年代以来，我国对欧洲、日本、美国等国家和地区出口的鸡肉、兔肉、鳗鱼、蜂蜜、茶叶和蔬菜等农产品，因农药残留、兽药残留及重金属等有害物质超过国际通行的食品质量安全标准，而被拒收、扣留、退货、销毁、索赔和终止合同的现象时有发生，给我国外贸造成了严重的损失。因此，发展肉兔无公害饲养业，是推进农业结构调整，提高肉兔产品市场竞争力，增加农民收入的有效措施，能从根本上保证肉兔业的健康发展，满足国内外市场发展的需要。

（一）肉兔是节粮型草食动物，符合我国国情

我国是一个农业大国，但是人均耕地的日趋减少和人口的不断增加，造成粮食供应与需求的矛盾始终存在，而且在今后相当长的时期内都不可能有很大的改变。肉兔属食草类的经济动物，饲料来源广泛，野草、野菜、树叶以及农作物秸秆和各种粮油加工副产品等，都可作为肉兔的饲料；在规模饲养时，多种高产优质牧草是它的主要饲料来源。发展以食草为主的肉兔生产，完全符合我国国情，是农业产业结构调整的方向。

我国山地丘陵多，饲草资源开发潜力巨大，因此，大力发展"节粮型"草食家畜是我国畜牧业可持续发展的必由之路。家兔能有效地利用植物中的蛋白质和部分粗纤维，从而提高了饲料的利用率，降低了成本。在家兔的日粮中，原粮仅占 25% 左右，青草或干草要占 70% 以上；而猪的日粮中原粮要占 60% 以上；鸡的日粮中原粮则高达 100%。家兔是"两高一优"（高产、高效、优质）动物。

（二）提供无公害、优质的动物性食品

兔肉是珍贵的食品，与其他畜禽肉类相比，兔肉具有"三高三低"的特点，即高蛋白、高赖氨酸、高消化率，低脂肪、低胆固醇和低热量等（表 1-1）。兔肉含有高达 21% 的全价蛋白质，丰富的 B 族维生素复合物，以及铁、磷、钾、钠、钴、铜等，代表了当今人类对于肉食品需求的方向。故兔肉在国外享有"保健肉、美容肉、益智肉"之称。兔肉对人体的营养保健作用，我国早在《本草纲目》就有记载：兔肉味甘性寒，具有补中益气、凉血解毒、清补脾肺、养胃利肠、解热止渴等功效。由此可见，俗语"飞禽莫如鸪，走兽莫如兔"有其内在的科学根据。

表1-1　兔肉与其他主要肉类营养成分及消化率比较

类别	蛋白质 (%)	脂肪 (%)	热量 (千焦/100克)	胆固醇 (毫克/100克)	烟酸 (毫克/100克)	赖氨酸 (%)	无机盐 (%)	消化率 (%)
兔肉	21	8	677.16	65	12.8	9.6	1.52	85
猪肉	15.7	26.7	1 287.44	126	4.1	3.7	1.10	75
牛肉	17.4	25.1	1 258.18	106	4.2	8.0	0.92	55
羊肉	16.5	19.4	1 099.34	70	4.8	8.7	1.19	68
鸡肉	18.6	14.9	518.32	69～90	5.6	8.4	0.96	50

随着国民收入及人民生活水平的提高，人们对无公害生活环境、绿色食品的认识逐步加深，人们对兔肉营养价值的认识也在逐步加深。人们将兔肉视为高档菜肴，甚至出现"无兔不成席"的局面，吃兔肉已成为人们的一种消费时尚。可以预见：兔肉将成为继猪肉、鸡肉之后又一个重要的消费热点，将会普及到寻常百姓家，对改变中国人不合理膳食结构，提高人们的身体素质发挥重要作用。

（三）帮助农民脱贫致富，促进农村经济发展

肉兔与其他养殖业相比，具有投资少、风险小、周期短、见效快、易管理、效益高、节粮多等优点。饲养规模可大可小，易经营，经营方式比较灵活，既可大规模集约化生产，也可千家万户庭院式养殖。农民不仅可以利用菜叶、果皮、田边地头杂草、作物秸秆、谷实类副产品等作为饲料小规模养兔，还可适度规模种草养兔，均可获得可观的经济效益。每只母兔年内可繁殖5～6窝，每窝产仔6～8只，成活5～6只，饲养90天，即可出栏25～30只商品兔，群众中流传"家养三只兔，不愁油盐醋；家养十只兔，不愁棉和布；家养百只兔，走上致富路"是现实的写照。如四川省肉兔养殖业已成为农村经济的支柱产业，取得了显著的社会效益和经济效益，并保持了16年的稳步发展。大别山区、武夷山区、湘西土家族苗族自治州、太行山区等地区养兔业已成为地区、乡镇和农户的主要经济来源。因此，在广大农村，

特别是贫困地区，因地制宜，大力发展肉兔养殖业，是农民脱贫致富奔小康的重要途径之一。发展肉兔养殖业可带动动物饲料工业、兔肉初级加工及深加工业、肉兔副产品（皮、骨、血、脏器等）加工业及相关机械设备工业的发展，还有利于促进第三产业的发展和解决相关产业及农村就业问题。因此，肉兔养殖业是其相关产业的基础，一业兴则百业旺。

（四）扩大外贸出口

我国是世界上最大的养兔大国，兔肉产品一直以外销为主，主要出口到法国、意大利、日本等冻兔肉是国际市场上畅销的肉食品之一。只要我国理顺体制，建立无公害肉兔养殖基地，引进良种，提高饲养管理水平，完善加工冷冻设施，提高加工、包装水平，改善服务质量，冻兔肉的出口潜力是很大的。

二、无公害肉兔养殖业的发展前景

（一）市场分析与需求

发展肉兔养殖业以满足人类对蛋白质的需求，是当今世界解决粮食紧缺和蛋白质供应不足的重要途径之一。尽管各国的发展不平衡，但总的趋势是：随着人民生活水平的不断提高，膳食结构日趋合理，特别是对瘦肉的需求与日俱增，人类对草食畜禽特别是兔，将会优先发展，并在一定的时期内，其产品将成为人类生活中的必需物质之一。

肉兔与马、牛、羊、禽相比，对地球的生态环境，也具有一定的特殊作用，它以杂草及农副产品为主，不与人类争粮食，而向人类提供最廉价、报酬最高的动物性食品。市场消费需求量将呈日益增长的趋势，从而促进肉兔养殖业不断发展，兔肉产量及消费量稳步上升。不仅国际兔肉市场呈持续发展的势态，国内市场的开发潜力也很大。

（二）发展我国肉兔养殖业的对策

我国养兔业从小到大，发展至今，已经成为世界第一养兔大国和兔产品的主要出口国。虽然在一些领域取得了可喜的成绩，但是与其他畜牧产业相比，还没有形成经济技术优势，生产比较脆弱，发展过程中还存在一些问题和不利因素：如兔产品国内消费市场开发不够；兔产品产销脱节，一体化、产业化经营尚未形成；在肉兔养殖方面，存在利用青贮饲料资源与应用某些先进技术之间的矛盾；肉兔专业化生产与社会化服务滞后；由于我国兔肉业以家庭副业小规模生产为主，科技含量低，技术、生产水平不高，综合开发能力较低，兔产品缺乏市场竞争力。

为了实现肉兔产业化，一要加强舆论导向，大力开拓国内消费市场；二要抓好生产基地建设，提倡规模养殖；三要重点扶持龙头企业，建立兔肉加工企业，带动肉兔业发展；四要完善肉兔无公害饲养技术，生产高质量无公害兔肉食品；五要健全行业组织，开展综合利用；六要加强政府扶持，发挥区域优势。

第二章

肉兔的生物学特性

一、肉兔的生物学分类地位

在动物分类学上，动物学家根据兔的起源、生物学特性与头骨的解剖特征等，将饲养的肉兔确定如下的分类地位：

动物界（Animalia）
脊索动物门（Chordata）
脊椎动物亚门（Vertebrata）
哺乳纲（Mammalia）
兔形目（Lagomorpha）
兔科（Leporidae）
兔亚科（Leporinae）
穴兔属（*Oryctolagus*）
穴兔种（*Oryctolagus cuniculus* Linnaeus）
家兔变种［*Oryctolagus cuniculus* var. *domesticus* (Lymelin)］

目前世界上所有的家兔品种都起源欧洲的野生穴兔，由野生穴兔驯化和培育而来。我国是驯化兔最早的国家之一，比欧洲要早得多。日本学者井口贤三（1941）的资料中记载："中国在先秦时代，即已养兔。"达尔文也承认中国是驯化兔最早的国家之一，他在《动物和植物在家养下的变异》中说："兔自古以来就被驯养了。孔子认为兔在动物中可以列为供神的祭品，因为他规定了它的繁殖法。所以，中国大概在古老的时期就已养兔了。"在我国历史上人们长期以来一直把家兔作为玩赏动物养，故而其品种数量少和生产性能低，直到新中国成立以后，我国养兔业才逐渐发展起来。

二、肉兔的解剖生理特点

兔体的基本结构和功能单位是细胞，细胞是新陈代谢、生长发育、繁殖分化的形态基础。许多形态和功能相似的细胞借助细胞间质彼此连接起来，构成组织。执行一定生理功能的几种组织结合起来，构成器官，例如心、肺、肾等都是器官。一些担负同类功能的器官构成系统，在同一系统内各器官分工协作，密切配合，共同完成该系统的生理功能，如鼻、咽、喉、气管和肺等器官组成呼吸系统。兔体包括被皮、运动、消化、呼吸、泌尿、生殖、循环、内分泌、神经和感觉等 10 个系统。各器官系统在功能上虽有分工，但都是在神经和内分泌系统的支配下互相影响，互相配合，组成一个完整的机体，共同维持正常的生命活动。兔体的结构与其他家畜相比较，既有共性，又有其个性特点。下面着重介绍肉兔的解剖生理特点。

（一）外貌特征

肉兔与其他生产类型兔之间、不同品种的肉兔之间在外貌上均有不同的特点。肉兔的外貌形态可以反映出其健康、发育情况和生产性能。掌握鉴定外貌的方法和要求，对于选种、育种和了解饲养生产情况十分必要。

肉兔的身体一般可分为头、颈、躯干、尾和四肢五部分（图2-1）。除鼻尖、眼睛上方、腹股沟部和公兔阴囊等一小部分无被毛外，其余全身各部都有被毛覆盖，被毛的长短和颜色因品种而不同。

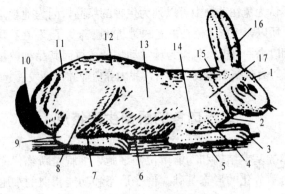

图 2-1 肉兔各部位名称

1. 头 2. 肉髯 3. 爪 4. 胸 5. 前脚 6. 腹 7. 后脚 8. 股 9. 飞节
10. 尾 11. 臀 12. 背 13. 体侧 14. 肩 15. 后颈 16. 耳 17. 颈

1. 头部 肉兔的头较长，包括颅部和面部。颅部是指眼以后的部分，包括顶、额、枕、颞、耳和耳郭等。面部是指眼以前的部分，占头全长的2/3，包括眼、鼻、口等器官。

口较小，外周由含有肉质的上唇和下唇组成，上唇中央有纵裂，俗称豁嘴或兔唇，门齿外露。口角周围有长而硬的触须，有触觉作用。

鼻孔较大，呈椭圆形，位于上唇纵裂两侧。

眼球大，近似圆形，位于头部两侧，其单眼的视野角度超过180°，以单眼视物。肉兔的眼睛有不同的颜色，如红色、灰色和黑色等。眼球的颜色为品种特点之一，如中国白兔、德国齐卡配套系兔等眼球为红色；比利时兔眼球为黑色。

耳的形状、长度和厚薄也是品种特点之一，如中国白兔耳短厚、直立；德国巨型白兔耳大而直立；日本大耳白兔耳长、耳端尖，形同柳叶等。

2. 颈部 颈部位于头和躯干之间，肉兔颈短，一般大中型兔在颈与喉的交界处有肉髯。

3. 躯干部 躯干长而弯曲，分为胸部、腹部和背腰三部分。

胸腔较小，其容积仅为腹腔的 1/7～1/8；腹部远大于胸部，这与兔的草食性相关。选种时，应选腹部容量大但肚皮不松弛而有弹性者；母兔在胸部一般有 3～6 对乳头，乳头的数目和发育情况反映母兔泌乳的能力，选种时要选具有 4 对以上发育良好的乳头的母兔。

背部有明显的腰弯曲，选种时要选背腰宽大、臀部宽圆的肉兔，背腰狭窄或下陷说明体质弱，脊椎骨棘突明显、臀窄下垂者是发育不良的表现。

4. 尾部 肉兔尾短，起掩盖肛门和阴部的作用。

5. 四肢 前肢短细，后肢长而有力，与兔的跳跃和卧伏的生活习性有关。前肢包括肩带部、臂部、前臂部和前脚部（包括腕部、掌部和指部）四部分。后肢包括大腿部（股部）、小腿部和后脚部（包括跗部、跖部和趾部）三部分。前脚有五指，指端有爪，后脚有四趾（第一趾已经退化），跖端有爪。兔脚着地的方式属于趾—跖行性，即不仅以脚趾（指）着地，脚掌（趾骨、掌骨）也在一定程度上参与着地，尤其是后脚，脚掌着地情况更明显。

（二）被皮系统

被皮系统包括皮肤和由皮肤演化而来的毛、爪、乳腺、汗腺、皮脂腺等皮肤衍生物，具有保护、感觉、调节体温、分泌、排泄和贮藏营养物质等作用。

1. 皮肤 肉兔的皮肤由表皮、真皮和皮下组织构成。

（1）表皮 是皮肤的最表层，由复层扁平上皮样细胞构成，很薄，其表层细胞角质化称角质层。深层细胞具有不断增生的能力称生发层，使最表面细胞不断脱落而成为皮屑。

（2）真皮 位于表皮下面，是皮肤最主要、最厚的一层，由致密的结缔组织构成，坚韧而富有弹性，可分为浅层的乳头层和深层的网状层。真皮内有丰富的毛细血管和神经末梢。

（3）皮下组织　位于真皮下面，即皮肤的最深层，主要由疏松结缔组织构成，其中含有脂肪组织，有比较大的血管和神经。皮肤借皮下组织与深部的肌肉或骨膜相连。

2. 皮肤衍生物　肉兔的皮肤衍生物包括毛、爪和皮肤腺。

（1）毛　兔毛分为绒毛、枪毛和触毛三种类型。绒毛短、细且密，起保温作用；枪毛长而粗，耐摩擦，具有保护作用；触毛长、粗而硬，长在嘴边，有触觉作用。毛分为毛干、毛根和毛球三部分，毛干露在皮肤外面，毛根插入到皮肤的毛囊内，毛根的末端膨大称作毛球。毛有一定的寿命，生长到一定时期，就会衰老脱落，为新毛所代替，这个过程就是换毛。成年兔在一年内有2次换毛，分别在春季和秋季。

（2）爪　兔的每一指（趾）的末指节骨上都附有爪，爪分为爪缘、爪冠、爪壁和爪底，具有挖土打洞和御敌的功能。

（3）皮肤腺　皮肤腺包括汗腺、皮脂腺和乳腺。

汗腺：位于真皮内，有导管开口于皮肤的表面。兔的汗腺很不发达，主要分布在唇边和腹股沟部。由于汗腺不发达，体温调节受到限制，所以兔是不耐热的动物。

皮脂腺：皮脂腺遍布全身，但不是很发达，位于真皮内靠近毛根处，其导管开口于毛囊，分泌的皮脂能滋润皮肤和被毛，防止干燥和水分的浸入。兔外阴部有1对鼠鼷腺，是由皮脂腺变化而来，腺体较小，白色，公兔位于阴茎体背侧皮下，母兔位于阴蒂背侧皮下，分泌带有异臭味的黄色分泌物，腺体导管开口于腹股沟无毛处。

乳腺：母兔的乳头数一般为3～6对，位于胸部及腹部正中线两侧。每个乳头约有5条乳腺管开口。兔每日泌乳量为50～220克。

（三）运动系统

肉兔的运动系统是由骨、关节和肌肉三部分组成。

1. 骨骼 兔全身有 275 块骨，由结缔组织或软骨连接而成，构成兔体的坚固支架，起着维持体形、支持体重、保护内脏、参与运动、参加机体钙磷的代谢和平衡等作用，骨骼腔中的红骨髓有造血功能。全身骨的总重量约占体重的 8%。骨骼依照生理部位可分为中轴骨和附肢骨。中轴骨有头骨、脊柱、肋骨和胸骨；附肢骨有前肢骨和后肢骨（图 2-2）。

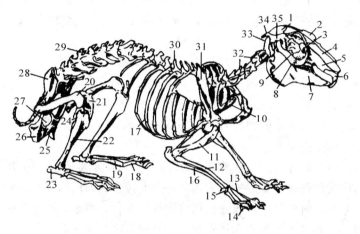

图 2-2　肉兔全身骨骼结构

1. 顶骨　2. 额骨　3. 泪骨　4. 鼻骨　5. 上颌骨　6. 前颌骨　7. 下颌骨
8. 颧骨　9. 腭骨　10. 胸骨　11. 肱骨　12. 桡骨　13. 掌骨　14. 指骨
15. 腕骨　16. 尺骨　17. 肋骨　18. 趾骨　19. 跖骨　20. 股骨　21. 膝盖骨
22. 胫骨　23. 跗骨　24. 腓骨　25. 耻骨　26. 坐骨　27. 闭孔　28. 髂骨
29. 腰椎　30. 胸椎　31. 肩胛骨　32. 颈椎　33. 枕骨　34. 顶间骨　35. 颞骨

（1）头骨　头骨多是板状扁骨，内有骨腔，起容纳和保护作用。头骨可分为顶部的颅骨和前方的面骨两部分，共 28 块。除下颌骨外，各骨和软骨之间的接触面为不动关节。颅骨构成颅腔的外壳，包围脑、平衡和听觉器官，构成头骨的后半部，由 4 块单骨和 6 块对骨构成。面骨是构成兔颜面的基础，围绕在口及鼻腔周围，并与颅骨共同构成眼眶，面骨由 2 块单骨和 16 块对骨组成。兔的面骨长，这与其草食性有关。

（2）脊柱　脊柱纵贯全身，由一节节脊椎骨通过关节、韧带和椎间盘联结而成。脊柱自头部向后延伸至尾部，由于各部分的承受力不同，形成几个弯曲，肉兔的脊柱有 4 个弯曲，即头颈弯曲、颈胸弯曲、腰部弯曲和荐尾弯曲，腰部弯曲在各种家畜中最为明显，这与其后肢的弹跳能力相关。肉兔的脊椎骨大约有 46 块（45～48 块），肉兔脊椎分颈椎、胸椎、腰椎、荐椎和尾椎五部分，其中颈椎 7 块、胸椎 12 块（偶有 13 块）、腰椎 7 块、荐椎 4 块、尾椎 16 块（15～18 块）。

（3）肋骨　通常为 12 对（偶有 13 对），与胸椎数目一致，前 7 对肋骨与胸骨相接，称为真肋，后 5 对肋骨不与胸骨相接，称假肋。第 8 肋的肋软骨附着于第 7 肋的肋软骨，第 9 肋的肋软骨附着于第 8 肋的肋软骨。最后 3 对的软骨端游离，称为浮肋。肋骨体长而弯曲。

（4）胸骨　由 6 块胸骨节组成。第 1 节为胸骨柄，第 2～5 节称为胸骨体，最后一节为剑突，后方接一宽而扁的剑状软骨。

（5）前肢骨　前肢骨包括肩胛骨、锁骨、臂骨、前臂骨和前脚骨。肩带由肩胛骨和锁骨组成，肩胛骨略呈扁平的三角形，斜位于胸侧壁的前部。乌喙骨退化成一突起。锁骨小而细长，位于肩胛骨下端的内侧前方，埋于肩部肌肉中。臂骨又称肱骨，为典型的管状长骨，近端有球形的臂骨头，远端与桡骨构成关节。前臂骨由桡骨和尺骨构成，内侧为桡骨，较短，外侧为尺骨，较长，尺骨近端的突出部分称肘。前脚骨由腕骨、掌骨、指骨及籽骨组成。

（6）后肢骨　包括髋骨、股骨、膝盖骨、小腿骨和后脚骨。兔的后肢骨较长，并坚强有力，适于跳跃。髋骨由髂骨、耻骨和坐骨 3 块扁骨组成。三骨结合处共同形成髋臼，与股骨头形成髋关节。左右髋骨与荐骨及前三个尾椎构成骨盆。股骨为大腿骨，近端内侧有粗大的突起称大转子，股骨远端前面有滑车关节面，与膝盖骨组成关节，后面有两个股骨髁，与胫骨组成关节。膝盖骨又称髌骨，为一短楔状籽骨。小腿骨包括内侧粗大的胫骨和外侧细小的腓骨。后脚骨由跗骨、跖骨、趾骨和籽骨组成。

2. 骨连结　骨与骨之间常借纤维结缔组织或软骨组织形成骨连结。骨连结的方式有直接连结和间接连结。直接连结是骨和骨之间借纤维结缔组织或软骨直接相连，无间隙，不能活动或仅能稍微活动，比如相邻椎骨椎体之间的椎间盘连结。间接连结又称滑膜连结，骨与骨之间并不是直接连结在一起的，中间有滑膜包围的关节腔，能进行灵活的运动，又称关节。

关节由关节面、关节软骨、关节囊、关节腔及血管神经等基本结构构成，有的关节尚有韧带、关节盘和关节唇等辅助结构。根据组成关节的骨骼数可将关节分为单关节和复关节，单关节由相邻的两块骨构成，如肩关节；复关节由两块以上的骨构成，或在两骨间夹有关节盘，如膝关节。根据关节运动轴的数目可分为单轴关节、双轴关节和多轴关节三种，单轴关节只能沿横轴进行屈伸，如肘关节。双轴关节可沿横轴作屈伸运动，还可沿纵轴左右摆动，如寰枕关节；多轴关节是由半球形的关节头和相应的关节窝构成的关节，能做屈、伸、内收、外展和旋转运动，如髋关节。

兔体主要关节：头颈部的关节有颞下颌关节、寰枕关节和寰枢关节。胸廓的关节包括肋椎关节和肋胸关节。前肢关节有肩关节、肘关节、腕关节和指关节。后肢的关节有荐髂关节、髋关节、膝关节、跗关节和趾关节。

3. 肌肉　兔全身肌肉有 300 多块，在正常膘情条件下占体重的 35% 左右。按部位可分为皮肌、头部肌、躯干肌、前肢肌和后肢肌五部分（图 2-3）。肌肉配置的重点在后躯，故腰、臀和后肢的肌肉发达，这种分配特点适应肉兔的运动和生活习性，因为肉兔的奔跑、跳跃要依靠后躯发达的肌肉活动来实现。

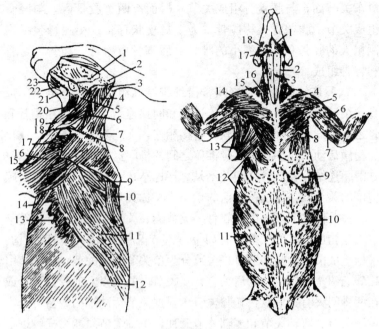

图 2-3　肉兔浅层肌分布

左：外侧表层肌分布

1. 咬肌　2. 耳下腺　3. 头菱状肌　4. 夹肌　5. 外颈静脉　6. 肩胛举肌

7. 前斜方肌　8. 小胸肌　9. 三角肌　10. 后斜方肌　11. 背括肌　12. 腹外斜肌

13. 腹锯肌　14. 大胸肌　15. 臂头肌　16. 肱三头肌　17. 三角肌　18. 锁乳头肌

19. 胸乳头肌　20. 胸舌骨肌　21. 颌下腺　22. 下颌肌　23. 二腹肌

右：腹侧、颈部和躯干部表层肌肉分布

1. 颌舌骨肌　2. 胸骨乳突肌　3. 胸骨舌骨肌　4. 锁骨　5. 前胸肌　6. 肱二头肌

7. 前臂筋膜张肌　8. 大胸肌　9. 肋间肌　10. 腹直肌　11. 腹外斜肌　12. 背锯肌

13. 肩胛下肌　14. 三角肌　15. 颈斜方肌　16. 锁乳头肌　17. 翼肌　18. 咬肌

（1）皮肌　为皮肤深面的浅筋膜中的薄肌，附着于皮肤，其作用是牵动皮肤、驱逐蚊蝇、抖掉皮毛上的尘土、水等杂物。根据所在部位分为面皮肌、颈皮肌、肩臂皮肌和胸腹皮肌。

（2）头部肌　头部肌包括面部肌和咀嚼肌。面部肌位于头部口腔和鼻孔周围，主要有口轮匝肌、颊肌、颧肌、鼻唇提肌、上唇提肌、下唇降肌和颏肌。咀嚼肌分为闭口肌和开口肌，闭口肌有咬肌、翼肌和颞肌；开口肌主要是二腹肌。

（3）躯干肌　包括脊柱肌、颈腹侧肌、胸壁肌和腹壁肌。

脊柱肌：脊柱肌分为脊柱背侧肌和脊柱腹侧肌。脊柱背侧肌主要作用是伸脊柱，提举头、颈和尾；脊椎腹侧肌的主要作用是屈头、颈、腰和尾。腰部背侧肌特别发达，背最长肌是脊柱最大的肌肉，位于胸、腰椎棘突与横突及肋骨上端所构成的三角形空隙中，由髂骨部伸至颈椎。

颈腹侧肌：位于颈腹侧皮下，包围颈部气管、食管、血管、神经的侧面和两面，主要有胸头肌、胸骨甲状舌骨肌等，有屈头颈、向后拉动舌骨和牵动喉头等作用。

胸壁肌：位于胸廓壁，主要有肋间外肌、肋间内肌和膈肌。其作用是牵动肋骨扩大与缩小胸廓，引起呼吸，也称呼吸肌。

腹壁肌：构成腹腔的侧壁和底壁，由外向内依次为腹外斜肌、腹内斜肌、腹直肌和腹横肌等。具有保护、承重、协助分娩、排便、呼吸、呕吐等作用。

（4）前肢肌　包括间带肌、间部肌、壁部肌、前壁部肌和前脚部肌。

（5）后肢肌　包括臀部肌肉、小腿肌和后脚部肌肉。

（四）消化系统

消化系统的机能就是摄取食物，消化食物，吸取养分，排除粪便，由消化管和消化腺（包括唾液腺、肝、胰、胃腺和肠腺）组成（图2-4）。

1. 消化管　消化管起始于口腔，经咽、食管、胃、小肠、大肠，止于肛门。

（1）口腔　口腔由唇、颊、腭、舌和齿组成。具有采食、吸吮、湿润、咀嚼、吞咽、泌涎和味觉等功能。口腔的前壁为唇，

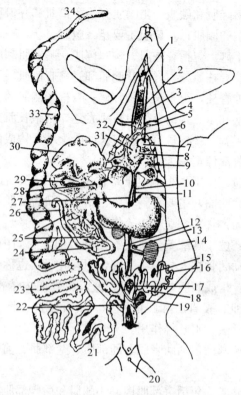

图 2-4　肉兔的内脏系统

1. 颌下腺　2. 左颈静脉　3. 气管　4. 左锁骨下静脉　5. 左锁骨下动脉

6. 主动脉弓　7. 左心房　8. 左心室　9. 左肺　10. 食管　11. 主动脉

12. 右输尿管　13. 左肾上腺　14. 左肾　15. 左卵巢　16. 左输卵管

17. 阴道　18. 左子宫　19. 膀胱　20. 肛门　21. 脾　22. 直肠　23. 结肠

24. 胰管　25. 胰腺　26. 小肠　27. 后腔静脉　28. 胆管　29. 胆囊

30. 肝脏　31. 右心室　32. 右心房　33. 盲肠　34. 蚓突

两侧为颊，顶壁为硬腭和向后延伸的软腭，底壁为下颌舌骨肌及下颌骨体。口腔内有舌和齿。

兔唇分上唇和下唇，上唇正中线有纵裂，形成豁嘴（唇裂）。

兔唇活动自由，门齿外露，便于采食地上的矮草和啃咬树皮等。

兔舌短而厚，分舌尖、舌体和舌根三部分。舌黏膜上有丝状乳头、菌状乳头、轮廓状乳头和叶状乳头。后三种乳头的上皮内均有味蕾，为味觉感受器。

兔的牙齿分为切齿、前臼齿和臼齿。门齿呈凿形，无犬齿，臼齿发达，咀嚼面宽有横嵴。兔齿的特点是上颌具有前后2对门齿，形成特殊的双门齿形。成年兔的牙齿是28个，仔兔乳齿数是16个。

（2）咽　位于口腔和鼻腔之后，喉的前上方，是消化道和呼吸道的共同通道。兔咽相当宽大，后上方经食管口通食管，后下方经喉口通喉。咽壁由黏膜、肌层和外膜三部分构成。咽的肌肉为横纹肌。

（3）食管　连于咽和胃之间，起于咽，位于喉与气管的背侧，经胸腔穿过膈的食管裂孔入腹腔，与胃的贲门相接。

（4）胃　兔胃是单胃，呈囊袋状，是消化管的膨大部分，横位于腹腔前部。胃的入口为贲门，与食管相连，后端以幽门与十二指肠相通。贲门和幽门都有括约肌，可控制食物的通过。贲门处有一个大的肌肉皱褶，可防止内容物的呕吐，因此，兔不能嗳气，也不能呕吐。胃的前缘呈凹入的弯曲称胃小弯，胃的后缘呈突出的弯曲称胃大弯。胃的外面有大网膜包围。胃黏膜能分泌含有盐酸和胃蛋白酶原的胃液，对食物进行初步消化，兔胃较大，一般容积为300～1 100厘米^3，约占消化道容积的36%。胃有暂时贮存食物、分泌胃液、初步消化等作用。

（5）小肠　小肠始于幽门，终止于盲肠与十二指肠交界处的回盲口，由前向后可分为十二指肠、空肠和回肠三部分（图2-5）。

十二指肠：形状似U形，长约50厘米，在十二指肠间的肠系膜上有散在的胰腺，黏膜上有胆管和胰管的开口。

空肠：是小肠最长的部分，长约200厘米，形成许多弯曲，肠壁较厚，富含血管，呈淡红色。

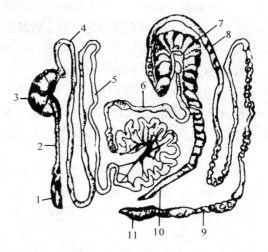

图 2-5　肉兔消化器官

1. 舌　2. 食管　3. 胃　4. 十二指肠　5. 空肠
6. 回肠　7. 盲肠　8. 结肠　9. 直肠　10. 蚓突　11. 肛门

回肠：较短，长约 40 厘米，肠壁薄，管径细，以回盲系膜连于盲肠，接盲肠处有一壁厚的椭圆形膨大圆囊，称圆小囊，其黏膜富含淋巴组织，既参与营养吸收，又可产生大量的淋巴细胞参与机体免疫。

小肠是食物消化和吸收的主要部位，食糜在小肠内受到肠液、胰液和胆汁三种消化液的消化。

（6）大肠　大肠从回盲口至肛门，包括盲肠、结肠和直肠。大肠的主要功能是吸收水分、维生素、电解质，进行微生物消化和形成粪球。

盲肠：盲肠特别发达，是一个长而粗的盲囊，长 50～60 厘米，容积占消化道总容积的 49%。盲肠游离端直径变细，管壁变薄，称蚓突，其色淡，壁厚，含有丰富的淋巴组织，具有重要的免疫功能。盲肠肠壁内有一系列特殊的螺旋状黏膜褶，称螺旋瓣。在盲肠口附近有一大一小两个椭圆形隆起，称盲肠扁桃体。

结肠：长约 100 厘米，分为升结肠、横结肠和降结肠三部分。结肠前部管壁有 3 条纵肌带，2 条在背侧，1 条在腹侧，在纵肌带之间形成一系列的肠袋。

直肠：长 30~40 厘米，与降结肠无明显界限，但两者之间有 S 状弯曲。内含粪球呈串珠状。直肠末端侧壁有 1 对细长形呈暗灰色的直肠腺，长 1.0~1.5 厘米。

2. 消化腺 消化腺按所在部位不同分为壁内腺和壁外腺两种。壁内腺是分布在消化管管内的小型腺体，如胃腺、肠腺等。壁外腺是位于消化管以外的大腺体，以导管通到消化管腔内，如开口位于口腔的唾液腺，开口位于十二指肠的肝和胰。

（1）唾液腺 兔有 4 对唾液腺，包括腮腺、颌下腺、舌下腺和眶下腺。唾液腺分泌的唾液能清洁口腔，湿润食物，还含有消化酶，可参与消化。

腮腺：位于耳郭基部下方至咬肌后缘，呈不规则三角形，粉红色，是唾液腺中最大者。腺管横过咬肌表面，开口于上颌第 2 前臼齿所对的颊黏膜。

颌下腺：呈椭圆形，灰粉红色，靠近咬肌后缘，腺管开口于舌系带附近。

舌下腺：较小，呈长带状，有几条平行的导管开口于舌下部。

眶下腺：是兔特有的腺体，呈粉红色。位于眼眶底部前下角，其导管穿过颊黏膜，在上颌第 3 前臼齿部开口于口腔前庭。

（2）肝 是体内最大的腺体，呈红褐色，约为体重的 3.7% 左右。位于腹腔的前部，前面凸，与膈相接触，称膈面。后面凹，与胃肠等相接触，称脏面。肝分为 6 叶，即左外叶、左内叶、右内叶、右外叶、方叶和尾叶（图 2-6），其中以左外叶和右内叶最大。肝门位于肝的脏面，它是门静脉、肝动脉、肝管、淋巴管、神经等的通路。胆囊位于肝的右内叶脏面，是贮存胆汁的长行囊，呈暗绿色。自胆囊发出的胆囊管在肝门处与来自肝叶的肝管汇合成胆总管，沿十二指肠韧带向后走行，开口于距幽门1厘米处的十二指肠。个别品种的兔没有胆囊，有无胆囊的兔在消化方面没有明显差异。

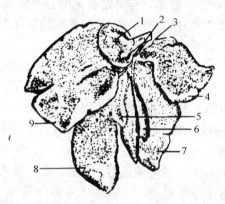

图 2-6　肉兔肝脏
1. 尾叶　2. 门静脉　3. 胆总管　4. 左外叶
5. 方叶　6. 胆囊　7. 左内叶　8. 右内叶　9. 右外叶

（3）胰　位于十二指肠间的肠系膜上，呈淡粉红色，由分散的小叶组成，分左叶和右叶两部分。右叶位于十二指肠袢内的系膜中，左叶沿胃小弯伸达到脾。胰管在离胆管开口处30厘米之后开口于十二指肠后半部。

（五）呼吸系统

兔在进行生命活动的过程中，不断从外界摄取氧气，排出二氧化碳，这一过程称作呼吸。兔的呼吸系统包括呼吸道和肺，呼吸道是气体出入肺的通道，肺是气体交换器官。

1. 呼吸道　呼吸道由鼻、咽、喉、气管和支气管组成。

鼻不仅是气体出入肺的通道，也是嗅觉器官；咽，见消化系统；喉既是气体出入肺的通道，也是发声的器官，以不同形状的软骨为支架构成，由于肉兔的声带不发达，所以兔的发声很单调；气管是由 48～50 个 C 形软骨连接而成，其背面依靠结缔组织和平滑肌相连，器官的前端与喉相连，向后沿颈部腹侧正中线进入胸腔，在第 4～5 胸椎的腹侧分为左、右支气管，再分别进入左右两肺，入肺后又分成小支气管，形成复杂的支气管树，小支气管越分越细，其末端膨大成囊状，称肺泡管，肺泡管壁向外凸出形成半球形盲囊，即肺泡。肺泡囊膜外有丰富的毛细管网，以便进行气体交换。

2. 肺　兔的肺不发达，这与肉兔活动量小、运动强度低、相应的呼吸强度也较低是相关的。肺位于胸腔内，质地柔软，富有弹性，呈粉红色，分为左肺和右肺，左肺较小，分尖叶、心叶和膈叶，右肺较大，分为尖叶、心叶、膈叶和中间叶。肺的表面被覆一层光滑的浆膜，称为肺胸膜，肺胸膜的结缔组织深入肺组织内，形成肺的间质，将肺分成许多小叶，从肺表面看，肺小叶呈大小不等的多边形区。气体交换主要在肺内进行，另外，肉兔的皮肤也有呼吸作用。肉兔的呼吸次数，成年兔 20～40 次/分，幼兔 40～60 次/分。

（六）泌尿系统

肉兔的泌尿系统包括肾、输尿管、膀胱和尿道。肉兔在新陈代谢过程中，不断形成大量的代谢产物和多余的水分，这些都要通过肾以尿液的形式排出体外。肾不仅有排泄代谢产物的功能，还对稳定体内水盐代谢和酸碱平衡起重要作用。

1. 肾脏　兔的肾脏呈椭圆形，右肾在前，左肾在后，位于腹腔顶部及腰椎横突正下方。肾外表被有一层坚韧的纤维膜，称为被膜。脂肪囊不明显，很少或无脂肪蓄积。肾的内侧中部凹陷，称为肾门，是输尿管、血管、淋巴管及神经出入肾脏的门户。兔肾属单乳头肾，肾外表光滑，其实质分外层的皮质和内层的髓质，髓质部形成一个乳头状肾乳头，肾乳头开口于周围的肾盂，肾盂呈漏斗状，是输尿管起始端的膨大部。

2. 输尿管 起始于肾盂，左右各一条，为白色管道，在腹腔后部经腰肌腹侧延伸至盆腔，于膀胱颈背侧开口于膀胱。

3. 膀胱 是一个梨形的肌质囊，无尿时位于盆腔内，当充盈尿液时可突出于腹腔。膀胱壁由黏膜、肌层和外膜组成，膀胱的伸展性和收缩性很大。

4. 尿道 公兔尿道细长，起始于膀胱颈后，开口于阴茎头端，既是尿液也是精液通过的管道。母兔尿道比较短，仅是排尿的通道，开口于阴道前庭。

5. 尿液及其形成 尿的生成包括两阶段：一是血液经过肾小球时，由于滤过作用而生成原尿；二是原尿经肾小管重吸收、分泌和排泄作用形成终尿。终尿经输尿管进入膀胱，当膀胱内尿量蓄积到一定程度时，压力增加，兴奋排尿中枢，引起排尿。

（七）生殖系统

生殖系统的主要功能是产生生殖细胞，繁殖后代，保证种族的延续。生殖系统分为雄性生殖系统和雌性生殖系统。

1. 雄兔生殖系统 包括睾丸、附睾、输精管、尿生殖道、副性腺、阴茎和包皮、阴囊等。

（1）睾丸 能产生精子和雄性激素。左右各一，呈卵圆形，长约2.5厘米，宽约1.2厘米。肉兔睾丸的位置因年龄而异，在性成熟前位于腹腔内，性成熟前不久，通过腹股沟管下降到阴囊内。由于肉兔的腹股沟管短而宽，睾丸可以自由地下降到阴囊或缩回腹腔，一般在生殖期下降到阴囊内，非生殖期，又缩回腹腔。公兔每次排精1～2毫升，约2亿个精子。

（2）附睾 是储存精子和精子进一步成熟的地方。兔的附睾很发达，位于睾丸的背外侧面，分为附睾头、附睾体和附睾尾三部分。附睾头膨大，在睾丸前端，由大约15条睾丸输出管组成。睾丸输出管由附睾头伸出后汇集成一条长而弯曲的附睾管，沿睾丸侧面和后端形成附睾体和附睾尾。

(3) 输精管 是运输精子的管道，由附睾尾起始，经腹股沟管进入腹腔，再折向后方至骨盆腔，在膀胱背侧向后延伸，逐渐增粗，形成输尿管壶腹部（是储存精子的地方），然后管径变细，在精囊腹侧壁开口于尿生殖道。

(4) 尿生殖道 公兔的尿道除了起始的一段外，大部分是尿液和精液排出的共同管道，所以称为尿生殖道。其前端接膀胱颈，沿骨盆底壁向后延伸，绕过坐骨弓，再沿阴茎的腹侧向前延伸，至阴茎头以尿道外口开口于外界。

(5) 副性腺 包括精囊与精囊腺、前列腺、旁前列腺和尿道球腺，其分泌物和精子组成精液。副性腺的分泌物能稀释精子，营养精子，改善阴道环境，有利于精子的生存和运动。副性腺都开口于尿生殖道。

(6) 阴茎与包皮 阴茎是公兔的交配器官，呈圆柱状，固着在耻骨联合的后缘，前端游离且稍有弯曲，没有膨大的龟头，平时向后方伸至肛门附近。阴茎外面被覆有包皮。

(7) 阴囊 阴囊有一对，分别位于腹部后方，肛门的两侧，阴茎的基部。

2. 雌性生殖系统 包括卵巢、输卵管、子宫、阴道、尿生殖前庭和阴门。

(1) 卵巢 肉兔的卵巢，位于腹腔内肾的后方，由卵巢系膜悬于第五腰椎横突腹侧，左右各一个，呈长椭圆形、淡红色，长1.0～1.7厘米，宽0.3～0.7厘米。幼龄兔卵巢表面光滑，成年兔卵巢表面有透明的小圆泡突起，即为成熟的卵泡，数量不等。妊娠母兔的卵巢表面有暗色小丘，称为黄体，为临时性腺体，可分泌孕酮。

(2) 输卵管 位于卵巢和输卵管系膜上，左右各一条，是输送卵子及受精的管道。前端有输卵管伞，后端接子宫，全长9～15厘米。输卵管的管壁由黏膜、肌层和浆膜构成。

（3）子宫　子宫是胚胎发育的场所。兔有两个完全分离的子宫，左右子宫不闭合，无子宫角和子宫体之分，都开口于阴道的底部。子宫借子宫阔韧带附着于腹壁，大部分位于腹腔内，小部分位于骨盆腔，背侧为直肠，腹侧为膀胱。子宫壁较厚，由子宫黏膜、肌层和浆膜构成。

（4）阴道　阴道是母兔的交配器官和产道。位于骨盆腔内，紧接在子宫的后面，背侧为直肠，腹侧为膀胱。阴道前部为固有阴道，后部为阴道前庭，在其腹壁上有尿道开口，因此，又称尿生殖前庭。兔的阴道较长，为 7.5～8 厘米。

（5）阴门　位于肛门腹侧，长约 1 厘米，阴门两侧隆起形成阴唇。阴唇前后相连，在联合处有一小的长约 2 厘米左右的突起称为阴蒂，与公兔的阴茎为同源器官。

（八）循环系统

循环系统是体内封闭的管道系统，由于管道内所含的体液不同，分为心血管系统和淋巴系统两部分。心血管系统占主要地位，内含的血液在心脏搏动的推动下，终生不停地在周身循环流动。淋巴系统可视为心血管系统的辅助部分，内含淋巴液（由血液产生），它是个单向向心回流的管道，最后汇入心血管系统。

循环系统的主要功能是运输。一方面是把吸收来的营养物质和吸进的氧气运送到全身的组织和细胞，供其生理活动的需要；另一方面是把组织和细胞产生的代谢产物（如二氧化碳和尿素），运送到肺、肾和皮肤排出体外。体内各种内分泌腺分泌的激素，也是通过血液运输到全身，对机体的发育和生理功能起调节作用。此外，循环系统还有保护机体和调节体温的作用。

1. 心血管系统　又称血液循环系统，由心脏、血管和血液组成。

（1）心脏　位于胸腔的纵隔内，略偏于左侧，与第二至第四肋间相对。心由冠状沟分为上方的心房和下方的心室。心房壁薄，由房中隔分为左心房和右心房；心室壁较厚，由室中隔分为左心室及右心室，左心室的肌肉比右心室的厚。心房与心室之间以房室口相通，左右房室口的纤维环上均有二尖瓣，防止血液逆流回心房。安静时成年兔心跳频率为 80～100 次/分，幼兔为 100～160 次/分，运动或受惊吓后会急剧增加。

（2）血管　血管可分为动脉、静脉和毛细血管三种。

动脉：是由心室输送血液到全身各部的血管，出心室后，不断分支，逐渐变细，最后形成毛细血管。动脉壁厚而有弹性。

静脉：是收集全身各部血液回流心房的血管。起始于毛细血管，汇成小静脉，逐渐变粗，但壁薄，弹性小。

毛细血管：连接动脉和静脉，密布于组织间，壁很薄，仅由内皮细胞和膜组成。血液和组织间物质在此进行交换，因此，毛细血管是血液循环的基本功能单位。

2. 淋巴系统　由淋巴管、淋巴器官和淋巴液组成。

（1）淋巴管　包括毛细淋巴管、淋巴管和淋巴导管，是输送淋巴回心的管道系统。

（2）淋巴器官　包括胸腺、脾、扁桃体、盲肠蚓突、圆小囊和大小淋巴结。

淋巴结：兔的淋巴结较少，特别是肠系膜淋巴结很少，不超过 7 个。全身重要的淋巴结有：下颌淋巴结、腮腺淋巴结、颈浅淋巴结、髂下淋巴结、纵隔淋巴结和肠系膜淋巴结。

脾：位于胃大弯的左侧，附着于大网膜上，长镰刀状，色深红，是兔体内最大的淋巴器官，有造血、贮血、滤过血液以及参与机体免疫活动等功能。

胸腺：位于胸腔内，纵隔前部，呈粉红色。幼兔的胸腺较大，随年龄的增长而逐渐变小，成年兔的胸腺退化。胸腺是重要的免疫器官，是 T-淋巴细胞分化成熟的场所，并且对其他淋巴器官的发育和免疫功能起着重要的作用。

扁桃体：分布于消化管各重要关口，如腭扁桃体、盲肠扁桃体等。

（九）内分泌系统

内分泌系统是由分布于全身的内分泌腺和内分泌组织组成。内分泌腺是没有输出管的腺体，又称无管腺，其分泌物称为激素，直接进入血液和淋巴液中，随血液循环流到全身，调节各器官的活动。兔的内分泌腺有两大类，一类为独立存在的腺体，如脑垂体、甲状腺、肾上腺、松果腺；另一类存在于其他腺体或组织内，如胰腺内的胰岛、睾丸内的间质细胞、卵巢内的卵泡和黄体等。

（十）神经系统

兔的神经系统有中枢神经和外周神经组成。它借助感觉器官或感受器，接受体内外各种刺激，通过反射方式，调解各器官的活动，以适应外界环境。这种调节称为神经调节。

1. 中枢神经　兔的中枢神经不发达，全重 15.5 克，占体重的 0.6% 左右。脑与脊髓重量比为 2:1。

（1）脑　兔脑位于颅腔内，在枕骨大孔处与脊髓相连。脑分为大脑、小脑、中脑、脑桥、延髓和小脑六部分。

大脑表面光滑，缺少沟回，分左右两半球，由前向后逐渐变窄，前方有两个膨大部，称嗅球，是嗅神经的发出部位。间脑在大脑半球的腹侧，由丘脑、下丘脑、灰质结及垂体组成，间脑顶部有一个很小的圆锥形腺体，称为松果体。丘脑是构成间脑的主体部分，是一对球状灰质团块。中脑由四叠体和大脑脚组成。脑桥在小脑腹侧的前方。延髓在脑桥后方，构成第四脑室底部。小脑在延髓和脑桥背侧，其腹部构成第四脑室顶部。

（2）脊髓　位于脊椎管内，前接延髓，后至荐椎及前几个尾椎。在脊髓的颈胸段和腰段稍有膨大，由此发出较粗大的脊神经，分别支配前肢和后肢。脊髓外围由神经纤维构成，称为白质，内部为神经元所在地，称为灰质。脊髓两侧各有两列神经根，称为背根和腹根。背根上有一膨大部，是感觉神经元所在处，成为脊神经节。

（3）脑脊膜　在颅腔及椎管内。脑和脊髓的表面有三层膜，最外层为硬膜。在脑外面的为脑硬膜，在脊髓表面的称脊硬膜。硬膜下为蛛网膜，薄而透明，内侧面由纤维、血管构成网状结构。最内层为软膜，软膜为覆盖于脑和脊髓表面的一层富有血管的薄膜。蛛网膜与软膜之间为蛛网膜下腔，腔内有脑脊液。脊硬膜与椎管之间有一较宽的腔隙，称硬膜外腔。

2. 外周神经　外周神经包括躯体神经和植物神经。

（1）躯体神经　躯体神经由脑和脊髓发出。由脑发出的称为脑神经，共12对，分别是嗅神经、视神经、动眼神经、滑车神经、三叉神经、外展神经、面神经、前庭耳蜗神经、舌咽神经、迷走神经、副神经、舌下神经。其中有些是运动神经，有的是感觉神经，有的是混合神经。主要支配头部感官和部分肌肉以及内脏的机能活动。脊神经发自脊髓的背根和腹根，在椎间孔汇合后走向躯体和四肢，是混合神经。兔脊神经共有37对，与椎骨数目大致相符。其中颈神经8对，胸神经12对，腰神经7对，荐神经4对，尾神经6对。第5～8对颈神经和第1对胸神经的腹支组成臂神经丛，发出支配前肢的神经纤维，控制前肢的感觉和运动。第4～7对腰神经和第1～4对荐神经的腹支组成腰荐神经丛，发出的神经纤维支配骨盆区及后肢的感觉和运动。

（2）植物神经　植物神经指分布于内脏、心肌、血管平滑肌及腺体的神经，又称自主神经或内脏神经，包括交感神经和副交感神经两部分。交感神经兴奋可表现心跳加快，皮肤内脏血管收缩，血压上升，胃肠平滑肌蠕动减弱等生理效应；副交感神经兴奋时的机能状态与交感神经的效果是相反的，但对动物机体来说，两者既相颉颃又有协同作用，以保证正常的生理活动。

（十一）感觉器官

感觉器官包括眼、耳、鼻、舌和皮肤，是能感受外界环境刺激的特殊组织结构，有丰富的感觉神经末梢分布，能将所感受的刺激转变为神经冲动传导到神经中枢，使肉兔产生感觉。

1. 眼　眼是视觉器官，通过感觉外界光线的刺激将物体形态、大小、色泽、距离等信息传至中枢，而引起视觉。眼由眼球和辅助装置构成。

眼球：位于眼眶内，由眼球壁、晶状体、眼房水和玻璃体构成，外形呈前后略扁的球形，后端借视神经与脑相连。眼球壁由三层膜构成，最外层为厚而坚韧的纤维膜，前方为无色透明的角膜和角膜以外的白色不透光的巩膜。纤维膜内为血管膜，在角膜处的血管膜增厚，称睫状体；其前缘变薄，称为虹膜，虹膜中心不闭合，称为瞳孔。巩膜处的血管膜又称为脉络膜，最内层为神经膜，也称视网膜。视神经进入视网膜处称视神经乳头。晶状体是一个有弹性的双凸形具有折光性的均匀透明体，四周连接在睫状体上。晶状体后方是透明的胶状物，称玻璃体，前方为眼房水。外界物体的光线通过角膜、眼房水、晶状体和玻璃体的折射，经神经支配下虹膜及晶状体的调节，将物象落在视网膜上，再通过神经传到中枢，从而产生视觉。

眼的辅助装置主要有眶骨膜、眼睑、结膜、泪腺和眼肌。眶骨膜由致密结缔组织构成，包围眼球及眼肌。眼睑分上眼睑和下眼睑，其内面为粉红色黏膜，称眼结膜，与折转覆盖在巩膜上的球结膜之间的间隙为结膜囊。泪腺在眼球的背外侧，有管道通向结膜囊，起湿润和清洁结膜囊的作用。眼肌是眼球的运动装置，可使眼球向各方面转动。

2. 耳　兔的耳朵由内耳、中耳和外耳构成。内耳可感到声音的刺激，也是平衡装置；中耳是声道，起传音作用；外耳是集音装置。兔耳郭非常发达，可以灵活转动，以便收集来自不同方向的声音。

三、肉兔的生活习性

肉兔在人类的驯化过程中，改变了野兔原有的许多属性，但也保留了它原有的许多生活习性。

（一）夜行性

肉兔的夜行性是指肉兔昼伏夜行的特性，这种习性是在野生兔时期形成的。野生兔体格较小，御敌能力差，在当时的生态条件下，被迫白天穴居于洞中，夜间外出觅食，久而久之，形成了这一特性。如今的肉兔，仍表现为夜间活跃，白天较安静，除觅食时间外，常常在笼内闭目睡眠或休息，采食和饮水也是夜间多于白天。据测定，在自由采食的情况下，家兔在晚上的采食量和饮水量占全日量的75%左右。根据兔的这一习性，应当合理地安排饲养管理日程，晚上要供给足够的饲草和饲料，并保证饮水。

（二）嗜眠性

肉兔在白天很容易进入睡眠状态，此状态下的肉兔，视觉消失，痛觉迟钝或消失。了解了肉兔的这一特性，就要在白天为其提供安静的睡眠环境，另外，利用这一特性进行肉兔人工催眠可以完成一些小型手术，如刺耳号、去势、投药、注射、创伤处理等，不必使用麻醉剂，既经济又安全。

（三）胆小怕惊

肉兔胆小，对外界环境的变化非常敏感，遇有异常响声，或竖耳静听，或惊慌失措，或乱蹦乱跳，或发出很响的顿足声，这种顿足声会使周围兔或全舍兔惊慌起来。受惊吓妊娠母兔容易流产，正在分娩的母兔会咬死或吃掉初生仔兔，哺乳母兔受惊吓拒绝仔兔吃奶，正在采食的兔子受惊吓往往停止采食。因此，保持兔室的环境安静，是养好肉兔必须注意的问题。平常在兔舍内操作动作要轻，同时要注意防止生人或其他动物等进入兔舍。

(四) 喜干燥爱清洁

肉兔喜爱清洁干燥的环境，排粪排尿都有固定的地方，兔舍内最适相对湿度为 60%～65%。兔的抗病力较差，干燥清洁的环境有利于兔体的健康，而潮湿污秽的环境是造成肉兔患各种疾病的原因之一。因此，在日常管理中，为肉兔创造清洁而干燥的环境，是养好肉兔的一条重要原则。

(五) 怕热耐寒

肉兔缺乏汗腺，很难通过出汗来调节体温，被毛浓密使体表热能不易散发，这就是兔怕热的主要原因。由于被毛浓密使兔具有较强的抗寒能力，但仔兔和幼兔在寒冷季节应注意保暖。一般来讲，在兔舍结构上或日常管理中，防暑比防寒更重要。

(六) 啮齿行为

兔及鼠类等动物，都有啮齿行为，也就是具有啃咬硬物的习惯。兔的第 1 对门齿是恒齿，出生时就有，永不脱换，而且不断生长，肉兔必须借助采食或啃咬硬物，不断磨损，才能保持其上下门齿的正常咬合。家兔的这种习性常常造成笼具或其他设备的损坏，因此，要采取一些防范措施。例如，把饲料压制成具有一定硬度的颗粒饲料，若饲料过软，起不到磨牙的作用，使下颌发病的机会增多；常在笼中投入带叶的树枝，或粗硬的干草等硬物任其啃咬、磨牙；修建兔笼时，尽量使用兔不爱啃咬的木材，如桦木等；在兔笼的设计上，应尽量做到笼内平整，不留棱角，使兔无法啃咬，或在笼门的边框、产仔箱的边缘等处采取必要的加固措施，以便延长兔笼的使用年限。

（七）嗅觉灵敏

肉兔的嗅觉灵敏，常以嗅觉辨认异性和栖息领域，母兔通过嗅觉来识别亲生或异窝仔兔。可利用这种特性，在仔兔需要并窝或寄养时，采用特殊的方法，如在仔兔身上涂抹带养母兔的粪尿使其辨认不清，从而使并窝或寄养获得成功。

（八）穴居性

穴居性是指兔具有打洞穴居，并且在洞内产仔的本能行为。驯养后的肉兔仍然旧习未改，这一习性对于现代肉兔生产来说，应该加以限制，在笼养条件下，需要给母兔准备产仔箱，令其在箱内产仔。如在泥土地面平养时，要严加控制兔打洞，不让其有打洞的机会。否则，就会给饲养者造成损失。

（九）群居性

肉兔与其他家畜相比较群居性较差，在群养时，公、母之间或同性别的成年兔之间常常发生互相争斗现象。特别是公兔群养或者是新组成的兔群，相互咬斗现象更为严重。因此，管理上应特别注意，成年兔要单笼饲养。

四、肉兔的食性和消化特点

（一）肉兔的食性

1. 食草性　肉兔属于单胃食草性动物，以植物性饲料为主，主要采食植物的根、茎、叶和种子。肉兔消化系统的解剖特点，决定了肉兔的食草性。兔唇适于采食地面的矮草，便于啃咬树皮和树叶；臼齿咀嚼面宽，且有横脊，适于研磨草料；肉兔盲肠发达，其中含有大量的微生物，能够充分发酵消化草料。肉兔的食草性，解决了养兔业与人的争粮矛盾，是需要大力发展的节粮型畜牧业。

2. 肉兔对食物的选择　肉兔对食物的选择是比较挑剔的，喜欢吃植物性饲料，如豆科、十字花科、菊科等多叶性植物和苜蓿、三叶草、黑麦草等；不喜欢吃禾本科、直叶脉的植物，如稻草之类；喜欢吃植物的幼嫩部分；不喜欢鱼粉等动物性饲料，日粮中动物饲料不宜超过 5%，否则将影响兔的食欲。

肉兔喜欢吃粒料，而不喜欢吃粉料。经实验证明，饲喂颗粒饲料，生长速度快，消化道疾病的发病率降低，饲料的浪费也大大减少。颗粒饲料由于受到高温、高压的综合作用，使淀粉糊化变形，蛋白质组织化，酶活性增强，有利于兔胃肠的吸收，可使肉兔的增长速度提高 18%～20%，因此，在生产上应该积极推广应用颗粒饲料。

肉兔喜欢吃有甜味的饲料，国外在兔的日粮中常加 2%～3%糖蜜饲料。国内可以利用糖厂的下脚料，以提高日粮的适口性。

肉兔还喜欢采食含有植物油的饲料，植物油具有芳香气味，可以刺激兔的采食，同时植物油中含有兔体内不能合成的必需脂肪酸外，还有助于脂溶性维生素的补充和吸收。国外在日粮中常添加 2%-5%的玉米油，以改善日粮的适口性，提高采食和增重速度。

（二）肉兔的消化特点

饲料进入口腔，经咀嚼和唾液湿润之后（肉兔在安静状态下，每小时分泌 1～2 毫升唾液，唾液中含有大量的淀粉酶），便进入胃部。饲料进入胃后，呈分层状态分布，胃壁中腺体分泌盐酸和胃蛋白酶，使胃内呈强酸性，饲料在胃中与消化液充分混合之后即进入消化过程。由于胃的收缩，饲料继续下行，进入肠部。食糜在小肠经消化液作用分解成简单的营养物质，营养物质进入血液被机体吸收。小肠剩余的残渣到盲肠经微生物的作用，分解成含氮物质和维生素。随后进入大肠进行最后的消化，分解纤维素，生产软粪和硬粪。

1. 肉兔的食粪特性　　肉兔有吃自己部分粪便的本能行为，与其他动物食粪癖不同，兔的这种行为是正常的生理现象，对兔本身有益。通常兔排出两种粪便，一种是粒状的硬粪，量大、较干、表面粗糙；另一种是团状的软粪，量少、质地软、表面油腻，成年肉兔每天排出的软粪约 50 克左右，占总粪量的 10%。正常情况下，兔排出软粪时，会自然弓腰用嘴从肛门处将软粪吃掉，稍加咀嚼便吞咽，软粪几乎全部被兔自身吃掉，所以在一般情况下，很少发现软粪的存在，只有当兔生病时才停止食粪。此外，也偶见有吃少量硬粪的，成年兔在饲料不足时也吞食硬粪。兔通过吞食软粪可以得到附加的大量微生物，1 克软粪中含有 95.6 亿个微生物，微生物可以合成维生素 B 和维生素 K，随软粪进入兔体内在小肠被吸收；软粪的蛋白质在生物学上是全价的；此外，兔食粪延长了饲料通过消化道的时间，提高了饲料的消化率，有助于营养物质吸收。在正常情况下，若禁止兔食粪，会产生不良影响，如兔消化器官的容积和重量减少；营养物质的消化率降低；血液的生理生化指标发生变化，血红蛋白、红细胞数、血清中的氨基酸下降等。

2. 肉兔具有特别发达的消化器官　　肉兔肠的长度是体长的约 10 倍，胃容积较大，占消化道容积的 34%，盲肠为 49%。盲肠对粗纤维的消化起重要的作用，起到复胃动物中瘤胃的作用。肉兔消化器官各部位微生物与细菌总数有一定的差别，如每克内容物中微生物数量盲肠部位是 10^9 个，结肠、直肠部位是 10^8 个，空肠部位是 $10^4 \sim 10^5$ 个。幼兔消化道在发生炎症时具有可通透性，消化道内的有害物质容易被吸收，因而幼兔患肠炎时症状比成年兔更严重，常常有中毒现象，死亡率较高，在饲养管理中要特别注意防止幼兔肠炎的发生。

3. 肉兔对蛋白质的利用能力较强 已有很多的研究证明，肉兔不但能有效地利用饲草中的蛋白质，而且对低质量、高纤维的粗饲料，特别是其中的蛋白质的利用能力，也要高于其他家畜。肉兔盲肠蛋白酶的活性远远高于牛的瘤胃蛋白酶，兔盲肠和其中的微生物都产生蛋白酶，因此，科学家指出，兔具有把低质饲料转化为优质肉品的巨大潜力。

4. 肉兔可在一定程度上利用粗脂肪 肉兔对各种饲料中的粗脂肪的消化率比马属动物高得多，据报道，若饲料中脂肪含量在 10% 以内时，其采食量随着脂肪含量的增加而提高，但是，当饲料中粗脂肪含量超过 10% 时，兔的采食量则随着脂肪含量的增加而下降。这说明兔不适宜饲喂含脂肪过高的饲料。

5. 肉兔对能量的利用能力有限 肉兔对能量的利用能力低于马，并与饲料中的纤维含量有关，饲料中的纤维含量越高，兔对能量的利用能力就越低。

6. 肉兔对粗纤维的利用能力低 通常认为兔是草食动物，对粗纤维应具有较高的消化能力。但研究证明并非如此，兔对粗纤维的消化率为 14%，而牛是 44%，马是 41%，猪是 22%。兔对粗纤维的消化主要在盲肠中进行，而盲肠内的纤维分解酶的活性比牛瘤胃纤维分解酶活性低得多，这就是肉兔对粗纤维消化率低的主要原因。尽管如此，粗纤维仍然对兔的消化过程起重要的作用，粗纤维可保持消化物的稠度，有助于形成粪便，并在正常消化运转过程中起着一种物理作用。也就是说，在兔的饲粮中不能缺少粗纤维，如果粗纤维低于正常限度，就会引起消化生理紊乱。据报道，配合饲料中粗纤维低于 6%～8%，就会引起腹泻。如果粗纤维含量升高时，会降低日粮中其他营养成分的消化率，日粮中的粗纤维的适宜比例应为 12%～14%。

五、肉兔的繁殖特性

肉兔的繁殖过程与其他家畜基本相似，但也有其独特的方面，不了解这些生殖特性，就不能很好地掌握肉兔的繁殖规律。

（一）肉兔的繁殖力强

肉兔性成熟早，妊娠期短，世代间隔短，一年四季均可繁殖，窝产仔数多。以中型兔为例，仔兔生后 5～6 个月龄就可配种，妊娠期一个月（30 天），一年内可繁殖两代。在集约化生产条件下，每只繁殖母兔可年产 8～9 窝，每窝可成活 6～7 只，一年可育成 50～60 只仔兔。若培育种兔，每年可繁殖 4～5 胎，获得 25～30 只种兔。肉兔的繁殖力远远超过其他家畜。

（二）肉兔是刺激性排卵动物

家兔与其他哺乳动物的排卵类型不同，母兔卵巢内发育成熟的卵泡，必须经过交配刺激的诱导之后，才能排出。一般排卵的时间多在交配后 10～12 小时，若在发情期内未进行交配，母兔就不排卵，其成熟的卵泡就会老化衰退，经 10～16 小时逐渐被吸收。此外，母兔发情时不进行交配，而给其注射人绒毛膜促性腺激素（HCG）也可以引起排卵。

（三）肉兔的发情周期无规律性

这一特点与其刺激性排卵有关，没有排卵的诱导刺激，卵巢内成熟的卵子不能排出，也就不能形成黄体，对新卵泡的发育不会产生抑制作用，因此，母兔就不会有规律性发情周期。在正常情况下，母兔的卵巢内经常有许多处于不同发育阶段的卵泡，尤其前后两批卵泡交替发育中，体内的雌激素水平有高有低，母兔的发情症状就有明显和不明显之分，此时虽然母兔没有发情症状，但若进行强制性配种，母兔仍有受孕的可能。人们可根据这一特点安排生产，这对于现代肉兔业的发展是非常可贵的。

（四）肉兔假妊娠的比例高

母兔经诱导刺激排卵后并没有受精，但形成的黄体开始分泌孕酮，刺激生殖系统的其他部分，使乳腺激活，子宫增大，类似妊娠但没有胎儿，此种现象称为假妊娠。假妊娠的母兔拒绝配种，到假妊娠末期母兔表现出临产行为，衔草做窝，拉毛营巢，乳腺发育并分泌少量乳汁。假妊娠的持续期为 16～18 天，假妊娠过后立即配种极易受精。管理不好的兔群假妊娠的比例可高达 30%。一般不育公兔的性刺激、母兔群养和仔兔断奶晚是引起假妊娠的主要原因。生产中常用复配的方法防止假妊娠。

（五）肉兔是双子宫动物

母兔有两个完全分离的子宫，两个子宫有各自的子宫颈，都开口于一个阴道，无子宫角和子宫体之分。两子宫颈间有间膜固定，受精卵不能由一个子宫角向另一个子宫角移行。所以偶有母兔妊娠后，又接受交配再妊娠，前后妊娠的胎儿分别在两侧子宫内着床，胎儿发育正常，分娩时分期产仔。

（六）胚胎在附植前后损失多

据报道，胚胎在附植前后的损失率为 29.7%，影响胚胎附植最大的因素是肥胖。母体过于肥胖时，体内沉积大量脂肪，压迫生殖器官，使卵巢、输卵管容积变小，卵子或受精卵不能很好发育，以致降低了受胎率并使胎儿早期死亡。另外，高温、惊群应激、过度消瘦、疾病等，也会影响胚胎的存活。据报道，外界温度为 30℃，受精后 6 天胚胎的死亡率高达 24%～45%。

（七）肉兔的卵子大

肉兔的卵子是目前已知的哺乳动物中最大的卵子，直径为160微米。同时，它也是发育最快、在卵裂阶段最容易在体外培养的哺乳动物的卵子。因此，作为一种很好的实验材料被广泛应用。

（八）肉兔有4对皮脂腺与生殖有关

这4对皮脂腺分别是白色鼠鼷腺、褐色鼠鼷腺、浅颌下腺和直肠腺。其分泌物都具有特殊的臭味。把不愿意接受公兔交配的母兔放在公兔笼内24小时，然后就会接受配种，这主要就是公兔笼中特有的气味，引诱和促进了母兔的发情。

六、肉兔的生长发育特点

据测定，肉兔在胚胎期的生长发育，以妊娠后期为最快。在妊娠期的前2/3时间内，胚胎的绝对增长速度很慢，妊娠16天时，胎儿仅重1克左右，21天时胎儿的重量仅为初生重的10.82%；在妊娠后1/3的时间内，胎儿的生长最快，而且生长速度不受性别影响，但受胎儿数量、母兔营养水平和胎儿在子宫内排列位置的影响。一般规律是胎儿数多，则胎儿体重小；母体营养水平低时，则胎儿发育慢；近卵巢端的胎儿比远离卵巢的胎儿重。

仔兔出生时全身无毛，两眼紧闭，耳朵闭塞无孔，各系统发育很差，前后肢的趾间相互连接在一起，生后3日龄体表被毛明显可见，6～8日龄耳朵出现小孔，9日龄开始在巢内跳窜，10～12日龄时开始睁眼，21日龄左右开始吃饲料，30日龄时全身被毛基本形成。

仔兔出生后体重增长很快，一般品种初生时只有50～60克，

1周龄时体重增加1倍，4周龄时的体重约为成年体重的12%，8周龄时的体重约为成年兔的40%。中型肉用兔8周龄时的体重可达2千克左右，达到屠宰体重。

仔兔断奶前的生长速度，除受品种因素的影响外，主要取决母兔的泌乳力和同窝仔兔的数量。泌乳力越高，同窝仔兔越少，仔兔的生长越快。这种规律在仔兔断奶后并不明显，因为断奶后的仔兔在生长方面有补偿作用。断奶后幼兔的生长速度，还取决于饲养管理条件的好坏。断奶后幼兔的日增重有一个高峰期，中型兔的高峰期一般在第8周龄时，大型兔稍晚，在第10周龄时出现。

生长发育期的公母兔在8周龄至性成熟期间，母兔的生长速度较公兔显著快，因此，同品种并在相同条件下育成的母兔，总是比公兔的体重大些，但它们的初生重和8周龄前的生长速度并没有明显差异。

表2-1　肉兔生物学与生理学资料

	平　均	范　围
成熟体重（千克，新西兰兔）	公4.5；母5.0	4.1～5.0
初生重（克，新西兰兔）	64	
开眼（日龄）	10	
开始吃硬饲料（日龄）	21	18～23
每窝产仔数	8	1～13
寿命（年）	5	最大13
生殖利用时间（年）	2.5	
日粮量（克，新西兰兔）	200	160～250
每千克体重日饮水量（毫升）	120	60～250
每千克体重日尿量（毫升）	65	50～75
体温（℃）	38.9	38.3～39.6
呼吸频率	46	36～56
心率	205	123～304
每百克体重血量（毫升）	5.4	4.5～8.1
收缩压（毫米汞柱，mmHg）	110	95～130
舒张压（毫米汞柱，mmHg）	80	60～90

	平　均	范　围
每百毫升血中含血红蛋白（克）	11.9	8～15
血细胞容量	41.5	33～50
红细胞（10^6/厘米^3）	5.4	4.5～7.0
血沉降率（厘米/小时）	2	1～3
白细胞（10^3/厘米^3）	8.9	5.2～12
中性粒细胞	4.1	2.5～6.0
嗜酸性细胞	0.18	0.0～0.4
嗜碱性细胞	0.45	0.15～0.75
淋巴细胞	3.5	2.0～5.6
单核细胞	0.3	0.12～1.3
血小板（10^3/厘米^3）	533	170～1 120
血液 pH	7.35	7.21～7.57

注：毫米汞柱为非法定计量单位，1毫米汞柱≈133.3帕。

第三章

肉兔的品种与改良

一、肉兔的品种

(一) 国外引进品种

1. 新西兰兔　新西兰兔原产于美国，是近代最著名的优良肉兔品种之一，世界各地均有饲养。

(1) 外貌特征　新西兰兔有白色、黑色和红棕色。目前饲养量较多的是新西兰白兔，被毛纯白，眼呈粉红色，头宽圆而粗短，耳宽厚而直立，臀部丰满，腰肋部肌肉发达，四肢粗壮有力，具有肉用品种的典型特征。

新西兰兔

(2) 生产性能　新西兰兔体型中等，最大的特点是早期生长发育较快。在良好的饲养条件下，8 周龄体重可达 1.8 千克，10 周龄体重可达 2.3 千克。成年体重：公兔 4～5 千克，母兔 4.5～5.5 千克。繁殖力强，平均每胎产仔 7～8 只。

(3) 主要优缺点　新西兰兔的主要优点是产肉力高，肉质良好，适应性和抗病力较强。主要缺点是毛皮品质较差，利用价值低。但用新西兰白兔与中国白兔、日本大耳兔、加利福尼亚兔杂交，则能获得较好的杂种优势。

2. 比利时兔 该兔原产于比利时，系由比利时贝韦伦野生穴兔改良而成的大型肉兔品种。

（1）外貌特征 比利时兔被毛呈黄褐色或栗壳色，毛尖略带黑色，腹部灰白，两眼周围有不规则的白圈，耳尖部有黑色光亮的毛边。眼睛为黑色，耳大而直立，稍倾向于两侧，面颊部突出，脑门宽圆，鼻骨隆起，类似马头，俗称马兔。

比利时兔

（2）生产性能 该兔体型较大，仔兔初生体重 60～70 克，最大可达 100 克以上，6 周龄体重 1.2～1.3 千克，3 月龄体重可达 2.3～2.8 千克。成年体重：公兔 5.5～6.0 千克，母兔 6.0～6.5 千克，最高可达 7～9 千克。繁殖力强，平均每胎产仔 7～8 只，最高可达 16 只。

（3）主要优缺点 该兔种的主要优点是生长发育快，适应性强，泌乳力高。比利时兔与中国白兔、日本大耳兔杂交，可获得理想的杂种优势。主要缺点是不适宜于笼养，饲料利用率较低，易患脚癣和脚皮炎等。

3. 加利福尼亚兔 加利福尼亚兔原产于美国加利福尼亚州，是一个专门化的中型肉兔品种。我国多次从美国和其他国家引进，表现良好。

（1）**外貌特征** 体躯被毛白色，耳、鼻端、四肢下部和尾部为黑褐色，俗称八点黑。眼睛红色，颈粗短，耳小直立，体型中等，前躯及后躯发育良好，肌肉丰满。绒毛丰厚，皮肤紧凑，秀丽

加利福尼亚兔

美观。八点黑是该品种的典型特征，其颜色的浓淡程度有以下规律：出生后为白色，1月龄色浅，3月龄特征明显，老龄兔逐渐变淡；冬季色深，夏季色浅，春秋换毛季节出现沙环或沙斑；营养良好色深，营养不良色浅；室内饲养色深，长期室外饲养，日光经常照射变浅；在寒冷的北部地区色深，气温较高的南部省市变浅；有些个体色深，有的个体则浅，而且均可遗传给后代。

（2）**生产性能** 早期生长速度快，2月龄体重1.8～2千克，成年母兔体重3.5～4.5千克，公兔体重3.5～4千克。屠宰率52%～54%，肉质鲜嫩；适应性广，抗病力强，性情温顺。繁殖力强，泌乳力高，母性好，产仔均匀，发育良好。一般胎均产仔7～8只，年可产仔6胎。

（3）**主要优缺点** 该兔种的主要优点是早熟易肥、肌肉丰满、肉质肥嫩、屠宰率高。母兔性情温驯，泌乳力高。主要缺点是生长速度略低于新西兰兔，断奶前后饲养管理条件要求较高。

4. 齐卡兔 由德国 ZIKA 家兔育种中心和慕尼黑大学联合育成，是当前世界上著名的肉兔配套品系之一。我国在1986年由四川省畜牧兽医研究所首次引进、推广并试验研究。该配套系由3个品系组成：G系称为德国巨型白兔，N系为齐卡新西兰白兔，Z系为专门化品系。生产商品肉兔是用G系公兔与N系母

兔交配生产的 GN 公兔为父本，以 Z 系公兔与 N 系母兔交配得到的 ZN 母兔为母本。

齐卡兔

（1）**外貌特征**　该兔被毛白色，配套系中 G 系属大型品种，两耳大而直立，头粗重，体躯大而丰满；N 系属中型品种，头形粗壮，耳短小直立，体躯丰满，肉用特征明显；Z 系属小型品种，头清秀，耳薄，体长。

（2）**生产性能**　配套系原种，G 系成年体重 6～7 千克，仔兔初生体重 70～80 克，35 日龄断奶体重 1～1.2 千克，3 月龄体重 3.2～3.5 千克，日增重 35～40 克，料重比 3.2∶1。N 系成年体重 4.5～5 千克，仔兔初生重 60～70 克，3 月龄体重 2.8～3 千克，日增重 30～35 克，料重比 3.2∶1。Z 系成年体重 3.6～3.8 千克，仔兔初生体重 60～70 克，3 月龄体重 2～2.5 千克。商品代肉兔 28 日龄断奶体重 600～650 克，2 月龄体重 1.8～2 千克，3 月龄体重 3～3.5 千克，日增重 35～40 克，料肉比 2.8∶1，屠宰率 51%～52%。

（3）**主要优缺点**　该兔种是在良好的环境和营养条件下培育而成的专门化肉兔杂交配套系原种，具有体型较大，生长发育较快，适应性、抗病力较强，肥育性能优良等优点，适宜于集约化、规模化生产。唯配套系的保持和提高需较高的技术和足够的数量及血统，不适宜在小型养兔场或专业养兔户中推广饲养。

5. 艾哥肉兔 艾哥肉兔配套系，在我国又称布列塔尼亚兔，是由法国艾哥（ELCO）公司培育的肉兔配套系。艾哥肉兔配套系由 A、B、C、D 4 个系组成。

艾哥肉兔

（1）**外貌特征** 祖代公、母兔或父母代公、母兔，被毛均为纯白色，眼为红色。头较粗重，两耳大而直立，躯体丰满结实，腰肋部肌肉发达，四肢粗壮，具有肉用品种的典型特征。

（2）**生产性能** 配套系祖代之一（A），成年兔体重 5.8 千克以上，性成熟期 26～28 周龄，70 日龄体重 2.5～2.7 千克，料重比 2.8∶1；祖代之二（B），成年兔体重 5 千克以上，性成熟期 17～18 周龄，70 日龄体重 2.5～2.7 千克，料重比 3∶1，年产 6 胎，可育成仔兔 50 只；祖代之三（C），成年兔体重 3.8～4.2 千克，性成熟期 22～24 周龄；祖代之四（D），成年兔体重 4.2～4.4 千克，性成熟期 17～18 周龄，年产 6 胎，可育成仔兔 50～60 只。父母代（AB，父系），成年兔体重 5.5 千克以上，性成熟期 26～28 周龄；父母代（CD，母系），成年兔体重 4～4.2 千克，性成熟期 17～18 周龄，年产 6～7 胎，每胎产仔 10～11 只。商品代（ABCD），35 日龄断奶体重 900～980 克，70 日龄体重 2.5～2.6 千克，料肉比 2.7∶1，屠宰率 59%，胴体净肉率85%以上。

（3）**主要优缺点** 该兔种是在良好的环境和营养条件下培育而成的，具有较强的适应性、抗病力和较高的繁殖性能，适宜于集约化、规模化生产。唯配套系的保持和提高需要完整的体系、较高的技术和足够的数量和血统，不适宜在小型养兔场或专业养兔户中推广饲养。

6. 花巨兔 德国花巨兔原产于德国，是著名的大型皮肉兼用兔。

花巨兔

（1）**外貌特征** 德国花巨兔被毛为白底黑花，黑背线、黑耳朵、黑眼圈、黑嘴环、黑臀花，花色对称，美观，故有熊猫兔的誉称。体躯长，呈弓形，腹部离地较高，骨骼粗大，体格健壮，好动，行动敏捷。

（2）**生产性能** 德国花巨兔早期生长发育较快，抗病力强、繁殖力高。仔兔初生体重70克，90日龄可达500克，成年兔体重5～6千克。母兔繁殖率高，每窝产仔11只左右。

（3）**主要优缺点** 该兔种的主要优点是体型较大，早期生长发育较快，繁殖力较强，毛色美观。主要缺点是遗传性能不够稳定，饲养管理条件要求较高；母兔泌乳性能较差，育仔能力弱，仔兔成熟率低。

7. 青紫蓝兔 原产法国，是一个优良的皮肉兼用兔。

青紫蓝兔

（1）**外貌特征** 被毛都为蓝灰色，耳尖及尾面为黑色，眼圈、尾底、腹下和颈后的三角区呈灰白色。单根纤维从基部至毛梢的颜色依次为深灰色、乳白色、珠灰色、雪白色和黑色，被毛中夹杂有全白或全黑的针毛。眼睛为茶褐色或蓝色。

（2）**生产性能** 青紫蓝兔分为标准型、美国型与巨型三种类型。标准型：体型较小，成年母兔体重 2.7～3.6 千克，公兔2.5～3.4 千克；美国型：体型中等，成年母兔体重 4.5～5.4 千克，公兔体重 4.1～5 千克；巨型：偏于肉用型，成年母兔体重5.3～7.3 千克，公兔 5.4～6.8 千克。繁殖力强，每胎产仔 7～8只，仔兔初生重 50～60 克，3 月龄体重 2～2.5 千克。

（3）**主要优缺点** 该兔种的主要优点是毛皮品质较好，适应性较强，繁殖力较高，因而在我国分布很广，尤以标准型和美国型饲养量较大。主要缺点是生长速度较慢，如果以肉用为目的，不如饲养其他肉用品种有利。

8. 丹麦白兔 该兔原产于丹麦，又称兰特力斯兔，是近代著名的中型皮肉兼用型兔。

（1）**外貌特征** 丹麦兔被毛纯白，柔软紧密；眼红色，头较大，耳较小、宽厚而直立，口鼻端钝圆，额宽而隆起，颈粗短，背腰宽平，臀部丰满，体形匀称，肌肉发达，四肢较细；母兔颌下有肉髯。

丹麦白兔

（2）生产性能　该兔体型中等，仔兔初生体重45～50克，6周龄体重达1.0～1.2千克，3月龄体重2.0～2.3千克，成年母兔体重4.0～4.5千克，公兔体重3.5～4.4千克，繁殖力高，平均每胎产仔7～8只，最高达14只。

（3）主要优缺点　丹麦白兔的主要优点是毛皮优质，产肉性能好，耐粗饲，抗病力强，性情温驯，容易饲养。主要缺点是体型较其他品种偏小而体长稍短，四肢较细。

9. 公羊兔　公羊兔又名垂耳兔，体型巨大，形似公羊，是一种大型的肉用兔，具有瘦肉率高，肉质优良，质地细嫩，口感香醇的特点，而且生长速度快，抗病力强，耐粗饲，性情温顺，不爱活动，易于饲养。其来源不详，可以认为首先出现在北非，以后分布到法国、比利时和荷兰，英国和德国也有很长的培育历史。由于各国的选育方法不同，使其在体型上有了很大的变化。可分为法系、德系和英系公羊兔。

（1）外貌特征　公羊兔两耳特长而下垂，有单色和杂色的背毛，单色者有黄褐、黑、白等色，其中以黄色者居多，杂色背毛为有色毛和白色毛结合而成，头粗糙，眼小，颈短，背腰宽，臀圆，骨粗，体质疏松肥大。

（2）**生产性能**　该品种兔早期生长发育快，40天断奶体重可达1.5千克，成年体重6～8千克，最高者可达9～10千克。繁殖性能主要表现在受胎率低，产仔少，每窝产仔5～8只，初生体重80克，比中国家兔重1倍。40天断奶体重0.85～1.1千克，90天平均体重2.5～2.75千克。

（3）**主要优缺点**　该兔抗病力强，耐粗饲，性情温顺，不爱活动，易于饲养，因过于迟钝，故有人称其为傻瓜兔。缺点是受胎率低，哺乳能力不强。该品种兔与比利时兔杂交，效果较好，两者都属大型兔，被毛颜色比较一致，杂交一代生长发育快，抗病力强，经济效益高。

公羊兔

（二）国内培育品种

1. 中国白兔　中国白兔也称中国本地兔，是我国长期培育而成的一个皮肉兼用的优良地方品种，其分布遍及全国各地。

（1）**外貌特征**　中国白兔体型较小，全身结构紧凑而匀称；被毛洁白，短而紧密，皮板较厚；头形清秀，耳短小直立，眼珠为红色，嘴尖颈短。该兔种还有灰色、黑色、青紫蓝色、花色等其他毛色，杂色兔的眼睛为黑褐色。

（2）**生产性能**　中国白兔为早熟小型品种，仔兔初生体重35～50克；30日龄断奶体重300～450克，3月龄体重1.2～1.3千克；成年母兔体重2.2～2.5千克，成年公兔体重1.8～2.3千克。繁殖力较强，主要反映在"血配"的受胎率高（80%～90%），每只母兔年产6～8胎，每胎平均产仔5～6只。中国白兔肉质鲜美，成年兔的屠宰率达到50%。

（3）主要优缺点　该兔的主要优点是早熟、繁殖力强、适应性好、抗病力强、耐粗饲，母兔性情温和、哺乳力强、仔兔成活率较高，是理想的育种材料；肉质鲜嫩味美，适宜制作缠丝兔等美味食品。主要缺点是体型较小、生长缓慢、产肉率低、皮张面积小，有待于选育提高。

2. 日本大耳白兔　日本大耳白兔原产于日本，是通过中国家兔的白兔和日本兔杂交选育而成。是一种皮肉兼用兔。日本大耳白兔繁殖力高，体格强健，较耐粗饲，耐寒，适应性强，体型较大，生长发育较快，成年体重达3.5～4千克。我国各地均有饲养。

日本大耳白兔

（1）外貌特征　日本大耳白兔耳大，耳根细，耳端尖，形同柳叶，向后竖立，耳薄，血管网明显，适于注射与采血，是理想的试验研究用兔。额宽、面丰，被毛白色、浓密柔软，眼红色，皮板面积大、质地良好，颈粗，母兔颈下有肉髯。

（2）生产性能　日本大耳白兔繁殖力高，年产4～5窝，每窝产仔8～10只，多达12只。初生仔兔平均重60克，母兔泌乳量大，母性好。生长迅速，2月龄重平均1.4千克，4月龄3千克，7月龄4千克，成年体重平均4千克，肉质较佳；成年体长44.5厘米，胸围33.5厘米。

（3）主要优缺点　该兔种的主要优点是早熟，生长快，耐粗饲；母性好，繁殖力强；肉质好，皮张品质优良。主要缺点是骨架较大，胴体不够丰满，屠宰率、净肉率较低。

3. 哈白兔　哈白兔是中国农业科学院哈尔滨兽医研究所利用比利时兔、德国花巨兔、日本大耳白兔和当地白兔通过复杂杂交培育而成，属于大型皮肉兼用兔。哈白兔具有适应性强、耐粗饲、繁殖率高和屠宰率高的特点，可在全国大部分地区饲养，适宜规模兔场、专业户、农户饲养。

哈白兔

（1）外貌特征　哈白兔体形匀称紧凑，骨骼粗壮，肌肉发达丰满。公母兔全身毛色均呈白色，有光泽，中短毛；身大，眼呈红色，尾短上翘，四肢端正。公兔胸宽较深，背部平直稍凹，母兔胸肩较宽，背部平直，有8对乳头。

（2）生产性能　哈白兔早期生长发育速度快。仔兔初生重平均55.2克，30日龄断奶体重可达650～1 000克，90日龄达2.5千克，成年公兔体重5.5～6.0千克，母兔6.0～6.5千克。哈白兔产肉率高，屠宰率：半净膛57.6%，全净膛53.5%。料肉比为3.11∶1。哈白兔3个半月性成熟，发情周期9～11天，孕期

30 天，窝产仔平均 8～10 只，成活率 80%。自然交配公母比按 1∶5 较为适宜。

（3）主要优缺点　哈白兔的主要优点是遗传性稳定，耐寒、耐粗饲，适应性强，饲料转化率高（料重比为 3.35∶1），生长发育快，产肉率高，皮毛质量好。主要问题是群体较小。

4. 太行山兔（虎皮黄兔）　太行山兔原产于河北省井陉、鹿泉（原获鹿县）和平山县一带，由河北农业大学、河北省外贸食品进出口公司等单位合作选育而成。

太行山兔（虎皮黄兔）

外貌特征　分标准型和中型 2 种。标准型：全身被毛栗黄色，腹部浅白色，头清秀，耳较短、厚、直立，体形紧凑，背腰宽平，四肢健壮，体质结实。中型兔全身毛色深黄色，后躯两侧和后背稍带黑毛尖，头粗壮，脑门宽圆，耳长直立，背腰宽长，后躯发达。

（2）生产性能　标准型成年兔体重：公兔平均 3.87 千克，母兔 3.54 千克；中型成年体重：公兔平均 4.31 千克，母兔平均 4.37 千克。年产仔 5～7 胎，胎均产仔数：标准型 8.2 只，中型 8.1 只。幼兔的生长速度快，据测定，喂以全价配合饲料，日增重与比利时兔相当，而屠宰率高于比利时兔。

（3）主要优缺点　太行山兔为我国自己培育的优良皮肉兼用品种，具有较强的适应性和抗病力，耐粗饲，适于我国的自然条件和经济条件，且遗传性稳定，繁殖力强，母性好，又具良好的生产性能，被毛黄色，利用价值高，深受养殖者的喜爱。据测定，该品种作为母本与引入品种（如比利时兔、新西兰兔等）杂交，效果良好。主要缺点是早期生长发育缓慢，有待进一步选育提高。

5. 中华黑兔　中华黑兔是中国农业科学院特种动物研究所畜牧专家经过 5 年多时间培育而成的一个最新优良品种，已进行了品种鉴定。

（1）外貌特征　中华黑兔特征为黑眼、黑耳、黑爪、黑皮、黑毛、黑尾巴，全身乌黑发亮，遗传性能稳定。体型中等，适应性强，耐粗饲，前期生长快，抗病力强。经检测，其肉品蛋白质、氨基酸、黑色素的含量很高，是一般家兔的 2.5 倍。该品种兔是我国肉兔家族之珍品，属 21 世纪黑色保健食品。

（2）生产性能　中华黑兔母性强，繁殖率高，年产 5～8 胎，平均胎产仔数 8.5 只，最多达 15 只。仔兔断奶成活率在 90％以上。初生仔兔体重 50～60 克，3 月龄体重 2.2～2.7 千克，成年公兔体重 3～4 千克，成年母兔体重 2.5～4.5 千克。该品种兔抗病力极强，尤其对球虫病、脚皮炎、兔瘟病等有很强的抵抗力。饲料转化率高，料肉比为 2.7：1，屠宰率为 65.5％。其肉质口感极好，味道特别鲜美。

二、肉兔的选种技术

选种即选择品质优良的符合种用要求的个体留作种用，把不符合种用要求的个体淘汰或改作商品生产用。搞好肉兔的选种，是科学养兔的重要组成部分，是提高兔的生产水平的关键技术之一。长期坚持选种不仅能起到提高兔群品质、保持良种的作用，还可以选育出新的良种。相反，如果不选种，有缺陷的、生产性能低下的个体也留作种用，兔群的品质只会越来越低劣，获得的经济效益就差。因此，养肉兔必须坚持严格选种。

（一）选种要求

肉兔选种方向应以产肉为主。对种兔不仅要求其身体各部的发育良好，本身各项性能优良，而且还要求具有优秀的遗传品质，使优良性能传给下一代。为了确切地从兔群中选出优秀者作种兔，必须从外貌、生长发育、繁殖性能、胴体品质进行综合鉴定。

1. 外貌鉴定

头部：发育正常的肉兔，头部大小与身体躯干大小协调一致。一般公兔头较粗重，母兔的头较清秀。头大体小是后天发育不良的表现，头小体大是发育过度的表现，都属于发育不正常。

眼睛：眼睛是观察种兔精神的重要部位。种兔眼球的颜色也是品种是否纯正的一个重要特征。如新西兰兔的眼睛为粉红色，色彩是不一样的。另外，有的兔的眼睛为天蓝色、茶褐色、灰色、黑色等。选种前，这些知识都要掌握。但不管哪个品系，均要求眼睛圆睁、明亮有神、无眼泪、无眼屎。

口腔：口腔要求黏膜无溃疡，门齿排列整齐。如果门齿畸形，不宜选为种用。

耳朵：耳朵的大小、厚薄、是否直立也是品种品系的重要特征。如有的双耳下垂，这是公羊兔的特征。有的一侧直立，一侧下垂，这是塞北兔的特征。所以，在选购种兔前要了解所购买品系的耳朵特征，不符合这个特征的属于不纯的表现，不能选作种用。另外，除了上述谈到的两个品种是耳朵下垂以外，其他均是不下垂的，如果下垂均为不健康或有遗传缺陷。选择时，要注意选那些耳朵宽大、薄、血管清晰明显、活动灵活的。同时，要一只一只地检查是否有耳蜡。如发现有耳蜡，一律不宜当作种用。

肉髯：肉髯是指家兔脖子下边的皮肤皱褶。大型品种肉髯都比较发达，母兔一般比公兔明显。肉髯如果过大是年老、体胖、状况不良的象征。

颈和胸：颈要发达，胸要宽阔。胸宽而深者，说明肺和心发育良好；窄而浅是先天发育不良的表现。

背腰：背腰要求宽广、平直，由后向前呈轻度的后高前低的自然倾斜。驼背或背腰下陷、狭窄等说明肌肉柔软，骨骼纤细是发育不良的表现，都不能选作种用。

臀部：臀要求宽而圆，肌肉丰满发达且宽窄长短相称。一般臀宽胸也宽，臀长腰也长。

腹部：腹部要求容积大而有弹性，不松弛也不下垂。若腹部大而松弛是生长发育期间营养不良造成的。

四肢：四肢要求姿势端正，行走自如，伸展灵活，强壮有力，爪色白、质嫩，并隐藏在脚毛之中，这是青年兔的特征。中老年兔趾脚爪过分弯曲或纤细是骨骼发育不良或患过佝偻病的象征。另外，在检查四肢时，要注意有无脚癣和肿块，如有则一律剔除。

乳房：乳房数目必须在 4 对以上，无瞎乳头，排列对称，且无肿块。

外生殖器：外生殖器十分重要，因为这是关系能否生育的重要器官。公兔睾丸必须发育正常，阴茎粉红色，前端略有弯曲。如果睾丸大小不等，或只能看到一个睾丸，或阴茎是直的，均不宜作种用。母兔生殖器要发育正常、无渗出液、无畸形。

皮肤和被毛：这是最后要检查的一项。理想的种兔皮肤结实致密，且有弹性。被毛浓密而有光泽，毛色符合品种特征。如果皮肤松弛，弹性差属营养不良。被毛蓬松、无光泽，表明有病。被毛过于稀少，表明体质纤弱，不宜作种用。

2. 生长发育鉴定 肉兔的生产性能都是通过生长发育而表现出来的。生长表现在肉兔的整体或身体各部位的增大和增重，其往往通过测定体长和体重来进行评定。被选个体一般要求体重、体长、胸围、腿臀围达到或超过本品种同时期标准。

（1）体重测定 所有体重测定均应在早晨饲喂前进行，以避免采食饮水等因素造成的偏差，单位以千克或克计算。

①初生重　指产后 12 小时以内称测的活仔兔的个体重量或全窝重量。

②断奶重　指断奶当日饲喂前的重量，分断奶窝重和断奶个体重，并需注明断奶日龄，一般采取 4～6 周龄断奶。

③其他　根据情况不同，在生长发育和经济利用的各个阶段分别称重，如 3 月龄重、成年体重等。

良种肉用兔一般要求 75 天体重达 2.5 千克，肥育期日增重 35 克以上，饲料报酬 3.5：1 之内。不同品种肉兔体重要求及肥育指标见表 3-1、表 3-2。

表 3-1　不同品种肉兔体重最低要求（千克）

（引自张守发等主编的《肉兔无公害饲养综合技术》和杜绍范等主编的《跟我学养肉兔》）

品　　种	一级兔		二级兔	
	4 月龄	成年	4 月龄	成年
新西兰白兔	2.5	4.5	2.4	4.0
加利福尼亚兔	2.7	4.5	2.4	4.0
比利时兔	3.6	6.0	3.3	5.5
日本大耳白兔	3.3	5.5	2.7	5.0
中国白兔	1.1	2.3	1.0	2.0
德国花巨兔	3.6	6.0	3.0	5.5
青紫蓝兔（中型）	2.5	4.5	2.2	4.0
丹麦兔	2.3	4.2	2.1	3.7

表 3-2　肉兔肥育指标

（引自汪志铮主编的《肉兔养殖技术》）

生产指标	最低水平	最佳水平
生长速度（克/日）	33	38
饲料转化率（饲料/增重）	3.5	3
屠宰日龄	80	75
屠宰率（%）	58	62
死亡率（%）	7	4
100 只母兔每周提供屠宰兔数量（只）	70	100

（2）体尺测定　在肉兔上常测的体尺如下：

①体长　指自然姿势下肉兔鼻端至尾根的直线距离（图 3 - 1）。

②胸围　指自然姿势下沿肉兔肩胛后缘绕胸部一周的长度（图 3 - 2）。

图 3 - 1　体长的测定　　　　　图 3 - 2　胸围的测定

③腿臀围　指自然姿势下由肉兔左膝关节前缘绕经尾根至右膝关节前沿的曲线长度。

④耳长　指耳根到耳尖的距离。

⑤耳宽　指耳朵的最大宽度。

3. 繁殖性能鉴定　繁殖性能指标主要包括受胎率、产仔兔数、产活仔兔数、断奶成活率等。

（1）受胎率　通常指一个发情期配种受胎数占参加配种母兔的百分比。

（2）产仔兔数　指母兔胎产仔兔总数，含死胎。

（3）产活仔兔数　指称测初生重时的活仔兔数。种母兔生产成绩以第一胎外的连续三胎平均数计算。

（4）断奶成活率　指断奶仔兔占产活仔兔数的百分比。

（5）幼兔成活率　指 13 周龄幼兔成活数占断奶仔兔数的百分比。

（6）泌乳能力　指 21 日龄全窝仔兔的总重量，包括寄养的仔兔在内。用来衡量母兔的哺育性能。

良种母兔要求年提供商品兔 30 只以上。连续 4 胎产仔数不足 20 只的母兔不宜留作种用；断奶窝重小、母性差、产前不会拉毛、产后不肯哺乳、有乳房炎、连续空怀 3 次者应予以淘汰。公兔要求性欲旺盛，配种能力强，精液品质好，受胎率高。表 3-3 为母兔的主要繁殖指标，可作为参考。

表 3-3 母兔的主要繁殖指标
（引自朱香萍等主编的《肉兔快速饲养与疾病防治》）

生产指标	最低水平	最佳水平
每只母兔年提供断奶仔兔数（只）	40	50
每个母兔笼年提供断奶仔兔数（只）	45	55
母兔配种率（%）	70	85
配种母兔分娩率（%）	55	85
平均每胎产仔数（只）	8	9
每胎产活仔兔数（只）	7.5	8.5
每个母兔笼位年产仔胎数	6	7.5
两次产仔的间隔时间（天）	60	50
仔兔出生至断奶的死亡率（%）	25	18
每胎平均断奶仔兔数（只）	6	7
每只哺乳母兔哺育断奶仔兔数（只）	6.5	7.5
30 日龄断奶仔兔的体重（克）	500	600
断奶兔每增重 1 千克饲料消耗量（千克）	4.5	4
每月母兔淘汰率（%）	8	5

4. 胴体品质鉴定　包括日增重、料重比、屠宰率和净肉率等。

（1）日增重　指统计期内肉兔每天的平均增重，一般用克/天表示。肉兔的育肥期日增重通常指 4 周龄断奶至 10～13 周出栏期间的平均日增重。

（2）料重比　也称饲料转化率或饲料报酬，是指育肥期内消耗的饲料量与增加的身体重量之比。由于饲料种类和营养水平不一，应将肉兔所摄食的各类饲料按肉兔营养标准换算成标准营养饲料再进行计算。

（3）**屠宰率** 为胴体重占屠宰前空腹活重的百分率。胴体重是指屠宰放血后去除头、脚、皮和内脏的屠体重。全净膛胴体重是去除全部内脏，半净膛胴体保留心、肝、肾等器官。

（4）**净肉率** 胴体去骨后的肉重占屠宰前空腹体重的比率；胴体去骨后的肉重占胴体重的比率称为胴体产肉率；胴体中肉与骨的比率称为肉骨比。

（5）**后腿比** 由最后腰椎处切下的后腿臀重量占胴体重的比例。

（二）选种方法

肉兔的选种方法很多，目前生产中常用的有个体选择、家系选择、综合选择等。

1. 个体选择 主要依据肉兔本身的质量性状或数量性状在一个兔群内个体表型值差异，选择优秀个体，这种方法仅适用于一些遗传力高的性状选择，常用方法有以下 3 种。

（1）**剔除法** 即对选择的每个性状都限定一个最低标准，只要有一个性状低于该标准，即予以淘汰。

（2）**最优法** 对兔群中的任何个体，只要有一个性状的表型值优于其他个体，则该个体即予留种。

（3）**百分制评定法** 一般分三步进行。

第一步，依据兔群生产水平，制订出各项经济性状的评分标准，各项满分之和为 100 分。

第二步，利用这种评分标准，在兔群中逐只进行鉴定和评分。

第三步，根据每只兔各项经济性状评定总分，选出最优者作为种兔。

2. 家系选择 主要根据系谱鉴定、同胞/半同胞测验和后裔测验来选择种兔。这种方法适用于一些遗传力低的性状选择，如繁殖力、泌乳力和成活率等。

（1）**系谱鉴定** 系谱是记载种兔祖先情况的一种资料表格。

系谱鉴定对正在生长发育的幼兔，特别是仔兔断奶后需要进行早期留种时尤为适用。根据遗传规律，对子代品质影响最大的是亲代（父、母），其次是祖代、曾祖代。祖先越远，影响越小。因此，应用系谱鉴定时，只要推算到二、三代就够了。但在二、三代内必须有正确而完善的生产记录，才能保证鉴定的正确性。

（2）同胞、半同胞测定　采用同胞、半同胞测定法进行家系选择所需的时间短，效果好。因为肉兔的利用年限短，采用同胞、半同胞测定，在较短时间内就可得出结果，优秀种兔就可留种繁殖，所以，能够缩短世代间隔，加速育种进程。同胞、半同胞测定常用于测定遗传力低的性状，如繁殖力、泌乳力和成活率等。凡遗传力越低的性状，同胞、半同胞数越多，则测定效果越好。

（3）后裔测定　这是通过对大量后代性能的评定来判断种兔遗传性能的一种选择方法。一般多用于公兔，因为公兔的后代数量、育种影响都大于母兔。具体做法是，选择一批外形、生产性能、系谱结构基本一致的母兔，饲养在相同的饲养管理条件下，每只公兔至少选配10～20只母兔，然后根据生长发育、饲料报酬、产肉性能、肉用品质等性状进行综合评定。

3. 综合选择　在实际育种工作中，选出各种经济性状都很优良的种兔。一般进行三次选择。

第一次选择：可在仔兔断奶时进行，以系谱鉴定为主，结合个体鉴定，将断奶仔兔划分为生产群与育种群，对列入育种群的幼兔必须加强饲养管理和其他的培育措施。

第二次选择：一般在3～6月龄进行，以外貌鉴定为主，结合体重、体尺大小评定生长发育情况。在育种群中，凡有鉴定不合格者一律转入生产群。通过同胞、半同胞测定，选出育种群中特别优良的种兔组成核心群。

第三次选择：一般在繁殖2～3胎后进行，以后裔测定为主，根据本身的繁殖性能及后裔的生长速度、饲料报酬等进一步评定种兔的优劣情况，将品质特别优良的种兔保存在核心群中，有条件时可组成精选群。

根据实践经验，选择后备种兔群时，一定要从良种母兔所产的 3～5 胎幼兔中选留，开始选留的数量应比实际需要量多 1～2 倍，而后备公兔最好应达到 10∶1 或 5∶1 的选择强度。

三、肉兔的选配技术

生产实践中经常可以看到，优良的种兔不一定产生优良的后代。这是因为后代的优劣不仅取决于交配双方的遗传品质，还取决于双亲基因型间的遗传亲和性，也就是说，要获得理想的后代，不仅要选择好种兔，还要选择好种兔间的配对方式。选配就是有目的、有计划地组织公母兔的交配。选配的目的有四点：一是实现公、母兔优点互补，创造性能更好的理想型；二是理想型间近交或同质交配，用来稳定、巩固理想型；三是以优改劣或优劣互补，进行兔群改良；四是不同种群间杂交，利用杂种优势，提高生产性能。选配方法可分为表型选配和亲缘选配两类。

（一）表型选配

表型选配又称品质选配，它是根据交配双方的体形外貌、生产性能等表型品质对比进行的选配方式，它分两种情况：

1. 同型选配 又称同质选配，是指将性状相同、性能一致或育种值相似的优秀公、母兔之间的选配称同型选配，以期获得与其父母相似的优秀后代。例如，将体型大、产肉多的公、母兔交配，会使其后代向大体型、高产肉性能的方向发展。

同型选配可使公、母兔共有的优良性状不发生变异，能稳定地遗传给后代，使所希望的优良性状在后代中得到巩固和提高，因而适宜纯种及杂交育种中产生的理想杂种的选配。

2. 异型选配 又称异质选配，是指交配双方表型品质不相似的选配方式。分两种情况：一种是互补型，将具有不同优良性状的公、母兔进行交配，可以获得兼备双亲优点的后代；另一种是改良型，将同一性状而优劣程度不同的公、母兔交配，使后代在此性状上有较大的改进和提高，以期达到改造低劣品种，提高后代生产水平的目的。如用产肉量多的公兔与产肉量一般的母兔交配以获取产肉性能较好的后代称为改良型。

异型选配增大了后代的变异性，丰富了基因组合类型，有利于选种和增强后代的生活力。但应注意，由于基因的连锁及性状间负相关等原因，有时不一定能把双亲的优良性状很好地结合在一起，也有双亲缺点综合在后代中的情况。异型选配时必须坚持严格的选种，并注意分析性状的遗传规律特别是性状间的遗传相关。

（二）亲缘选配

亲缘选配是根据交配双方亲缘关系的远近而决定的选配方式，交配的公母兔有较近的亲缘关系，它们到共同祖先的总代数小于6，所生子女的近交系数大于0.78%称为近交；反之，交配双方无密切亲缘关系，6代内找不到共同祖先的，称为远交。

1. 近交的效果　近交最重要和最本质的遗传效应是引起基因型纯合，使兔群中纯合基因型的个体数增多。基因型纯合容易使一些隐性有害基因纯合而暴露出来，使兔群生产水平下降，生活力减弱，抗病力变差。但是近交又可以使一些优良基因支配的性状，因基因型的纯合而固定下来。所以近交又是肉兔育种的重要手段，通过近交使基因纯合的机会增加，这在育种上有很大的用途。

2. 近交衰退现象　所谓近交衰退是指由于近交而使肉兔的繁殖力、生活力以及生产性能降低，随着近交程度的加深，几乎所有性状均发生不同程度的衰退。近交后代中不同性状的衰退程度是不同的，低遗传力性状衰退明显，如出现产仔数减少，畸形、弱仔增多和生活力下降等现象；遗传力较高的性状如体形外貌、胴体品质则很少发生衰退。另外，不同的近交方式、不同种群、不同个体以及不同的环境条件，近交衰退程度都有差别。也有不少资料表明，并非所有的近交都带来衰退。如新西兰白兔的近交系数在28%以内时，死胎率、产仔数、窝重、育成率以及生长发育等各种性状，均无显著性衰退。另外的试验表明，如果结合严格淘汰，兔群可连续全同胞交配多代，达到极高的近交程度而不致明显衰退，说明肉兔有良好的近交耐受能力。必须加以说明的是：近交衰退是在许多物种中发生的普遍现象，近交不衰退是少数的情况，并仅在近交程度较低时才出现，所以我们对近交应持谨慎的态度，在生产中避免近交或允许轻度的近交，在育种中也应有针对地使用。

3. 近交衰退的预防 近交衰退主要应注意以下几点：

（1）**搞好选配** 这是预防近交的主要手段。在做好群体血统分析的基础上细致选配，尽量避免高度的近交，对中亲以内的近交要谨慎采用，以避免造成近交累积。群体要保持较宽的血统，尤其在采用人工授精时，不能忽视选配，每代仅采个别兔的精液。

（2）**搞好血缘更新** 一个群体繁育若干代后，个体间难免有程度不同的亲缘关系，很容易造成近交，此时要及时引入具备原群优点但无亲缘关系的优秀种公兔或精液，以进行血统更新。通常的做法是"异地选公，本地选母"、"三年一换种（公）"就是这个道理。

（3）**正确运用近交** 当必要采用近交时，近交程度、形式和速度都将是微妙的问题，需要适度、灵活、合理，将近交的作用充分发挥出来，而将衰退降到较低程度。

（4）**严格淘汰** 严格淘汰是近交中公认的必须坚决遵循的一条原则。最好结合性能测定，将那些不符合要求的，生产力低、体质衰弱、繁殖力差的个体，从种兔群中淘汰掉。

（5）加强饲养管理　近交个体遗传性比较稳定，种用价值较高，但通常生活力较差，对环境条件比较敏感，良好的饲养管理能够有效地缓解和防止衰退的发生。相反，则将会使近交衰退变得更加严重。

4. 近交的应用范围　近交通常是作为一种特殊的育种手段来应用的，主要在新品种、品系培育过程中应用近交来加快理想个体的遗传稳定速度，建立品系、杂交亲本的提纯、不良个体和不良基因的淘汰等。近交必须目的明确，不可滥用。在生产中要注意避免近交，或仅对十分优秀的个体采取温和的中亲交配。

5. 采用灵活的近交方式　近交方式很多，效果也各不相同，应根据需要采取灵活的近交方式。如为了使某只优秀公兔的遗传性尽快稳定下来，并在后代中占绝对优势，不妨选择其女儿或孙女与该公兔连续回交。如果公母兔都很理想，则可围绕双亲利用其全同胞后代进行近交。总之，应围绕中心个体采取适宜的近交方式。

6. 控制近交程度和速度　连续的高度近交显然有利于加快基因纯合，但有大幅度衰退的风险，而轻缓的近交收效较小，只有适度才能趋利避害。在育种实践中要具体分析，分别确定。一般的品系繁育可采取轻缓的近交，品系育成后近交系数 10%～15% 较适宜；针对强的近交系可使育成后平均兔群近交系数达40% 以上。

（三）选配的实施原则

在肉兔育种和生产实践中，为便于选配的实施，一般应遵循以下基本原则：

1. 有明确的选配目的　选配是为育种和生产服务的，育种和生产的目标必须首先明确，这是我们要特别强调的，并要贯穿于整个繁育过程中，一切的选种选配工作都围绕它来进行。

2. 充分利用优秀公兔　生产中公兔用量少，选择遗传品质好的公兔对后代的遗传改良作用大，所以公兔一定要严格选择。对优秀公兔要充分利用，规模养兔可采取人工授精的方式以充分利用优秀公兔。并要适当保持一定种公兔的数量，宜精不宜多，其中要有较远亲缘关系的种兔，以冲淡和疏远太近的亲缘关系，避免后代产生各种退化现象。

3. 慎重使用近交 近交有严格的适用范围，在生产中应尽量避免 3 代以内有亲缘关系的公、母兔交配。生产群要注意分析公、母兔间的亲缘关系，以避免近交衰退。即使有必要使用近交也要掌握适度。

4. 相同缺点或相反缺点不配 不允许有相同缺点的或相反缺点的公、母兔交配，正确的做法是以其优良性状纠正不良性状，以优改劣。

5. 注意公、母兔间的亲和力 选择那些亲和力好，所产后代优良的公、母兔进行交配。

6. 注意年龄选配 因为年龄不同，其繁殖性能、生产性能和生活力也明显不同，一般壮年兔的繁殖能力、生活能力和生产性能最好。所以，以采用 1~3 岁的壮年兔交配效果最好。通常以壮年公兔配壮年母兔，壮年公兔配青年母兔，或青年公兔配老年母兔。

四、肉兔的繁育方法

肉兔的繁育方法，按交配时亲缘关系的不同，一般分为纯种繁育和杂交繁育两种，均可作为生产性繁育和育种性繁育。

(一) 纯种繁育

又称本品种选育，是指同一品种内进行的繁殖和选育，其作用和目的是为了保持和发展该品种的优良品质，克服缺点，增加品种内优秀个体的数量。

纯种繁育主要用于地方良种的选育，外来品种优良性状的保持与提高和新品种的培育。对具有较高生产性能，适应性强，并已能满足社会经济水平要求的肉兔品种均可采用这种繁育方法。一般每个肉兔品种都有几个品系，每个品系除具备本品种的一般特性外，还具备明显突出的超越本品种特性和特征的优点。品系间也可杂交，可提高兔群的生产性能。因此，品系繁育是纯种繁育中重要一环，是促进品种不断提高和发展的一项重要措施。品系繁育的方法主要有四种。

1. 系祖建系 在兔群中选出某头性能特点优良、有独特的遗传稳定性且没有隐性不良基因的种公兔作为该品系的系祖，选择无亲缘关系、有共同特点的优良母兔5～10只与之交配，且不断地在后代中选种选配，使之保持系祖的优良性能。

2. 近交建系 选择遗传基础较丰富、品质优良的种兔通过高度近交，使加性效应基因累积和非加性效应基因纯合。然后在此基础上选种选配，培育成近交系。其优点是时间短，见效快；缺点是可能使有害隐性基因纯合。

3. 表型建系 根据生产性能和体形外貌，选出基础群，然后闭锁繁殖，经过几代选育就可培育出一个新品系或新品种。这种方法简单易行，养兔专业户即可承担建系育种任务。

4. 正反交反复选择 国外家兔品系繁育常采用此法。根据两个品系或品种正反交杂种后代的生产性能、繁殖性能和生活力等进行选育。例如，要选择家兔的多胎性，先将品系A的公兔与品系B的母兔交配，根据后代AB的产仔数选择A系最好的公兔与本品系的母兔繁殖，如此往复循环，就能得到一个特性已经加强而且与B系的配合力已经过考验的A系。同样，把B系的公兔用A系的母兔进行检验，使B系也得到进一步的改进。

（二）杂交繁育

杂交繁育是指用两个或两个以上的肉兔品种进行交配的方法。不同品种或品系的公、母兔交配称杂交，所生后代称为杂种。这种方法既能育成新品种，又可以提高商品肉兔的生产性能。因为杂交可获得兼有不同品种（或品系）特征的后代，在多数情况下采用这种繁育方法可以产生"杂种优势"，即后代的生产性能和经济效益等都不同程度地高于其双亲的平均值。目前在肉兔生产中常用的杂交方式主要有以下几种。

1. 经济杂交 又称为生产性杂交，是指利用杂种优势，以获得具有高度经济利用价值的杂种后代，供商品生产用。杂种是否有优势，是以杂种的生产性能是否高于其双亲品种的平均值来衡量的。杂种优势通常以杂种优势率来表示，它的计算公式是：

$$H = \frac{\overline{F_1} - \overline{P}}{\overline{P}} \times 100\%$$

式中　H——杂种优势率；

$\overline{F_1}$——杂种一代某生产性能的平均值；

$\overline{P}$——两个亲本在某生产性能上的平均值。

两品种（或品系）间的杂交，叫简单的经济杂交；三个品种以上的杂交，称三元或多元经济杂交，也叫多品种杂交。其后代往往表现生命力强，生产性能好。例如，新西兰白兔与加利福尼亚兔杂交后，其后代的生产性能和繁殖性能都高于双亲的平均值（表3-4）。

表3-4　新西兰白兔与加利福尼亚兔的杂交效果
（引自朱香萍等主编的《肉兔快速饲养与疾病防治》）

项　　目	新西兰兔	加利福尼亚兔	加公兔×新母兔
每年每只母兔平均产仔数（只）	37.23	37.20	41.36
平均每胎产仔数（只）	8.1	7.9	8.6
平均每窝断奶仔兔数（只）	7.3	7.6	7.8
8周龄平均体重（千克）	1.93	1.68	2.03
料肉比	3.41：1	3.01：1	3.05：1

生产中，为生产商品肉兔，应充分利用杂种优势。在选择肉兔杂交亲本时，父本要求生长速度快、料肉比高、胴体品质好、

屠宰率高；母本则要求繁殖力高，母性强。但应注意的是：

第一，不是所有杂交都能产生杂种优势，并且杂种优势不仅因杂交组合而有差异，就是在同一杂交组合中，因正、反交不同，也会有不同的效果。因此，在实行经济杂交之前，应进行杂交组合试验。

第二，用于杂交的父本和母本可以是两个外来的优良品种，也可以一个是外来的优良品种，另一个是我国地方品种。

第三，在两个品种杂交后，选择其优秀的杂种母兔，与另一品种公兔杂交，以后各代中，均选择其优秀杂种母兔，轮流与不同的两个或两个以上品种公兔杂交，来生产具有更高杂种优势的商品兔。

2. 引入杂交 又叫导入杂交。当某个品种的品质基本符合要求，但还存在某些不足时，就可采用能弥补这些缺陷的另一品种进行引入杂交，即选择适宜的良种公兔与被改良的本地品种母兔杂交一次，然后从一代杂种中选出优良的公、母兔与原品种回交，再从第二代或第三代中（含外血 1/4 或 1/8）选出理想型个体进行横交固定（图 3-3）。

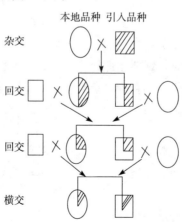

图 3-3　肉兔引入杂交示意图

3. 级进杂交 级进杂交又称改造杂交。一般用外来优良品种改良本地低产品种。具体做法是选用外来优良公兔与本地母兔交配，杂种后代连续与外来优良公兔回交，使当地品种的血缘成分越来越少，改良品种的血缘成分越来越多，达到理想型要求后，停止杂交进行自群繁育（图3-4）。

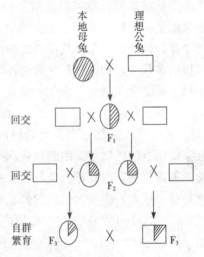

图3-4 肉兔级进杂交示意图

应该注意，当级进杂交的后代体形和生产性能基本上与外来优良品种相一致时，就要立即停止杂交，改用自群繁育。不应盲目追求级进杂交代数，否则，杂交代数过高，可能会导致生活力和适应性的下降。

4. 育成杂交 主要用于培育新品种，又分简单育成杂交和复杂育成杂交。世界上许多著名肉兔品种都是以育成杂交培育成的，如青紫蓝兔和我国近年育成的哈尔滨白兔等。育成杂交大致可分为三个阶段。

杂交阶段：通过两个或两个以上品种的公、母兔杂交，使各个品种的优点尽量在杂种后代中结合，改变原有肉兔类型，创造新的理想类型。

固定阶段：当杂交后代达到理想型后即可停止杂交，进行横交固定。即选择杂交后代中的优秀个体，进行自群繁育，使理想类型得以固定。

提高阶段：通过大量繁殖，迅速增加理想型数量和扩大分布地区，建立品种的整体结构和提高品种质量，并进行鉴定验收。

第四章

肉兔的繁殖

一、肉兔的生殖生理

（一）兔的性成熟

初生仔兔生长发育到一定年龄，公兔睾丸中能产生具有受精能力的精子，母兔卵巢中能排出成熟的卵子，就称为性成熟。如果让公母兔交配，能够受精、妊娠和完成胚胎发育，表明肉兔已达到了性成熟的阶段。肉兔的性成熟年龄因品种、性别、营养、季节等因素的不同而有差异。一般来说，小型品种性成熟时间较早，母兔在 3.5～4.5 月龄，公兔 4～4.5 月龄，大、中型品种稍晚些。充足的营养、逐渐提高的气温和延长光照可使性成熟提早；反之，营养条件差及秋冬季出生的仔兔其性成熟就延迟。公、母兔性成熟和配种年龄详见表 4-1。

表 4-1　公、母兔性成熟和配种年龄
（引自张守发等主编的《肉兔无公害饲养综合技术》）

品　　种	性成熟期（月）	配种年龄（月）
新西兰兔	4～6	5.5～6.5
中国白兔	4～5	5～6
日本白兔	4～5	6～7
青紫蓝兔	4～6	7～8
加利福尼亚兔	4～5	6～7
丹麦白兔	4～6	6～7

品　种	性成熟期（月）	配种年龄（月）
比利时兔	4～6	7～8
塞北兔	5～6	7～8
哈白兔	5～6	7～8
太行山兔	4～6	6～7
德国巨型白兔	4～6	6～7.5
大型新西兰兔	4～6	6～7

（二）配种年龄与利用年限

1. 配种年龄及体重　肉兔虽然达到性成熟，有发情表现，但身体其他组织器官尚未发育完全，需要继续发育，不宜立即用来配种。过早繁殖，不但影响母兔本身生长发育，而且配种后受胎率低，产仔数少，仔兔体型小，母兔泌乳量也少，仔兔育成率低，影响其终身利用。所以一定要防止过早配种。但过晚配种也不好，一方面造成种兔浪费；另一方面，也会降低公、母兔的繁殖机能，因此要适时配种（表4-1）。

一般来说，小型品种母兔4～5月龄，体重达2.5～3.0千克；中型品种母兔6～7月龄，体重达3.5～4.0千克；大型品种母兔7～8月龄，体重达4.0千克以上，即可组织配种。公兔达7～8月龄，体重达3千克以上，也可开始配种。但也应考虑到肉兔本身的生长发育情况并结合当地的养殖水平和自然生态特点等。如在同等条件下，公兔的初配年龄应比母兔晚1个月以上。

2. 公母比例　合理的公母比例，不但可以保障兔群的繁殖力不受影响，而且还可降低饲养成本，增加经济效益。一般情况下，兔群规模越小，公母比例稍大；兔群规模越大，公母比例相应越小。一般适度规模的肉兔场，公母比例为1∶8～10。品种越多，公母比例也应稍大，采用人工授精的兔场，可以大大减少公兔的饲养数量。

3. 种兔利用年限　从理论和生产实践上，种兔的利用年限以 3~4 年为宜。频密繁殖、利用过度时,利用年限可大为缩短,有时仅可利用 1~2 年。如果体质健壮,使用合理,良好的饲养管理,配种产仔年限也可适当延长。但过于衰老和繁殖力较差者要及时淘汰,以免影响兔群品质和对经营不利。为了防止公兔配种不匀,在本交时,每只公兔可固定轮流配母兔 8~10 只。一般公兔在每天早、晚可配种 2 次,连配 2 天后要休息一天,并要加强营养,喂给含蛋白质较丰富的饲料,以保证公兔的健康。

二、妊娠与妊娠期

(一)发情与受精

1. 发情 肉兔是属于交配刺激排卵的多胎动物。在性成熟的母兔卵巢内经常有许多处于不同发育阶段的卵泡,但是这些卵泡必须在母兔发情后,在公兔交配刺激下,隔 10~12 小时才排出来,这种现象叫刺激性排卵。如果发情得不到公兔的交配,则这些成熟的卵泡在雌激素与孕激素协同作用下经 10~16 天后逐渐萎缩退化,并被周围组织所吸收。此时,新的卵子又在卵巢内发育直到成熟,再次表现出发情的现象,这就是母兔的发情周期。母兔的发情周期一般为 8~15 天,变动范围大。因此,在性成熟后的母兔卵巢上,经常有许多处于不同发育阶段的卵泡,任何时间配种均可受胎。但天气的变化、饲养管理的改变等都对兔群的发情产生很大的影响,如晴暖适宜的天气配种受胎率高,而恶劣的天气配种受胎率低。以上情况说明,肉兔发情易受环境影响。环境的变化与作用影响着肉兔的发情周期,发情周期存在不稳定性和较大的可调控性。肉兔发情一般持续 2~4 天,发情的主要表现为:

(1)**精神状态** 兴奋不安,行动活跃,不停地跑跳,前爪刨地,抓笼门,后脚顿足,啃咬笼具,频频排尿,食欲减退,发情盛期时，甚至完全拒食，爬跨仔兔和同笼母兔，放入公兔笼中时甚至爬跨公兔，被公兔爬跨时表现静立，抬高臀部应合、接受交配。

（2）卵巢变化　卵巢上有5～20个直径约1.5毫米的透明卵泡，处于成熟状态。雌激素分泌旺盛。

（3）生殖道变化　生殖道黏膜湿润充血、外阴肿胀、潮红。发情初期，外阴黏膜呈粉红色、轻微肿胀；发情盛期外阴黏膜为大红色、明显肿胀；发情末期，为深红色，肿胀减轻。而处于间情期的不发情母兔，外阴黏膜为苍白色，显得干燥皱缩。

肉兔虽可四季发情，常年繁殖，但仍有季节性差别，尤其在粗放的饲养条件下，明显表现出季节性，如在气温适宜的春秋季发情受胎率高；气候条件较差的冬夏季节发情受胎率就低。另外，产后、断奶后发情就早，一般母兔在产后第二天或断奶后第三天即普遍发情，配种受胎率高。配种应在母兔发情的盛期时，不仅配种顺利，而且配种受胎率最高。

2. 人工催情　有些母兔因多种原因长期不发情，拒绝配种而影响繁殖。为使母兔发情配种，除改善饲养管理条件外，可有针对性地采取人工催情的方法。现介绍几种方法如下：

（1）药物催情　母兔每日喂给维生素 E 1～2 丸，连用 3～5天；中药催情散，每日 3～5 克，连用 2～3 天；中药淫羊藿，每日 5～10 克，均有良好的催情效果。

（2）性诱导催情　将乏情的母兔放在公兔笼内，通过公兔追逐、舔啃、爬跨等性刺激，使母兔分泌性激素，1 小时后放回原笼，4～6 小时检查外阴，多有发情表现。一般采用早上催情，傍晚配种。

（3）外激素催情　公、母兔都有一种外激素，可使同种异性产生性冲动和求偶行为。利用公兔的外激素和特异性气味可刺激母兔发情。将乏情母兔放入事先准备好的公兔笼内，将公兔放入母兔笼内，进行公母兔笼位交换。经 24 小时，将母兔放回原笼与留在母兔笼内的公兔配种。由于母兔接受了公兔笼内的外激素，往往会诱发母兔性冲动，再经公兔追逐，就可促使母兔发情、配种。但要求选择健康、性欲强的公兔，母兔留在公兔笼内的时间不少于20小时。

（4）外涂药物催情　在母兔外阴涂2％碘酊或清凉油，可刺激母兔发情。

（5）机械催情　用手指按摩母兔外阴，或用手掌快节律轻拍外阴，同时抚摸腰部，每次5～10分钟，当外阴部红肿，自愿举尾时，将母兔放入公兔笼内配种，受胎率很高。

（6）激素催情　母兔的发情排卵是内分泌调节的结果，使用外源激素也收到类似作用。通常采用的激素有：促卵泡素、人绒毛膜促性腺激素、孕马血清促性腺激素、促排卵2号等。一般都可使母兔的发情率达到80％～90％，受胎率达70％～80％，胎产仔数与正常发情者相近。

（7）断乳催情　因泌乳抑制发情，因此，对产仔少的母兔，可合并仔兔，一只继续哺育仔兔，另一只则在停止哺乳后5天左右发情。

（8）光照催情　在光照短的秋冬季节，实行人工补充光照达14～16小时，可使母兔发情。

（9）营养催情　配种前1～2周，对体况较差的母兔增喂精料，多喂优质青料，补喂大麦芽、豆芽、南瓜或胡萝卜等，超倍添加维生素，添加含硒生长素等，特别是硒—维生素E合剂，或饮水中加入可弥散性复合维生素，催情效果良好。

3. 受精　受精是精子和卵子相遇后进行的一系列复杂的细胞生理变化，直到融合为新的个体——合子的全过程。母兔生殖器官的卵子排出后由输卵管伞部进入输卵管，在输卵管环肌收缩和纤毛颤动的作用下，与输卵管分泌物一起缓缓下行，运行至输卵管壶腹部约需6小时。公兔交配时把精子射在阴道内子宫颈口附近，活力最强的精子通过子宫颈口进入子宫，经10～30分钟到达输卵管上 1/3 处与卵子相遇发生受精作用，精子中的遗传物质在精子顶体酶的作用下溶解卵子的放射冠，并穿过透明带与卵内的遗传物质融合，只有一个活力最强的精子与卵子结合为合子。

4. 妊娠 妊娠是指母兔从受精开始，经胚胎、胎儿发育一系列复杂生理变化，到产生新的个体的生理过程。精子与卵子受精之后，合子立即进行分裂，并在输卵管中继续分裂到桑椹期。这一过程在交配后的 21～25 小时完成。在 72～75 小时左右胚胎进入子宫，进入子宫后的早期胚胎在子宫中仍处于游离状态，主要以渗透方式从子宫乳中获得滋养。经 7～7.5 天，胚胎才附着于子宫壁上，并开始与子宫建立直接的联系，称为着床。着床处形成盘状胎盘。胎盘逐渐形成之后，胚胎的生长发育就完全依靠胎盘吸收母体的营养和氧气，胚胎的代谢产物也通过胎盘传递到母体。这种交换方式，一直维持到把胎儿产出为止。

完成这一发育过程所需要的时间，就叫妊娠期。一般母兔的妊娠期平均为 30～31 天。但其妊娠期的长短因肉兔的品种、年龄、个体营养状况、健康水平以及胎儿的数量、发育情况等不同而略有差异。一般大型兔、老年兔、胎儿少和营养状况好的母兔妊娠期略长。

(二) 妊娠检查

母兔交配后是否妊娠，可采取以下三种方法检查。

1. 外部观察法 母兔妊娠后，除出现生殖器官的变化外，全身的变化也比较明显。如母兔由于新陈代谢旺盛，食欲增强，采食量增加，消化能力提高，营养状况得到改善，毛色变得光亮，膘情增加，十几天后，腹部逐渐增大，行动变得稳重、谨慎、活动减少；散养的母兔开始打洞，做产仔准备。

2. 复配法 在母兔配种后的 5～6 天内，把母兔送到公兔笼中，若母兔已经妊娠，就会发出警惕性的咕、咕叫声，或卧地用尾掩盖外阴部，不让公兔接近，拒绝交配。

3. 触摸法　母兔妊娠 8～10 天即可摸到胎儿。具体方法是，兔头朝向术者。一手提住兔耳和颈部皮肤，另一手呈八字伸入母兔腹下，手心向上由前向后轻轻触摸。若腹部柔软似棉花状，则没有妊娠，若摸到子宫角粗肿膨大，内有像花生米样大小、能滑动的球状物，即为胎儿，可确诊为已妊娠。妊娠 12 天时，胚胎状似樱桃；妊娠 13～14 天时，胚胎状似杏核；到 15 天左右再次触摸时，可摸到像鸡蛋黄大小而有弹性的胚胎。到 20 天以后再触摸时，便可摸到长形的胎儿，并有胎动的感觉（图4-1）。

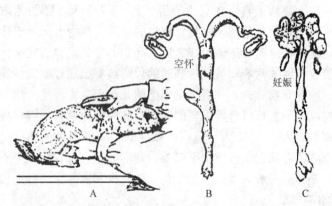

图 4-1　摸胎方法及空怀与妊娠子宫的比较

A. 摸胎方法　B. 空怀子宫　C. 妊娠子宫

触摸法是生产中早期妊娠诊断较为准确的方法。但在检查时要将胎儿与粪便区分，粪球硬而无弹性，不光滑，分布面积大，不规则，并与直肠粪球相接，妊娠时间越长，这种区分越明显。触摸时动作要轻而缓，切忌粗鲁，以免造成流产。

值得指出的是，在触摸诊断过程中，还要区别子宫瘤与胚胎。子宫瘤虽有弹性，但增大较慢，而胚胎则增长迅速而有规律，且有多个，大小均匀。当子宫内有多个肿瘤时，其大小一般相差悬殊。

三、配种方法

目前在我国肉兔的养殖生产中，繁殖方法大都采用自然交配、人工辅助交配和人工授精三种方式。

（一）自然交配法

自然交配法是把公、母兔混养在一起，在母兔发情期间，任凭公、母兔自由交配。这种配种方法的优点是配种及时，能防止漏配，方法简便，节省人力，但也存在一定的不足，如未到配种年龄的公、母兔过早配种妊娠，无法进行选种选配，容易引起近亲繁殖，品种退化，使兔群品质下降；公兔之间，因争夺一只发情的母兔而殴斗咬伤，影响配种；公兔配种次数过多，体力消耗过大，精液质量降低，导致受胎与产仔率低；公兔易衰老，利用年限短，不能发挥优良种公兔的作用；易传播疾病。因此，肉兔自然交配法应随着养兔业的发展，尽量加以控制，最好弃之不用。

（二）人工辅助配种法

目前，肉兔养殖户及养殖场普遍采用人工辅助配种法。即采取公、母兔分笼或分群饲养，在母兔发情期间，把母兔放进公兔笼内，在配种员的看护下完成配种，这种方法叫人工辅助配种法。它与自然交配法相比，有如下优点：能避免近亲交配，便于有计划地进行选种选配，有利于保持和生产品质优良的兔群；能控制公兔的配种强度，有利于保持种公兔的性活动机能；合理安排配种次数，延长种兔的使用年限，不断提高肉兔的繁殖力，同时还可保持种兔的身体健康，避免疾病的传播。但人工辅助配种法费工费时，劳动强度大，需要有一定经验的饲养人员勤观察，以便及时发现母兔发情并安排配种。

1. 配种前的准备 为了保障配种质量，以获取优良的后代，在公、母兔进行交配前，必须进行全面检查。有以下情况者，不能参加配种，如患疥螨、梅毒以及其他各种疾病的种兔、长途运输后的种兔、病愈不久和注射疫苗的种兔也不能马上配种。对病兔要进行隔离治疗，待痊愈后再根据具体情况确定是否配种。母性不好以及患有恶癖的公、母兔要及时淘汰。

参与繁殖的种兔在配种前需调整饲料配方，要提高饲料中的蛋白质含量，添加多种维生素及维生素E、硒、锌等。体质瘦弱的种兔要补充营养，过胖的种兔要降低精料量，补充青绿饲料，加强运动，使兔群保持适宜繁殖的中等体况。

要编制种兔的配种计划，防止近亲交配，有计划地使用优良种公兔。要安排好配种的时间，如春、秋季安排在上午 8～11 点；夏季要尽量安排在较凉爽的早晨；冬季利用晴暖天气的中午时间。饲喂前后的 1 小时内，不宜安排配种；恶劣的天气也不宜安排配种，尽可能在天气晴朗、温度适宜的时间配种。

搞好清洁卫生，彻底清除笼中的粪便、污物，对笼具进行彻底的消毒，严防疾病的传播。检查兔笼，尤其是种公兔的笼底板，要做必要的修整，不允许有任何的损坏，以防在配种时发生意外伤害，并要移走兔笼中的一切物品。

配种前要准备好用于配种记录的表格，及时登记配种情况，如配种的时间，公、母兔的号码，配种次数，预产期及产仔记录等（表 4-2、表 4-3）。

表 4-2　种公兔配种记录

品种	耳号	与配母兔		配种日期		备注
		品种	耳号	第一次	第二次	

表 4 - 3　繁殖记录

公兔耳号	与配母兔			产仔日期	产仔只数			断奶		留种子女耳号	备注
配种时间	品种	耳号			活	死	畸形	存活	窝重（千克）		

2. 配种过程要监控　将经过发情鉴定的适配母兔，轻轻地转移到种公兔的笼中，而不应将公兔放到母兔的笼中。否则公兔会因环境的变化，影响和分散其精力，延误配种的时间和降低配种效果。一般情况下，当将发情母兔放入公兔笼中时，公母兔便开始互用嗅觉识别对方的性别，然后公兔开始追逐母兔，并试趴于母兔的背上，或以前足揉母兔的腰腹部，并准备交配。如果母兔正在发情或接受公兔，就会在公兔的几次追逐之后停下卧地不动，待公兔作交配动作时，后肢站立举尾迎合公兔的爬跨，当公兔将阴茎插入母兔阴道后，公兔臀部屈弓迅速射精，发出"咕、咕"叫声，后肢蜷缩，臀部滑落，并向母兔的侧向或后方倒下，此时交配已完成。数秒钟后，公兔爬起，再三顿足，这时可将母兔从公兔笼中取出，随后将母兔的臀部举高，拍击其臀部，使其受惊后子宫收缩，可防止精液倒流。然后将母兔放回原笼，填写配种记录。如初配的日期、所用种公兔品种、编号等及时登记在母兔的配种卡片上（表4－4）。交配之后，公母兔均需安静休息。

表 4 - 4　种母兔配种卡片

品　　　种		耳号		出生日期	
同胎只数		奶头数		毛色特征	
初配年龄		初配体重		来　源	
配种日期	与配公兔品种	与配公兔编号	配种次数	备注	

一般情况下，从放入母兔至交配完毕只需几分钟，但有时会出现公兔拒配或母兔拒配现象，会使配种时间延长甚至不交配。如果是公兔拒配，其表现为害怕、不动、消极，不追逐爬跨母兔，而母兔主动靠近，甚至爬跨公兔。公兔拒配的原因可能是使用过度以至没有性欲，此时应选择另一只公兔配种，对拒配的公兔应让其休息暂停使用。如果母兔拒配，又确实发情，其表现是，当把母兔放入公兔笼中后，不停地跑动、逃避公兔或伏地不动，并用尾巴盖住外阴部，拒绝交配。此时公兔用嘴咬扯母兔的颈部、耳朵，或伏于母兔的头部，积极调情、爬跨，母兔仍不接受交配，遇到此种情况时，应将母兔从公兔笼中取出，放入其他公兔笼中与其他公兔交配。母兔拒绝交配的原因多是公母兔之间的亲和性不佳或母兔本身性欲淡漠，如为前者，更换公兔后，通常能顺利完成交配；如是后者，可采取人工辅助的方法强行交配。方法为用一只手抓住母兔耳朵和颈部皮肤，另一只手伸向母兔的腹下托起后躯，以食指与拇指挟住尾巴，露出阴门，让公兔爬跨，以强制其迎合交配。或者用一根绳拴住兔尾，由固定兔耳及颈部皮肤的手控制，将尾巴拉开露出阴部，另一只手仍从腹下托起臀部，也能顺利完成交配。这种人工辅助交配的方法，又叫强迫配种。若仍不接受交配，可将母兔放回原笼，改日再配。

　　3. 复配　在母兔初配两天左右，再用公兔重新配种一次的方法叫复配。为了确保母兔及时妊娠与产仔，常采用复配的方法。如果母兔拒绝交配，边跑边发出"咕咕"的叫声，说明母兔已妊娠，应将母兔送回原笼，以防奔跑过久受到影响。如果母兔接受交配，表明初配未能受孕，应将复配日期记入配种卡片。若复配不成，常于配种后 15～20 天发现母兔有筑窝现象，这是假孕或流产象征，应重新配种。

　　4. 配种注意事项　配种现场要宽敞，环境要安静，禁止陌生人围观或大声喧哗。配种之后如发现母兔排尿，应立即重配。

　　人工辅助配种法对种公兔的要求较高，不仅要求公兔的生产性能及遗传品质优良，而且性欲和交配能力均要强；种公兔的数量不宜过多，公母兔的比例 1∶8～10 即可；要选择培育优良种兔，并结合公兔精液品质检查和母兔受胎率及分娩情况，及时淘汰配种受胎率差的种兔。

要控制种公兔的配种频率，种公兔在一天之内可交配 1～2 次，连续交配两天之后必须休息一天。如遇有母兔发情集中，也可适当增加配种次数或延长交配日数，但要注意不能过度，以免影响公兔健康和精液品质。

平时要注意观察母兔的行为，及时掌握发情规律，要在母兔发情最旺盛、外阴部黏膜呈深红色时适时配种。

当一只母兔用两只公兔配种时，要在与第一只公兔配种经过一段时间，等异性气味消除后，再送入第二只公兔笼中进行配种，以防第二只公兔嗅出母兔身上有其他公兔的气味，咬伤母兔。另外，3 年以上的母兔不应再配种，应淘汰。

（三）人工授精

人工授精是一种比较先进、经济、科学的配种技术。人工授精是指利用特制的采精器将优良种公兔的精液采集出来，精液经过品质检查评定合格，再按一定比例用稀释液稀释处理后，借助输精器将精液输入发情母兔生殖道内的一种人工配种技术。人工授精需要一定的设备和技术，适于规模较大的兔场和有组织的良种推广。

1. 人工授精的意义　用人工授精技术为母兔配种，可充分利用优秀种公兔。一只公兔一次采集的精液经适当的稀释后可给 8～20 只发情的母兔授精，全年 1 只种公兔可负担 100 只以上母兔的配种，有利于保障公兔质量和加速兔群品质的遗传改良，加快良种推广。大大减少了种公兔的饲养量，还可降低饲养成本，显著提高其经济效益。

在配种的旺季和采取同期发情时，人工授精可满足许多发情母兔的需要，使其能适时配种，有利于配种管理及以后的繁殖护理工作。精液经稀释后可予以保存及运输，有利于异地母兔的配种。

实行肉兔人工授精，为母兔输精配种时无菌操作，公、母兔不直接接触，可防止传染病及生殖器官疾病的传播，有利于防疫。一个人可承担种兔饲养管理、采精、输精等全部操作过程，并且设备简单及投资少、操作方便。

2. 采精的方法 采精方法有阴道内采精法、电刺激采精法和假阴道采精法等。最为常用的是假阴道采精法。现介绍如下：

（1）采精器的准备 采精器可自己制作或购买成品。采精器一般由假阴道和集精杯两部分组成。

①简单型假阴道 选直径3～4厘米，内径2.5～3厘米的硬塑料管或硬质胶管制作假阴道外壳，用避孕套，去掉盲端，取长筒部分约12厘米长作假阴道的内胎。安装时，先将内胎放入外壳腔内，使两端露出外壳的长度相等，用橡皮圈固定在外壳上，再用另一只避孕套剪去部分盲端，将有翻口的集精杯塞入并扎紧，再将避孕套连同集精杯放入内胎腔中。装内胎时不要过紧或过松，内胎可稍扭转，但不超过180°，以增加压力，有利于公兔射精。外壳中部打孔安装注水活塞，或在孔上另安装一圆柱形小管，上套一胶管，由此处注入温水至壳内空间的2/3左右，使内胎外口呈三角形并略有缝隙时为宜，如压力不够时，可再补加温水或吹入空气调节。采精时保持水温38～40℃。集精杯可用玻璃小瓶或采样试管来代替。使用时集精杯先用75％酒精消毒或蒸汽消毒、煮沸消毒20～30分钟，然后用灭菌生理盐水或灭菌的5％葡萄糖液冲洗2～3次。注意内胎与外筒连接处及注水孔处一定要密封，严防温水外溢（图4-2）。

②电热型假阴道 这种采精器不用注入温水，利用6节一号电池或9伏交直流电源加热代替注入温水，其内外胎间填充海绵或塑料泡沫以控制温度和保持恒压，使用效果良好（图4-3）。

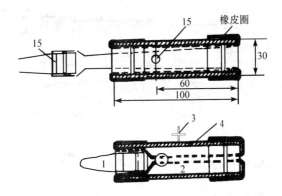

图 4-2　简单型假阴道 (单位: 毫米)

1. 集精杯　2. 内胎　3. 活塞　4. 外壳

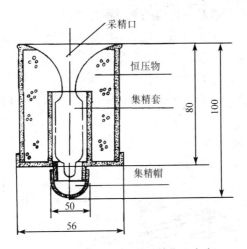

图 4-3　电热型假阴道 (单位: 毫米)

　　(2) 输精器的准备　输精器由两部分组成。上段可用卡介苗注射器或 2 毫升的玻璃注射器或一次性注射器,下连一 10~15厘米长的人用导尿管,也可用羊用玻璃输精器代替或胶头吸管来代替 (图 4-4)。

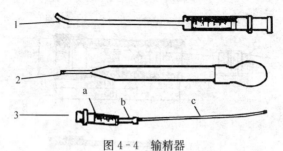

图 4-4　输精器

1. 专用输精器　2. 滴管式输精器　3. 组合式输精器

a. 注射器　b. 胶管　c. 输精管

（3）采精训练及假台兔的制作　种公兔必须经过训练才能采精。可用健康的发情母兔让其爬跨，但不让交配。种公、母兔应隔离饲养，并饲喂品质优良的全价配合饲料。采精人员要经常接近公兔，训练公兔的胆量，使其不因怕人而逃避。定期让公兔接触母兔，但不准交配，以提高公兔的性机能。

假台兔可用木板或竹条作支架，蒙上一张处理过的兔皮即做成（图 4-5）。训练使用假台兔采精时，先将发情母兔置于假台兔或手臂上，当公兔爬跨并出现交配动作时，立即移走发情母兔，反复多次训练之后，只要公兔见到假台兔或包上兔皮的手臂时，即可自动爬跨采精。

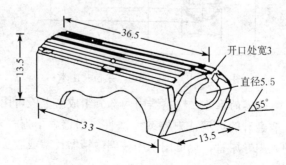

图 4-5　假台兔构造示意图（单位：厘米）

（4）采精　公兔精液可通过假台兔或包上兔皮的手臂采集，也可以在公兔笼中用发情的母兔作真台兔采集，具体操作方法是：先把发情母兔放入公兔笼内，让公兔与母兔调情片刻引起性欲，当公兔性冲动时，采精者左手抓住母兔双耳及颈部皮肤，将母兔保定好，使其后躯朝向笼内，右手持采精器将假阴道伸入母兔腹下，采精器需预先调温到38～40℃，开口端涂以少量消毒过的凡士林或肥皂液，起润滑作用，假阴道开口端紧贴在母兔阴门下部，并稍用力托起母兔的臀部。当公兔爬至母兔的背上时，假阴道要快而准确地对准阴茎伸出的方向，及时调整假阴道的角度和位置，以利阴茎插入。当公兔臀部快速抽动，向前猛地一冲时即射精，此时应将假阴道收回并使开口向上以防精液洒出，取下集精杯送入人工授精室待检。采精频率为每周2～3次为宜，采精次数过多，精液品质下降，影响受胎效果。

采精时间，盛夏时以早上凉爽时间为好；严寒季节以上午10点左右时间为宜。

（5）精液品质的检查　采到的精液能否用于授精以及确定稀释倍数，要通过检查后才能确定。一般采用肉眼观察与显微镜检查来评定。

①肉眼观察　评定项目有射精量、色泽、气味、pH等。

射精量：是指一次射出精液的数量。射精量的多少与肉兔品种、体型大小、采精的频率、采精技术及饲养管理水平等有关。正常射精量为0.5～2毫升，可直接从有刻度的集精杯上读出，也可通过量筒读出。

颜色与气味：良好的精液呈乳白色或灰白色，浑浊而不透明。精子密度越大，颜色越白，浑浊也越显著。正常精液有一种特殊的腥味而无异味。如精液颜色发黄，可能混有尿液；如发红，可能混有血液，说明生殖道有炎症，应及时治疗。

pH：正常精液的pH为6.6～7.5，接近中性。可用pH精密试纸测定。如果pH变化过大，公兔生殖道可能有某种疾病，这种精液不能用于授精。

②显微镜检查　检查项目有精子的活力、精子密度、精子畸形率、顶体完好率等。

精子的活力：精子活力是评价精液的主要指标。正常精子呈直线前进运动，凡呈绕圆周运动、原地摆动或倒退等都不是正常精子。最好的精液活力应为 90%～100%，即评分为 0.9～1.0，合格精液为 60% 以上，即显微镜检查时在视野中作直线运动的精子占 60%，精子活力评分为 0.6 以上。

采得的精液要立即从假阴道中取出，将集精杯放在 30℃ 左右的环境中，以防温度骤变影响精子的存活能力。测定时，用吸管吸取少量精液，滴于载玻片上，轻轻盖好盖玻片，放在 400 倍显微镜下观察，分别观察三个视野，求其平均数。一般采用"十级一分制"法判断精子的活力（表 4-5）。

表 4-5　精子活力判断标准

评分 运动形式	1.0	0.9	0.8	0.7	0.6	0.5	0.4	0.3	0.2	0.1	振摆运动
呈直线前进性运动的精子（%）	100	90	80	70	60	50	40	30	20	10	—
呈摇摆运动或其他方式运动的精子（%）	—	10	20	30	40	50	60	70	80	90	100

精子的运动与周围环境的温度有关，应将显微镜置于 35～37℃ 环境的镜检箱中观察，以防温度过低，影响精子的正常活动。精液品质越好，其活力越高。

精子密度：精子密度是指 1 毫升精液所含的精子数，精子密度越大越好，精子密度是确定精液稀释倍数的主要依据。精子密度测定法有估测法和计数法等。

估测法：估测法是将精液涂片后直接放在显微镜下观察精子的稠密程度，分密、中、稀三个等级。如精子之间无任何空隙，其密度可定为"密"，每毫升精子在 10 亿个以上；精子之间能容纳 1 个精子的间隙者，其密度可定为"中"，每毫升精子数在 5～10 亿个；精子之间隙大于 2 倍，其密度可定为"稀"，每毫升精子数在 5 亿个以下。这种方法只能粗略估计，但估测快速，省时，使用方便，较实用（图 4 - 6）。

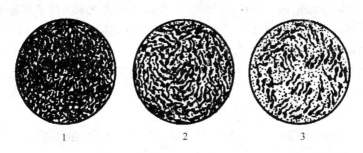

图 4 - 6　精子密度估测法示意图
1. 密　2. 中　3. 稀

计数法：取白细胞计数用的吸管，吸取精液至 0.5 刻度处，并将外壁沾的精液用滤纸擦净，用 3％的氯化钠溶液稀释至 11 刻度处。然后用拇指与食指分别按住吸管的两端，充分混匀，弃去吸管前端的数滴精液，将吸管尖端小心地放在计数板与盖玻片之间的空隙边缘，使吸管中的精液自动被吸入并充满计数室。然后置于显微镜下观察，在计数板 25 个中方格中，选择位于一条对角线上或四角各 1 个，再加中央 1 个，共 5 个中方格（图 4 - 7）。

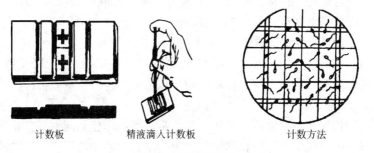

计数板　　　　　精液滴入计数板　　　　　计数方法

图 4 - 7　精子计数法

依次计算每个中方格内的 16 个小方格的精子数，求出 5 个中方格的精子总数×100 万即得精子密度。计算原则以精子头部为准，采取"数上不数下，数左不数右"，以免遗漏或重复计数。计数法结果准确，但费工费时，只宜对每一公兔做定期测定。

精子畸形率：是指畸形精子占总精子数的比率，精子畸形率高低会直接影响母兔的受胎率；一般不宜超过 10%。发育正常的精子具有一个圆形或卵圆形的头部和一条细长的尾部。畸形的精子主要有双头、双尾、胖头、小尾、无尾、无头、尾部弯曲等形态，可在镜下观察。随机统计在不同视野 500 个精子中畸形精子数。如无染色液，也可用墨水代替。

顶体完好率：是指精液中顶体正常的精子所占的比例，一般要求在 90% 以上。

（6）精液的稀释　精液经过稀释后，可扩大精液量，增加母兔的配种只数，提高良种公兔的利用率；缓解副性腺分泌物对精子的不良影响，改善精液构成，补充营养物质；添加抗菌药物，还可抑制细菌繁殖，以延长精子的存活时间，提高受胎率，便于保存和运输。

①确定稀释倍数　采出的精液要经过适当的稀释后，再用于输精配种。兔的精液稀释倍数一般为 3～5 倍，也有稀释 3～10 倍的。主要根据精液量、精子活力、精子浓度等来确定。一般情况下，母兔一次输精量为 0.5 毫升，输入活精子数 1 000 万个，根据此要求即可计算出稀释倍数。

如某公兔一次射精量为 1 毫升，精子浓度为 2 亿个/毫升，精子活力为 0.7，稀释后的精液中应含 0.2 亿个/毫升精子数，所以稀释倍数为 7 倍。也就是说，该公兔一次射精量经稀释后可为 14 只母兔输精。

精液经过稀释后，可扩大精液量，增加母兔的配种只数，提高良种公兔的利用率；缓解副性腺分泌物对精子的不良影响，改善精液构成，补充营养物质；添加抗菌药物，还可抑制细菌繁殖，以延长精子的存活时间，提高受胎率。

②精液的稀释方法 用乳头吸管或注射器吸取事先预热与精液等温的稀释液（25～30℃），沿试管壁缓慢加入至精液中，再轻轻摇匀。然后取 1 滴稀释后的精液滴在载玻片上，盖好盖玻片后在显微镜下观察精子活力有无变化。若精子活力显著下降时，则说明稀释液不当，影响了精液的品质，应查找原因。精液在稀释的过程中，要严防温差过大或周围环境的剧烈变化，稀释速度不宜过快。

③精液稀释液的配制 稀释液最好现用现配，以免微生物繁殖及腐败变质。下面介绍几种常用稀释液的配制方法。

a. 葡萄糖卵黄稀释液：

无水葡萄糖　　　　7.6 克

蒸馏水　　　　　　加至 100 毫升

充分溶解，过滤，密封，煮沸 20 分钟后，冷却至 25～30℃，再加入 1～3 毫升新鲜卵黄及青霉素、链霉素各 10 万国际单位，摇匀溶解，贴好标签备用。

b. 蔗糖卵黄稀释液：

蔗糖　　　　　　　11 克

蒸馏水　　　　　　加至 100 毫升

配制方法同 a。

c. 柠檬酸卵黄稀释液：

柠檬酸钠　　　　　2.9 克

蒸馏水　　　　　　加至 100 毫升

配制方法同 a。

d. 牛奶卵黄稀释液：

鲜牛奶或奶粉　　　　5 克或 10 克

蒸馏水　　　　　　　加至 100 毫升

配制方法同 a。

e. 多成分稀释保存液：

三羟甲基氨基甲烷	3.028 克
柠檬酸钠	1.676 克
葡萄糖	1.252 克
蒸馏水	加至 80 毫升

充分溶解，过滤，密封，煮沸 20 分钟后，冷却至 25～30℃，再加入 15 毫升新鲜卵黄及青霉素、链霉素各 10 万国际单位，摇匀溶解，贴好标签备用。该液适宜低温和超低温长期保存。

(7) 精液的保存与运输　根据使用时间分为液态保存和冷冻保存。

液态保存：现采现用时，精液保存在 30℃ 左右的环境中较好；若当天内使用，可保存在 15～20℃ 的室温环境中；若隔几天再用，宜保存在 0～5℃ 的冰箱保鲜层中。

冷冻保存：若长期保存则需采取冷冻的方式，将精液用特定的稀释液（如精液稀释液配制 e）稀释处理后，以 0.5 毫升的剂量分装在消毒灭菌的安瓿瓶中，用毛巾裹好放入铝盆内，在冰箱 5℃ 环境中降温平衡 2～3 小时，然后放入提斗中，在液氮罐内距液氮表面 1 厘米处进行初冻（-170～-150℃），5～10 分钟后即可直接浸入液氮（-196℃）做长期保存，一般能保存数年甚至更长时间。当使用时，将精液安瓿由液氮罐中提出，在 5 秒之内迅速将安瓿放入 40℃ 的温水中，溶化后立即取出。肉兔精液稀释后要迅速降温平衡，解冻后要立即使用，否则精子活力将随时间延长而迅速下降。

精液的运输：可根据运输的距离和交通工具而采用适宜的运输方法。如运输时间在 1～2 天内到达时，可采用牛奶卵黄稀释液稀释精液后，用厚纱布包裹精液瓶，放入广口保温瓶中，并加入适量冰块保持低温即可，一般可在短时间内保持精液的活力不受大的影响。如时间较长，则需连同液氮罐一起运输。

3. 输精　由于肉兔是属于刺激性排卵动物，为有效保证输精的成功率，输精前必须进行人工诱导排卵处理，刺激排卵后立即进行输精。单纯输精，往往效果不佳。

(1) 诱发排卵方法

①生殖激素刺激排卵法　对已发情的母兔，即表现出发情症状，外阴部由粉红色变为大红色时，耳静脉或肌内注射绒毛膜促性腺激素（hCG）50 国际单位，或促黄体素（LH）50 国际单位。在注射后 6 小时之内输精，便可达到预期的效果。对未发情的母兔，可用雌二醇、己烯雌酚等雌性激素作静脉注射或肌内注射，均可奏效。也可用孕马血清促性腺激素（PMSG）先诱发发情，每天皮下注射 120 国际单位，连续 2 天，隔 48 小时之后视母兔发情情况和外阴部红肿程度，再由耳静脉注射绒毛膜促性腺激素（hCG）50 国际单位，6 小时之内输精，也可收到较好的效果。

②试情公兔刺激排卵法　利用体质健壮、性欲旺盛、经过结扎输精管的试情公兔进行交配刺激，使发情母兔排卵，而后进行输精。这种方法，不论是发情母兔，还是未发情母兔，都简单易行，效果最佳，此法又称生物刺激法。对未发情的青年母兔，或发情不明显的母兔，需人为固定，用结扎输精管的试情公兔，强迫进行交配刺激，交配后 4～6 小时内输精，也有妊娠的可能，这种方法称为"强迫刺激法"。

结扎输精管时，将公兔仰卧保定，剪去阴囊基部与腹部连接处的毛，用手将睾丸从腹股沟管挤入阴囊，大拇指和食指固定一侧睾丸，碘酒消毒切口处，用手术刀在阴囊基部内侧切 0.5～1.0 厘米的小口，将消毒的钝钩插入切口，沿阴囊内侧钩出输精管，进行钝性分离，然后用缝合线结扎两头，中间剪去一小段，再送入阴囊内，切口涂上碘酒并撒消炎粉即可。另一侧用同样方法切断输精管。

(2) 输精方法　常用的输精方法有下列几种，供使用时参考。

①趴卧法　输精时将母兔放在桌上，术者一手紧握母兔臀部皮肤及尾部，用 75％酒精棉球或碘酊棉球擦净母兔外阴部的污物。消毒后，另一手持输精管沿阴道背侧方向插入 7～9 厘米到

子宫颈口附近，边插边抽动输精管几次以刺激母兔。然后缓慢推入精液0.3～0.5毫升，抽出输精管后抬高母兔的臀部并拍一下以防精液倒流（图4-8）。

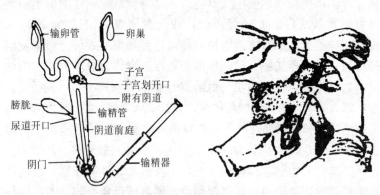

图4-8 输精示意图

②倒提法 由两人操作，助手一手抓住母兔的耳朵及颈部皮肤，另一手抓住兔臀部皮肤，使其头向下，尾巴朝上。输精员左手食指和中指夹住母兔尾根并向外翻，使其外阴充分露出，消毒后。右手持输精器，缓慢将输精器插入阴道深部。

③倒夹法 由一人操作。输精员坐在一高低适中的矮凳上，使母兔头向下，轻轻夹在两腿之间，左手提起母兔的尾巴，右手持输精器输精。

④仰卧法 将母兔放在一平台上，术者左手抓紧兔耳及颈部皮肤，使兔翻身腹部朝上，臀部着地，右手持输精器输精。

四、提高肉兔的繁殖力

随着人们生活水平的提高，对肉兔的需求量逐年增加，因此应充分发挥肉兔的繁殖潜力和生产水平，提高其经济效益，以满足市场的需求。

（一）影响肉兔繁殖力的主要因素

1. 温度　环境温度对肉兔繁殖力的影响比较大。如外界气温超过 30℃时，肉兔的食欲明显下降，呼吸加快，性欲也降低。有资料表明：公兔在炎热的夏季高温期，睾丸体积相对减少，并出现实质性萎缩，多数精子失去活力，数量与密度均明显减少。当外界环境温度由高温转为凉爽时，公兔性欲迅速恢复，但精液品质的恢复则需两个月以上。这就是夏季（炎热季节）和初秋时节，母兔不孕及受胎率低的原因。低温季节对肉兔繁殖力也有一定影响，当环境温度低于 5℃时，公兔性欲减退，母兔不能正常发情。因此，在我国北方比较寒冷的季节一般不配种繁殖，到春季 3～4 月份再进行配种。当然，在冬季青饲料缺乏，引起维生素供应不足，也是母兔不发情，公兔性欲低的重要原因。

2. 营养　营养过剩，使公、母兔过肥，造成脂肪沉积，会影响母兔卵巢中卵泡的发育及排卵，也影响公兔睾丸中精子的生成。但低营养或营养不全面，对肉兔的繁殖力也有很大的影响。所以在日常饲养管理方面，要注意饲喂全价合理的饲料，以满足种兔对营养物质的需要，才能保证肉兔的正常繁殖。

3. 对种兔的利用不当　如果种公兔较长时间不配种，往往出现暂时性不育，但经过一两次配种之后，便可恢复。所以，公兔在长期不配种的情况下，首次配种后要进行第二次复配。如果进行人工授精，则首次采的精液应弃之不用。但若对公兔使用不当，配种次数过多，也会使其早衰。当母兔长期空怀或初配过迟，卵巢机能减退，也将造成母兔受胎率低，妊娠较难。但如高度频密繁殖，连续血配 3～4 窝，也会造成母兔早衰，使受胎率、产仔率、仔兔成活率降低。

4. 种兔群的年龄结构　肉兔的繁殖年龄，最佳为 1～2.5 岁。1 岁之前在生理方面还未成熟，2.5 岁以后已进入老年期，繁殖率逐渐衰退，不宜再繁殖后代。因此，种兔群的年龄结构应以 1~2.5 岁的成年兔为主，2.5 岁以上的均应转成商品兔育肥出售。

5. 管理体制与管理水平 目前我国养兔生产的管理体制与管理水平还不能适应市场经济的调节，管理体制的改革仍需探索，因此，管理体制应适应商品经济的发展，建立与健全切实可行的各种规章制度，提高管理水平，实行饲养、收购、加工、销售一条龙服务，向生产无公害肉兔发展，才能充分调动养殖户的积极性，使肉兔养殖走向良性轨道。

（二）提高肉兔繁殖力的措施

提高肉兔繁殖力除全面掌握肉兔的生殖生理规律，并运用适当的繁殖技术外，还应从多方面采取综合措施，以最大限度地发挥种兔的繁殖潜力和提高后代兔群的质量。

1. 做好选种选配工作 要严格选种，做到母优父强。要选择遗传品质好，生产性能突出的优秀公母兔留种，同时要求种兔健康无病，性欲旺盛，生殖器官发育良好。公兔要求睾丸对称，阴囊周径较大，精液品质优良，无恶癖；母兔要选生长发育良好、发情明显、母性好、泌乳能力强、产仔多、成活率高的青年种兔。调整好种兔群的年龄结构，单笼饲养，严格选种选配，避免近亲繁殖，以提高种兔的繁殖率和仔兔的成活率。

2. 拟定合理的繁殖计划 养殖户要根据当地的自然条件、生活习惯，按照加工部门的收购计划和肉兔的收购标准，拟订与执行科学的配种计划，进行科学饲养管理，将达到要求的肉兔及时出售，既保证市场供应，又能按计划进行兔群周转。

3. 科学饲养，加强管理 在做好育种工作的同时，合理饲养，科学管理，特别要加强种公兔、妊娠母兔及其仔兔的饲养管理，搞好环境卫生和疫病防制。优秀种兔的生产性能高、繁殖消耗大，要注意提供充足全面的营养，保证代谢平衡，使种兔保持良好的繁殖体况。特别对繁殖种兔要提供充分的蛋白质、维生素、矿物质和微量元素等，注意补充青绿饲料，以保障营养全面和均衡。

4. 短期优饲及提前限饲 对饲养环境较差或营养状况不好的种兔进行短期优饲，改善体况，有利于促进母兔发情和提高配种受胎率；对公兔则有利于提高性欲和改善精液质量。在计划配种之前的 15～20 天应开始调整饲料配方，增加鱼粉、豆粕等蛋白饲料的比例，补充青绿饲料。若兔群体况过好，应提前限制饲料，控制或减少饲喂量或降低饲料中的热量，减少精饲料，增大青、粗饲料的比例，但要注意保持营养平衡。

5. 改进配种方法 在进行科学饲养，加强管理的同时还要注意改进配种方法，注意掌握好配种时机，要在母兔发情旺盛期配种。对兔群而言，母兔产仔后 1～3 天、仔兔断奶后 1～3 天以及假孕结束后，配种受胎率较高。另外，也可以采取复配的方法。复配又分重复配种与双重配种两种类型。所谓重复配种是指第一次配种后间隔一定时间用同一只公兔或其精液再配一次；双重配种是指第一次配种后间隔 6～8 小时用第二只公兔再配一次。采用复配有助于提高受胎率，减少空怀，复配比单配受胎率可提高 10%～20%。若两只以上公兔配种时间间隔很短或利用两只以上公兔的精液混合后授精，可避免公母兔之间的不亲和性，而有助于提高受胎率。

6. 采取频密繁殖方法 如果饲养管理条件及水平较高，种兔体况较好，也可实行频密或半频密繁殖方法。频密繁殖也称血配，即在母兔产仔后 1～3 天内进行配种，仔兔 28 天断奶，使母兔连续不断地妊娠分娩。血配可使繁殖间期缩短 1 个月左右，每年可产仔 8～10 胎。而一般的常规繁殖方法每年只产仔 4～5 胎，频密繁殖比常规繁殖可提高繁殖率达 1 倍。半频密繁殖是指于母兔产仔后的第 12～15 天再配种。仔兔 35 天断奶，半频密繁殖可使产仔间期缩短 15 天，比常规繁殖每年增产 3～4 胎。

频密繁殖和半频密繁殖方法对母兔的要求较高，利用强度较大，因而需要有充足的营养和完善的技术管理作为支撑条件。不具备条件的养殖户不宜采用。

7. 合理调整兔群结构 随着种兔年龄的增大，繁殖能力逐渐衰退，这时要针对兔群整体状况进行调整。一般情况下，兔场壮年兔占整个种兔群的 50% 以上，青年种群占 30% 左右，老龄种群只能占 20% 或更少。这样的年龄结构，可保持整体较高的繁殖率。种兔一般使用 3 年左右，每年应更新 1/3，公、母种兔要有适当的比例。

8. 光照充足及加强运动 光照和运动不足常常是种兔性欲低下、繁殖性能降低的原因。尤其在密闭式兔舍和高密度饲养的条件下更是如此。种兔笼舍日光照射时间应保持在 12 小时以上，因此，在秋、冬季节日照时间较短时，应人工补充光照至 12 小时以上，可收到良好的效果。另外，种兔的笼具应尽量大一些，饲养密度要低，以使其有足够的运动空间，保持一定的运动量，这对促进种兔的健康及提高繁殖性能都具有重要意义。

9. 掌握好繁殖季节，适当冬繁冬养 掌握好肉兔的繁殖季节，是提高仔兔成活率和增加经济效益的重要环节。在我国的北方春、秋季节是繁殖肉兔的最佳时节，而在南方则以秋季为宜。因在此季节，气候温和而干燥，青绿饲料充足，仔兔不易患病，成活率高。而在夏季，因多雨、湿度大，适于病原微生物繁殖，常易致使仔兔患病，并且气候炎热导致母兔的食欲减退，泌乳量降低，致使仔兔体质瘦弱，成活率降低。冬季北方气温较低，青绿饲料缺乏，使肉兔的营养水平下降，体质较弱，受胎率低。如无保温设施，易导致仔兔冻死；若饲料储备充足，能给种兔饲以全价饲料，适当地补充胡萝卜等多汁饲料并具备保温设施，同时做好分娩母兔及仔兔的护理工作，则冬季仍是肉兔繁殖的大好季节。因冬季室内气温干燥，不利于病原微生物繁殖，仔兔不易患病，成活率较高。

第五章

无公害肉兔营养需求与饲养标准

在肉兔的生命活动中，必须不断地从饲料中吸收各种营养物质，用以维持其生命、生长发育及繁殖后代和生产（产毛皮、产肉、产奶）等的需要。肉兔在不同的生理状况下，需要的营养物质的数量是一定的。因此，根据肉兔不同生长发育阶段对营养物质的需求数量，进行科学合理的饲料配合，这样不仅不浪费饲料而且还能充分挖掘肉兔的生产潜力，达到耗料少、生长快、效益高的目的。

一、肉兔对营养的需求

肉兔对营养的需求是制定肉兔的饲养标准、合理配合日粮的依据，也是确保肉兔生长、繁殖和健康的基础，对促进肉兔生产有着实际的科学意义。

（一）能量与蛋白质

1. 能量 肉兔的一切生命活动均需要能量，能量的功能主要用于维持生命需要和生产需要，如维持体温、肌肉运动及生命活动、形成体组织器官成分、形成脂肪等。肉兔所需能量来源于饲料中的碳水化合物、脂肪和蛋白质。其中，碳水化合物中的淀粉和纤维素是最主要的能量来源。尽管肉兔能自动地调节采食量以满足其对能量的需要，但因其消化道的容量有一定的限度，因而其自动调节的能力是有限度的，所以，日粮中能量水平不宜过低。若缺乏能量，可导致生长缓慢、体组织受损、繁殖受阻、产品数量及质量下降，缺乏严重会危及生命。若日粮中能量水平偏高时，一方面会出现大量易消化的碳水化合物在胃肠道内发酵，从而引起消化紊乱，严重的可以导致消化道疾病；另一方面能量水平过高，肉兔会出现脂肪沉积过多而肥胖，对繁殖母兔来说，体脂过高对雌性激素有吸收作用，从而影响繁殖；公兔过肥会造成配种困难等不良后果。

生理状况不同，能量需要不同（表5-1）。

表 5-1　肉兔对能量的需要量（兆焦/千克风干料）

类型	幼兔、青年兔	妊娠母兔	哺乳母兔	种公兔	育肥兔
能量	10.46~10.88	10.46	11.3	10.04	12.10

2. 蛋白质　蛋白质是生命的基础。肉兔的一切组织器官如肌肉、血液、神经、被毛甚至骨骼，都以蛋白质为主要组成成分。蛋白质还是某些激素和全部酶类的主要成分。蛋白质对肉兔的生长、繁殖和生产有着极其重要的作用。当蛋白质长期缺乏时，可以造成肉兔生长受阻、体重下降、机体抵抗力下降以及造成繁殖母兔发情异常、不易受胎。即使受胎也会影响胎儿发育，还会经常出现死胎、怪胎等现象，或初生仔兔生命力差；而对于公兔可以造成精液品质不良，精子数量减少，活力低等病症，因而严重地影响肉兔的生产性能。但当蛋白质饲喂过多时，不仅浪费饲料，还会产生不良影响：其一，肉兔摄入蛋白质过多，蛋白质在小肠消化不充分而大量进入盲肠和结肠，使那里的正常微生物区系发生改变，非营养性微生物，特别是魏氏梭菌等病原微生物大量增殖，产生大量毒素，引起腹泻。其二，过多的饲料蛋白质消化产物（氨基酸）在兔体内脱去氨基，并在肝脏合成尿素，通过肾脏排出体外，从而加重了脏器的负担，不利健康。因此，肉兔日粮中蛋白质水平应适量（表5-2）。

表 5 - 2　肉兔对蛋白质的需要量 (%)

生产性能	生长	维持	妊娠	公兔配种和母兔哺乳
粗蛋白质	16	12	15	17～18

蛋白质的基本组成单位是氨基酸，蛋白质的品质高低取决于氨基酸的种类和数量。组成肉兔体蛋白的氨基酸有一些在体内能合成，且合成的数量和速度能够满足肉兔的营养需要，不需要由饲料供给，这些氨基酸被称为非必需氨基酸。有一些氨基酸在肉兔体内不能合成，或者合成的量不能满足肉兔的营养需要，必须由饲料供给，这些氨基酸被称为必需氨基酸。肉兔需要的 20 多种氨基酸中，必需氨基酸为：精氨酸、组氨酸、异亮氨酸、蛋氨酸、苯丙氨酸、苏氨酸、色氨酸、缬氨酸、亮氨酸、赖氨酸、甘氨酸（快速生长所需）11 种。有资料证明，在兔体内可合成精氨酸，饲料中精氨酸含量达 0.56% 以上，就可满足生长发育及生产需要。由于各种饲料原料中合成蛋白质的氨基酸种类、含量各不相同，在肉兔日粮蛋白质的供给上应注意必需氨基酸，特别是蛋氨酸、赖氨酸等限制性氨基酸的供给量；还应注意必需氨基酸的吸收作用；日粮赖氨酸含量过高，可导致精氨酸缺乏。可见日粮中必需氨基酸的含量应力求保持平衡。试验证明，在日增重 35～40 克的育成兔日粮中，应含有精氨酸 0.6%，赖氨酸 0.65%，含硫氨基酸 0.61%。

兔的盲肠有类似于瘤胃的作用，其中的微生物能利用非蛋白氮（NPN）合成蛋白质，这些细菌蛋白质随软粪排出，被兔再次作为蛋白质的补充来源。在实践中，未见尿素有明显改善肉兔生产的作用。这是因为当尿素随同饲料被兔采食时，尿素不经改变就从胃和小肠中吸收，由于血液中尿素过剩，额外增加了新陈代谢强度，过多还会引起氨中毒。认为添加尿素对兔生产有改善作用者认为，在使用低蛋白质（粗蛋白质低于 12%）饲粮时，添加占风干饲料 1% 左右尿素较为适宜。如果在蛋白质饲料缺乏情况下，需要添加尿素，应该注意以下三点：第一，日粮中应有足够的能量；第二，不宜将尿素溶于水中直接给兔饮用，而是将尿素水溶液拌湿饲粮喂给，尿素添加量控制在1%左右；第三，在吃了含尿素饲料以后，不宜立即饮水。

（二）碳水化合物与脂肪

1. 碳水化合物 碳水化合物是肉兔体内能量的主要来源。碳水化合物能提供肉兔所需能量的60%～70%，每克碳水化合物在体内氧化平均产生16.74千焦的能量。碳水化合物由碳、氢、氧所组成，包括无氮浸出物和粗纤维两类物质。糖类消化后的葡萄糖是供给肉兔代谢活动快速应变需能的最有效的营养素，也是脑神经系统、肌肉、脂肪组织、胎儿生长发育、乳腺等代谢的主要能源。多余的葡萄糖则转化成糖原储备起来，或作为合成机体脂肪和非必需氨基酸的原料。同时糖类也是泌乳母兔合成乳糖和乳脂的重要原料。肉兔需要用粗纤维来填充胃的容积，虽然肉兔对粗纤维的消化能力较差，但粗纤维对其消化过程具有重要意义。一方面提供能量，饲料粗纤维在大肠内经微生物发酵产生挥发性脂肪酸，在大肠被吸收，在体内氧化产能或用作合成兔体物质的原料。另一方面是维持正常消化机能，未被消化的饲料纤维起着促进大肠黏膜上皮更新、加快肠蠕动、预防肠道疾病的作用。此外，日粮粗纤维是保持食糜正常稠度，控制其通过消化道的时间和形成硬粪所必需。但粗纤维含量过高，不仅会加重消化道负担，而且会削弱日粮中其他营养物质的含量，影响肠道对蛋白质、脂肪、粗纤维及其他营养物质的消化、吸收、利用。据试验，肉兔日粮中适宜粗纤维含量为12%～14%。幼兔可适当低些，但不能低于8%，成年兔可适当高些，但不能高于20%。6～12周龄的生长兔饲喂含粗纤维8%～9%的日粮，可获得最佳生产性能。

2. 脂肪 脂肪作为热能来源和沉积体脂肪的营养物质之一，也是脂溶性维生素的溶剂。脂肪酸中的α-亚麻酸（18：3w₃）、亚油酸（18：2w₆）和花生四烯酸（20：4w₆）对肉兔具有重要的作用。因其在兔的体内不能合成，必须由日粮供给，对机体正常机能和健康具有保护作用，这些脂肪酸叫必需脂肪酸。必需脂肪酸缺乏时，会发生生长发育不良、脱毛和公兔性机能下降等现象。此外，日粮中缺乏脂肪还可造成脂溶性维生素（A、D、E、K）在体内缺乏；但脂肪添加超过10%，则会引起腹泻、日增重降低和饲料成本升高等。一般认为日粮中适宜的脂肪含量为2%～5%，这有助于提高饲料的适口性，减少粉尘，并在制作颗粒饲料中起润滑作用。还有利于脂溶性维生素的吸收，增加皮毛的光泽。生长兔、怀孕兔维持量为3%，哺乳母兔为5%，仔兔对脂肪的需要量特别高，兔乳中脂肪达12.2%。日粮中添加脂肪一般使用植物油。有研究认为，肉兔日粮中加入5%以上的牛油，不仅使增重减少，而且导致肉兔精神委靡，兔体脂肪含量增加和蛋白质含量减少等现象。

（三）矿物质与维生素

1. 矿物质 矿物质是一类无机的营养物质，是饲料和肉兔体组织成分的主要组成部分。在肉兔体内存在的矿物元素，有一些是动物生理过程和体内代谢必不可少的，这一部分在营养学上通常称为必需矿物元素。必需矿物元素必须由饲料供给，当饲料供给不足时，影响肉兔生长或生产性能，而且肉兔体内代谢异常、生化指标变化异常和缺乏症。

必需矿物元素按动物体内含量或需要不同分成常量矿物元素和微量矿物元素。常量矿物元素一般指在动物体内含量高于0.01%的元素，主要包括钙、磷、钠、钾、氯、镁、硫 7 种。微量矿物质元素一般指在动物体内含量低于0.01%的元素，主要包括铁、锌、铜、锰、碘、硒、钴、钼、氟、铬、硼、锶 12 种。

（1）**钙和磷** 钙和磷是骨骼和牙齿的主要成分。钙对维持神经和肌肉兴奋性和凝血酶的形成具有重要作用。磷以磷酸根的形式参与体内代谢，在高能磷酸键中参与脱氧核糖核酸、核糖核酸以及许多酶和辅酶的合成，在脂类代谢中起重要作用。钙、磷主要在小肠中吸收，吸收量与肠道内浓度成正比，维生素D、肠道酸性环境有利于钙、磷吸收，而植物饲料中的草酸、植酸因与钙、磷结合成不溶性化合物而不利于吸收。

钙、磷不足，主要表现为骨骼病变，幼兔和成兔的典型症状是佝偻病、关节肿大、腿弯曲、拱背和念珠状肋骨；成年兔可发生溶骨作用，产生骨质疏松症；怀孕母兔发生产后瘫痪。另外，肉兔缺钙还会导致痉挛，泌乳期跛行。缺磷主要为厌食，生长不良。据研究，泌乳母兔和生长兔钙的需要量为1%～1.5%（占风干饲料重），磷的需要量为0.5%～0.8%；4～6月龄兔钙的需要量为0.3%～0.4%（占风干饲料重），磷约为0.2%；种兔日粮中钙的水平不超过0.8%～1%；肥育兔不超过1.0%～1.5%。钙、磷比应为1～2：1。肉兔对钙、磷比例要求不严，具有忍受高钙的能力，当日粮中含钙最高达4.5%，钙、磷比例为12：1时，仍不会影响仔兔的生长，其原因是肉兔对钙的吸收代谢与其他家畜不同。肉兔血钙受饲料钙水平影响较大，不被降血钙素、甲状旁腺素所调节。肉兔钙的代谢途径主要是尿。当喂给肉兔高钙日粮时，尿钙水平提高，尿中有沉积物出现，表明肉兔肾脏对维持体内钙平衡起重要作用。据报道，肉兔只有高钙，且钙、磷比例1：1或以上时，才能忍受高磷（1.0%～1.5%），过多的磷由粪排出，肉兔对植物性饲料中磷的利用率为50%左右，较其他家畜高，其原因是盲肠和结肠中微生物分泌的植酸酶能分解植酸盐而提高对磷的利用。

豆科牧草（三叶草、苜蓿）、动物性饲料（鱼粉、骨粉）都是良好的钙源。籽实类饲料、糠麸类饲料、骨粉、鱼粉、青草、干草也是磷的来源。在日粮中磷、钙不足时，可添加钙磷补充饲料（如骨粉、次磷酸钙、碳酸钙等）。

（2）镁 肉兔体内 20％的镁存在于骨骼中，是骨骼和牙齿的重要成分之一，是机体某些酶的辅助因子，广泛参与机体代谢。高钙引起镁的需要量增加，当镁不足时，肉兔会引起肌肉痉挛，心肌坏死，生产性能下降。幼兔生长停滞，过度兴奋。成年肉兔耳朵苍白，毛皮粗劣。饲喂不含镁的日粮时，肉兔会出现食毛现象，当添加镁和减少食盐用量时则会停止食毛。日粮中镁的含量在 0.03％～0.04％即可满足需要，植物性饲料中含有较高的镁，肉兔很少发生缺镁症。

（3）钠和氯 钠和氯是食盐的组成成分，在肉兔体内主要参与维持体液酸碱平衡，对于食物的消化和增强食欲起重要作用，此外，氯还参与胃液的形成。由于大多数植物性饲料中钠和氯的含量不足，不能满足肉兔的需要，必须加喂食盐。如果长时间缺乏，会导致幼兔消化机能减退，成年兔食欲不振，被毛粗乱。季节性缺乏时，会导致肌肉颤抖、四肢运动失调等症状，最终衰竭而死亡。但是食盐用量不可过多，否则会发生食盐中毒，一般用量为占风干饲料的 0.3％～0.5％。

现将国外做的日粮中食盐添加量对生产兔影响的实验介绍如表 5-3。

表 5-3 日粮中食盐添加量对生长兔影响

（Harris，1984）

添加食盐（％）	日增重（克）	采食量（克）	饲料利用率（％）
0	37.5	115	3.06
0.5	39.5	111	2.81
1.0	38.1	114	3.02
1.5	34.1	102	3.10
2.0	35.9	111	3.10

（4）铁 铁为血红蛋白和肌红蛋白所必需，是细胞色素类和多种氧化酶的成分。兔缺铁时则发生低血红蛋白性贫血。在乳汁中含铁量很低，所以，许多动物仅食入乳汁可能引起贫血。兔出生时机体就储有铁，一般断乳前是不会缺铁的。肉兔饲料和矿物

质补充料中含有丰富的铁，肝脏中又有很大的储铁能力，生产实践中一般不会发生缺铁。

(5) 铜　铜和铁的代谢密切相关，铜也是合成血红蛋白和红细胞成熟所必需，是某些酶的辅助因子，铜在造血和促进血红素的合成过程中所必需。此外，铜与骨骼的正常发育、繁殖、有密切关系，还参与被毛蛋白质的形成。缺铜也可引起贫血，生长发育受阻，影响被毛中色素的合成和生长；可损害中枢神经系统，引起运动失调和神经症状；幼龄动物或胎儿缺铜可表现出成骨细胞形成减慢或停止；妊娠肉兔胚胎死亡和吸收。一般每千克配合饲料中 5 毫克铜和 100 毫克铁可满足肉兔的需要。但高铜（每千克饲料 125～200 毫克硫酸铜）有促进生长和降低腹泻的作用。铜对生长有抑制作用的毒性剂量为每千克饲料 500～1 000 毫克硫酸铜。

(6) 锌　锌是核糖核酸酶系统的重要组成成分，广泛存在于一切细胞中，为细胞生长所必需，在皮肤和被毛最多，在睾丸和前列腺中也有大量的锌。它具有影响性腺的活动和提高性激素的活性，对兔的繁殖起重要作用。缺锌时肉兔食欲下降、采食量降低，而生长停滞；可发生被毛粗乱，脱毛，皮炎；繁殖机能障碍，公兔睾丸发育不良和精子的形成异常，母兔拒配，不排卵，胚胎发育受损，自发性流产增高，出现严重的生殖异常现象。每千克饲粮含锌 30～70 毫克时，可保证正常生长和繁殖。在糠麸、青草中锌含量丰富，同时也可用硫酸锌、氯化锌进行补充。

(7) 锰　锰对兔的生长、骨骼的形成、造血和繁殖起重要作用。缺锰时，这些酶活性降低，导致骨骼发育失常，缺锰出生仔兔骨骼受损、骨质松脆，关节肿大，腿弯曲。影响母兔发情，不易受胎，妊娠初期易流产，生产弱小仔兔。在青饲料、糠麸中含锰较多，也可添加硫酸锰、氧化锰等给以补充。成年兔正常需要量为 2.5 毫克/千克饲料，生长兔为 8 毫克/千克饲料。

(8) 硒　硒是谷胱甘肽过氧化物酶的成分，和维生素 E 具有相似的抗氧化作用，能防止细胞线粒体的脂类氧化，保护细胞膜不受脂类代谢副产物的破坏。对生长也有刺激作用。

肉兔对硒的代谢与其他动物有不同之处，对硒不敏感。表现在硒不能节约维生素 E，在保护过氧化物损害方面，更多依赖于维生素 E。我国有很多缺硒地区，所以在肉兔饲养中，一定要在饲料和饮水中，添加 1 毫克/千克的硒，可防止缺硒症的发生，并可提高兔体的抗病力。

（9）碘　碘是甲状腺素的成分，是调节基础代谢和能量代谢、生长和繁殖不可缺少的物质。缺碘会引起甲状腺肿大，基础代谢率下降，皮肤、被毛、性腺发育不良，胚胎早期死亡，流产，仔兔弱小。兔对碘的需要量尚无确切的数据，一般每千克饲料中最少含碘 0.2 克。在饲料中钙、镁含量过高时，常发生缺碘症。过量的碘（250～1 000 毫克/千克）可使新生仔兔死亡率增高。鱼肝油、鱼粉以及碘化钾、碘化钠等都是碘的良好来源，经常在饲料中加入碘盐即可满足需要。

（10）钴　钴是维生素 B_{12} 的组成成分，具有造血功能，参与蛋白质和糖代谢，对兔毛的生长起重要作用。缺钴时，肉兔食欲减退、精神不振、生长停滞、消瘦、贫血、怀孕母兔流产、仔兔生命力弱。肉兔也和反刍动物一样，需要钴在盲肠中由微生物合成维生素 B_{12}。肉兔对钴的利用率较高，对维生素 B_{12} 的吸收也较好。在实践中不易发生缺钴症。当日粮钴的水平低于 0.03 毫克/千克时，会出现缺乏症。豆科牧草含钴较多，动物性饲料含钴丰富。肉兔也可以从粪中获得维生素 B_{12}，也可以添加硫酸钴、氯化钴作为补充。

2. 维生素　维生素是一些结构和功能各不相同的有机化合物，它们既不是构成兔体组织的物质，也不是功能物质，但它们是维持肉兔正常新陈代谢过程所必需的物质。对肉兔的健康、生长和繁殖有重要作用，是其他营养物质所不能代替的。肉兔对维生素的需要量虽然很少，但若缺乏将导致代谢障碍，出现相应的缺乏症。根据其溶解性，将维生素分为脂溶性维生素和水溶性维生素两大类。

肉兔的肠道（盲肠中微生物）能合成维生素 K 和 B 族维生素。肉兔通过食粪，能全部或部分满足对这些维生素的需要。此外，肉兔的皮肤在光照条件下能合成维生素 D，满足部分需求。还可利用单糖合成维生素 C。所需的维生素 A、维生素 E 和部分维生素 D 则完全依赖于饲粮供给。

（1）脂溶性维生素　脂溶性维生素是一类只溶于脂肪的维生素，包括维生素 A、维生素 D、维生素 E、维生素 K。

①维生素 A　又称抗干眼病维生素。仅存在于动物体内，植物性饲料中不含维生素 A，只含有维生素 A 原——胡萝卜素，胡萝卜素进入肉兔的小肠壁、肝脏和乳腺时，经胡萝卜素酶的作用转变为具有活性的维生素 A。

维生素 A 的作用非常广泛。它是构成视觉细胞内感光物质的原料，可以保护视力；维生素 A 与黏多糖的形成有关，具有维护上皮组织健康，保护皮肤、消化道、呼吸道、生殖道上皮样细胞的完整性，增强抗病力的作用；维生素 A 对促进肉兔生长、维护骨骼正常发育具有重要作用。

长期缺乏维生素 A，抗病力下降，幼兔生长缓慢，发育不良；视力减退，夜盲症；上皮样细胞过度角化，引起干眼病、肝炎、肠炎、流产、胎儿畸形；骨骼发育异常而压迫神经，造成运动失调，肉兔出现神经性跛行、痉挛、麻痹和瘫痪等；对繁殖器官影响较为明显，表现为繁殖机能下降，公兔睾丸发生退化，精子生成受阻，精液品质下降，屡配不孕；母兔性机能紊乱，受胎率低，易流产，胎儿弱小、畸形、脑积水、缺奶、仔兔成活率低等。

优良的青草能保持较多的胡萝卜素，但在晒制过程中胡萝卜素由于太阳光的辐射作用以及在植物中酶类影响下所发生的氧化作用，造成胡萝卜素损失较大。因此，国外目前已广泛采用人工快速干燥法将豆科牧草制成干草粉，作为维生素补充饲料。

生长兔每日每千克体重需要供给维生素A 8微克，繁殖母兔每千克体重需要量为20微克。当饲料中缺乏时，可在日粮中添加鱼肝油，每只仔兔每日0.5～1.0克，成年兔为1～1.5克，妊娠期2～2.5克，泌乳期3～3.5克。但高剂量维生素A也会引起中毒。

②维生素D　又称抗佝偻病维生素。植物性饲料和酵母中含有麦角固醇，肉兔皮肤中含有7-脱氢胆固醇，经阳光或紫外线照射，分别转化为维生素D_2和维生素D_3。维生素D进入体内在肝脏中羟化成25-羟维生素D，运转至肾脏进一步羟化成具有活性的1，25-二羟维生素D而发挥其生理作用。

维生素D的主要功能是调节钙磷的代谢，促进钙磷的吸收与沉积，有助于骨骼的生长。维生素D不足，机体钙磷平衡受到破坏，从而导致与钙磷缺乏类似的骨骼病变。维生素D过量，也会引起肉兔的不良反应。据报道，每千克日粮含有2 300国际单位的维生素D时，血液中钙磷水平均提高，且几周内发生软组织有钙的沉积。而当每千克日粮中含有1 250国际单位时，肉兔偶尔发生肾脏、血管石灰性病变，10周后才发生钙的沉积。

③维生素E　又称生育酚，维持肉兔正常的繁殖所需要，与微量元素硒协同作用，保护细胞膜的完整性，维持肌肉、睾丸及胎儿组织的正常机能，具有对黄曲霉毒素、亚硝基化合物的抗毒作用。

肉兔对维生素E非常敏感。当其不足时，导致肌肉营养性障碍即骨骼肌和心肌变性，运动失调，瘫痪，还会造成脂肪肝及肝坏死。繁殖机能受损，母兔不孕，死胎和流产，初生仔兔死亡率高，公兔睾丸损伤，精子产生减少，精液品质下降。

维生素E在谷类、糠麸类及青饲料中含量较多，又可大量贮存，所以一般不易发生维生素 E 缺乏症，但铁、铜、亚油酸过多，维生素 A 过量时，会降低维生素 E 吸收。建议每千克饲料中含维生素 E40 毫克。

④维生素 K　维生素 K 与凝血有关。具有促进和调节肝脏合成凝血酶原的作用，保持血液正常凝固。

肉兔肠道能合成维生素 K，且合成的数量能满足生长兔的需要，种兔在繁殖时需要增加；饲料中添加抗生素、磺胺类药，可抑制肠道微生物合成维生素 K，需要量大大增加；某些饲料如草木樨及某些杂草含有双香豆素，阻碍维生素 K 的吸收利用，也需要在兔的日粮中加大添加量。日粮中维生素 K 缺乏时，妊娠母兔的胎盘出血、流产。日粮中 2 毫克/千克的维生素 K，可防止上述缺乏症。

养兔实践表明，给兔以抗生素和磺胺类添加剂饲料日粮时，就容易发生维生素 K 缺乏症，必须引起注意。

（2）水溶性维生素　水溶性维生素是一类能溶于水的维生素，包括 B 族维生素和维生素 C。

B 族维生素包括维生素 B_1（硫胺素）、维生素 B_2（核黄素）、泛酸（维生素 B_3）、烟酸（维生素 PP、尼克酸）、吡哆素、胆碱等。这些维生素理化性质和生理功能不同，分布相似，常相伴存在。他们以酶的辅酶或辅基的形式参与体内蛋白质和碳水化合物的代谢，对神经系统、消化系统、心脏血管的正常机能起重要作用。肉兔盲肠微生物可合成大多数 B 族维生素，软粪中含有的 B 族维生素比日粮中高 221 倍。一般肉兔日粮中不缺乏这类维生素。

肉兔对 B 族维生素需要量为：每千克饲料中应含有维生素 B_1 2.5～3.0 毫克，维生素 B_2 5 毫克，维生素 B_3 20～25 毫克，烟酸 50 毫克，维生素 B_6 5 毫克，维生素 B_{12} 10 微克，胆碱1 200 毫克。如果使用抗生素或磺胺药或患球虫病、肠道病时，则必须加大 B 族维生素的用量。一般在酵母、谷类、麸皮、青饲料中含有大量的 B 族维生素。

维生素 C 又叫抗坏血酸。凡青绿植物茎叶、块根、鲜果中均含有，试验证实，兔可在体内合成维生素 C，不需要从日粮中供给。但往日粮中加入维生素 C，可以抑制由梭状芽孢杆菌引起的肠炎。在高温、噪声等应激条件下，维生素 C 有预防肠炎的作用。需要注意的是，如果滥用维生素 C，则会引发肾结石。

(四) 对水的需要量

水是兔体的重要成分之一，兔体内含水量大致占体重 60%～75%，是生命活动所必需的。水在养分的消化吸收、废物的排泄、血液循环、体温调节、物质代谢等方面均起重要作用。缺水会导致兔消化不良，生长缓慢，母兔泌乳量下降，皮毛干枯粗糙。

兔体内水分来源于代谢水、饲料水和饮水。代谢水是体内有机物质氧化、营养物质合成过程形成的水，这种水的形成是有限的，不能满足兔体维持生理机能的需要。各种饲料中的水分兔体也可以利用，在缺水时，可利用饲料水解渴和维持生命。兔对水分的需要主要来源是饮水，一般每日每千克体重平均需水量约120 毫升，为饲料干物质进食量的 2～3 倍，哺乳母兔与幼兔是采食干草量的 3～5 倍。吃颗粒饲料的泌乳兔每日约饮水 1 升。养兔场饮水的水质要求请见本书附录 2。

一般肉兔采食块根及青草时，饮水相对减少，饮温水比饮冷水多，天热时比天冷时饮水多。如果冬季使用干混合料，水料比一般以 1～3∶1 为宜。在饲喂颗粒料时，中、小型肉兔每天需饮水 300～400 毫升，大型兔需 400～500 毫升。冬季最好饮温水，以免引起胃肠炎。

兔对水的需要量，随着气温、水温、湿度、饲料种类及生理期不同而有差别（表 5-4 至表 5-6）。

表 5-4　不同日龄生长兔的需水量（升）

周龄	平均体重（千克）	每日需水量	每千克饲料干物质需水量
9	1.7	0.21	2.0
11	2.0	0.23	2.1
13～14	2.5	0.27	2.1
17～18	3.0	0.31	2.2
23～24	3.8	0.31	2.2
25～26	3.9	0.34	2.2

表 5-5　各种兔每日的适宜饮水量（升）

类　型	日需水量
未孕及怀孕初期的母兔	0.25
成年公兔	0.28
怀孕后期的母兔	0.57
哺乳母兔	0.60
母兔带 7 只仔兔（6 周龄）	2.30
母兔带 7 只仔兔（8 周龄）	4.50

表 5-6　兔对水的需要量

气温（℃）	相对湿度（%）	采食量（克/天）	饮水量（克/天）
5	80	185	335
18	70	160	270
30	60	85	450

二、肉兔的常用饲料

肉兔是单胃食草动物，可利用饲料的范围很广。但任何一类饲料都存在营养上的特殊性和局限性，要饲养好肉兔必须进行多种饲料的科学搭配，合理地利用各种饲料。首先要了解饲料的科学分类，根据各类饲料的营养特性和利用特性来进行合理利用。一般以各种饲料干物质的主要营养指标为基础，将肉兔的饲料分为：青绿饲料、干粗饲料、青贮饲料、蛋白质饲料、能量饲料、矿物质饲料、维生素饲料。

（一）能量饲料与蛋白质饲料

1. 能量饲料 能量饲料是指干物质中粗纤维含量在 18% 以下，粗蛋白质含量在 20% 以下，每千克消化能在 10.46 兆焦以上的饲料，主要包括谷类籽实、糠麸类、制糖副产品、块根块茎瓜果类。该类饲料属于精饲料，是肉兔能量的主要来源，在肉兔的饲养中占有极其重要的地位，但其蛋白质含量少，品质差，某些必需氨基酸含量不足，特别是赖氨酸和蛋氨酸含量较少，因此配制肉兔饲料时，能量饲料必须与蛋白质丰富的饲料配合使用。

（1）谷类籽实 谷类籽实大多是禾本科植物成熟的种子，其主要特点是：无氮浸出物含量高，一般占干物质的 71.6%～80.3%，其中主要是淀粉；粗纤维含量低，一般在 10% 以下，因而适口性好，可利用能量高；粗脂肪含量在 3.5% 左右，且主要是不饱和脂肪酸，可保证肉兔必需脂肪酸的供应；粗蛋白质含量低，一般在 10% 以下，而且缺乏赖氨酸、蛋氨酸、色氨酸；钙及维生素 A、维生素 D 含量不能满足肉兔的需要，含钙量一般低于 0.1%，磷的含量高可达 0.31%～0.45%，但多为植酸磷，利用率低，钙、磷比例不当。谷类籽实主要包括玉米、高粱、大麦、小麦、燕麦和稻谷等。肉兔的适口性顺序为燕麦、大麦、小麦、玉米。

①燕麦 是肉兔良好的精料，粗蛋白质含量 10% 左右，蛋白质品质优于玉米，粗脂肪 4%，粗纤维 10%，能量少，营养价值低于玉米。维生素 D 和烟酸的含量比其他麦类少，在肉兔饲料中可占 30%。

②大麦 是皮大麦（普通大麦）和裸大麦的总称。皮大麦籽实外面包有一层种子外壳，是一种重要的饲用精料。大麦消化能为 13.55～14.07 兆焦/千克；粗蛋白质含量为 10%～12%，且

质量较高，氨基酸中赖氨酸、色氨酸、异亮氨酸等含量高于玉米，尤其是赖氨酸在 0.52% 以上，因此，大麦是能量饲料中蛋白质品质较好的一种。粗脂肪含量约 2%，低于玉米的含量，其中一半以上是亚油酸。无氮浸出物含量在 67% 以上，主要是淀粉。粗纤维含量皮大麦为 4.8%，裸大麦为 2%。矿物质含量钙为 0.01%~0.04%，磷为 0.33%~0.39%。维生素 B_1 和烟酸含量丰富。影响大麦品质的因素有麦角病和单宁。裸大麦易感染真菌中的麦角菌而得麦角病，造成籽实畸形并含有麦角毒，该物质能降低大麦适口性，甚至引起肉兔中毒，症状表现为繁殖障碍、生长受阻、呕吐等，因此使用时若发现大麦中畸形粒含量太多时，应慎重使用。大麦中含有单宁，单宁影响适口性和蛋白质消化利用率。大麦皮壳较硬，需粉碎后饲喂，在肉兔饲料中用量一般为 15%~30%。

③小麦　是我国人民的主食，极少用作饲料使用，但在小麦价格低于玉米时，也可作为肉兔饲料。小麦含消化能约为 14.14 兆焦/千克；粗纤维含量与玉米相当，粗脂肪低于玉米，但蛋白质含量高于玉米，为 13.9%，是谷类籽实中蛋白质含量较高者。矿物质含量钙少磷多，铁、铜、锰、锌、硒的含量较少。小麦中 B 族维生素和维生素 E 多，而维生素 A 和维生素 D 极少。小麦适口性好，肉兔饲料中可添加到 40% 左右。

④玉米　是肉兔最常用的能量饲料之一，其所含有的能量浓度在谷类饲料中几乎列在首位，消化能含量达 14.94 兆焦/千克，被誉为"饲料之王"。不同品种和产地的玉米，其营养成分含量不同。玉米中可溶性无氮浸出物含量高达 72%，且主要是淀粉，故消化率高达 90% 以上；粗纤维含量低，仅为 2%；脂肪含量高，达 4%~5%，其中必需脂肪酸亚油酸含量高；粗蛋白质含量低，仅为 7%~9%，且品质差，赖氨酸、蛋氨酸、色氨酸含量低，必需氨基酸不平衡。黄玉米含有丰富的维生素 A 原（即 β-胡萝卜素）和维生素 E（20 毫克/千克）。维生素 A 原在兔体

内可转化为维生素 A，有利于肉兔生长、繁殖。维生素 D、维生素 K 缺乏，维生素 B_1 较多，而维生素 B_3 和烟酸缺乏。玉米含钙极少，仅为 0.02% 左右；含磷约 0.25%，其中植酸磷占5%～6%；铁、铜、锰、锌、硒等微量元素含量较低。水分含量高于14% 的玉米，不宜长期保存，否则易滋生霉菌，引起腐败变质，甚至引起肉兔黄曲霉毒素中毒。玉米粉碎后，因失去种皮保护，极易吸水、结块和霉变，脂肪酸氧化酸败，故玉米以整粒保存为好，用时再粉碎。肉兔饲料中玉米比例过高，容易引起盲肠和结肠碳水化合物负荷过重，使肉兔出现腹泻，或诱发大肠杆菌病和魏氏梭菌病。种用兔饲料能量过高时，会导致肥胖，出现繁殖障碍。肉兔饲料中玉米比例以 20%～35% 为宜。

⑤高粱 主要产在我国北方地区，消化能含量为 12～15 兆焦/千克。去壳的高粱营养成分与玉米相似，主要成分是淀粉，粗纤维少，可消化养分高。粗蛋白质略高于玉米，但品质差，缺乏赖氨酸、精氨酸、组氨酸和蛋氨酸。脂肪含量低于玉米。矿物质含量钙少磷多。维生素中除泛酸、烟酸含量高，利用率高外，其余维生素含量不高。高粱中主要抗营养因子是单宁（鞣酸），其含量因品种不同而异，一般为 0.2%～3.6%，单宁具有苦涩味，对肉兔适口性和养分消化利用率均有明显不良影响。饲喂应限量。在配合日粮中，色深的高粱不能超过 10%，色浅的不能超过 20%。在除去或降低单宁含量后，可与玉米等量使用，但必须补加维生素 A 和蛋白质。

⑥稻谷 其消化能值约为玉米的 70%～80%，粗纤维含量高，赖氨酸和蛋氨酸含量低。

（2）糠麸类 糠麸类饲料为谷类籽实的加工副产品，包括麦麸、米糠、玉米糠、高粱糠和其他糠麸类。其共同的特点是有效能值低，粗蛋白质含量高于谷类籽实；含钙少而磷多，磷多为植酸磷，利用率低；含有丰富的 B 族维生素，尤其是硫胺素、烟酸、胆碱等含量较多，维生素 E 含量较少；物理结构松散，含有适量的纤维素，消化率低于原粮。糠麸类饲料有轻泻作用，是肉兔的常用饲料，吸水性强，易发霉变质，不易贮存。

①小麦麸　是小麦加工成面粉的副产物。小麦精制过程中可得到23%～25%的小麦麸、3%～5%的次粉和0.7%～1%的胚芽。由于小麦加工方法、精制程度、出麸率等的不同，小麦麸、次粉的营养成分差异很大，两者粗蛋白质含量高，分别达15%和14.3%，但品质仍差；粗脂肪与玉米相当；粗纤维含量麸皮远高于次粉，分别为9.5%和3.5%；小麦麸维生素量丰富，特别是富含B族维生素和维生素E，但烟酸利用率仅为35%；矿物质含量丰富，尤其是铁、锰、锌较高，但缺乏钙，钙、磷比例极不平衡，利用时要注意补充钙和磷。次粉维生素、矿物质含量不及小麦麸。麸皮吸水性强，易结块发霉，使用时应注意。小麦麸适口性好，营养成分含量与肉兔营养需要接近，可溶性纤维含量高，是肉兔良好的饲料，可占10%～30%。由于小麦麸质地蓬松，含有适量的粗纤维和硫酸盐类，有轻泻作用，喂兔可防便秘；妊娠后期母兔和哺乳母兔喂以适量的麦麸粥，可以调养消化道的机能。由于其吸水性强，大量干饲易引起便秘，饲喂时应注意。次粉喂兔营养价值与玉米相当，是很好的颗粒饲料黏结剂，饲料中可占10%。

②米糠　为稻谷的加工副产品，一般分为统糠、细糠和脱脂米糠。统糠是由稻谷直接加工而成，包括稻壳、种皮和少量碎米。其粗纤维含量高，营养价值极低，可作为肉兔粗饲料。一般每千克稻谷可得统糠30～35千克，精米65～70千克。细糠由果皮、种皮、糙米及皮胚构成，约占糙米比重的8%～11%。细糠的蛋白质及赖氨酸含量高于玉米；脂肪含量高达16.5%，且大多属不饱和脂肪酸；粗纤维含量不高；细糠含钙偏低，而含磷高，但利用率不高；微量元素中铁、锰含量丰富，而铜偏低；细糠富含B族维生素，而缺少维生素A、维生素C和维生素D。细糠是能值最高的糠麸类饲料。新鲜细糠的适口性较好，但由于

细糠含脂肪较高，且主要是不饱和脂肪酸，容易发生氧化酸败和水解酸败，易发热和霉变。据试验，碾磨后放置 4 周，即有 60％ 的油脂变质。变质的细糠适口性变差，甚至会引起青年兔、成兔腹泻死亡。因此，一定要使用新鲜细糠，禁止用陈细糠喂兔。脱脂米糠是米糠脱脂后的饼粕，用压榨法取油后的为米糠饼，用有机溶剂取油后的产物为米糠粕。与米糠相比，脱脂米糠的粗脂肪含量大大减少，特别是米糠粕中脂肪含量仅有 2％ 左右，粗纤维、粗蛋白质、氨基酸、微量元素等均有所提高，而有效能值下降。

③玉米糠　是干加工玉米粉的副产品，含有种皮一部分麸皮和极少量的淀粉屑。含粗蛋白质 7.5％～10％，粗纤维 9.5％，无氮浸出物的含量在糠麸类饲料中最高，约为 61.3％～67.4％，粗脂肪为 2.6％～6.3％，且多为不饱和脂肪酸。有机物消化率较高。据报道，生长兔饲粮加入 5％～10％，妊娠兔饲粮加入 10％～15％，空怀兔饲粮加入 15％～20％，效果均较好。但饲喂时要让兔多饮水。

④高粱糠　是高粱精制时产生的，含有不能食用的壳种皮和一部分粉屑。高粱糠含总能 19.42 兆焦/千克，粗蛋白质 9.3％，粗脂肪 8.9％，粗纤维 3.9％，无氮浸出物 63.1％，粗灰分 4.8％，钙 0.3％，磷 0.4％，但因高粱糠中含单宁较多，适口性差，易致便秘，此外高粱糠极不耐贮存。高粱糠一般占饲粮 5％～8％。

（3）块根、块茎类及瓜果类饲料　多汁饲料包括块根、块茎、瓜果类等，常用的有胡萝卜、白萝卜、甘薯、马铃薯、木薯、菊芋、南瓜、西葫芦等。其营养特点是富含淀粉和糖类，蛋白质和粗纤维的含量低。水分含量高达 75％～90％，单位重量的鲜饲料中营养成分低，干物质含量低，消化能低，属大容积饲料。粗纤维、蛋白质、矿物质（如钙、磷）和 B 族维生素含量也少。按干物质计，淀粉含量高，为 60％～80％，有效能与谷实类相似，粗纤维和粗蛋白质含量低，分别为 5%～10% 和 3%～10%，矿物质及维生素的含量偏低。这类饲料适口性和消化性均好，是肉兔日粮重要的能量来源，多数富含胡萝卜素，还具有轻泻和促乳作用；鲜喂时是肉兔冬季不可缺少的多汁饲料和胡萝卜素的重要来源，对保证肉兔健康、促进产奶量有重要的作用。鲜喂时由于水分高，容积大，能值低，单独饲喂营养物质不能满足肉兔的需要，必须与其他饲料搭配使用。多汁饲料在青绿饲料丰盛季节很少利用，是冬季和初春缺青季节肉兔的必备饲料。

①胡萝卜　原产于欧洲及中亚一带，现世界各国普遍种植，我国南北方均有栽培，除人类食用外，也是肉兔优良的饲料。胡萝卜每 667 米^2 产量 2 500～3 500 千克，高的达 5 000 千克以上。胡萝卜是很好的多汁饲料，营养价值高，含有丰富的胡萝卜素，每千克含 400～550 毫克，胡萝卜素可转化为维生素 A，供兔体利用。胡萝卜柔嫩多汁，适口性好，消化率高，易被兔体消化和吸收，可促进幼兔生长发育，提高繁殖母兔和公兔繁殖力，是肉兔缺青季节主要的多汁饲料，饲喂可洗净切碎生喂。胡萝卜缨必须限量饲喂，否则易导致氢氰酸中毒。饲用胡萝卜以橘红及橘黄色的较好，含胡萝卜素高。

②甘薯　又名番薯、红苕、地瓜、山芋、红（白）薯等，是我国种植最广、产量高的薯类作物。甘薯块根多汁味甜，适口性好，富含淀粉，生熟均可饲喂。鲜甘薯含水量约 70%，粗蛋白质含量低于玉米。甘薯干与豆饼或酵母混合作基础饲粮时，其饲用价值相当于玉米的 87%。应当注意，甘薯储存不当，容易发芽、腐烂或出现黑斑。黑斑甘薯含有毒性酮，肉兔食入后可造成不良影响。贮存在 13℃ 条件下较安全。制成薯干也是保存甘薯的好办法，但胡萝卜素损失达 80% 左右。

③马铃薯　又叫土豆、地蛋、山药蛋、洋芋等，盛产于我国北方，产量较高，与蛋白质饲料、谷实饲料混喂效果较好。马铃

薯块茎干物质中80％左右是淀粉，营养丰富，消化率高，可用做肉兔的能量饲料。按单位面积生产的可消化能和粗蛋白质计，马铃薯要比一般作物乃至玉米还高。马铃薯茎叶变黄后，块茎即可收获，作种薯或兼收茎叶青贮的可提前收获。马铃薯贮存不当发芽时，在其青绿皮上、芽眼及芽中含有0.1％～0.7％龙葵素，肉兔采食过多会引起胃肠炎，甚至引起中毒，表现出精神沉郁、呆痴、腹泻、呕吐或皮肤溃疡等症状，严重者出现死亡。因此，马铃薯要注意保存，若已发芽，饲喂时一定要清除皮和芽，并进行蒸煮，蒸煮用的水不能用于喂兔。

④甜菜　为藜科属二年生草本植物；按其块根中的干物质与糖分含量多少，可大致分为糖甜菜、半糖甜菜和饲用甜菜三种。糖用与半糖用甜菜含有大量蔗糖，故其块根一般不用做饲料而是先用以制糖，然后以其副产品甜菜渣用做饲料。饲用甜菜含糖5％～11％，以饲用为主。甜菜适应性强，产量高而稳定，含有丰富的蛋白质和维生素，纤维素含量较低。块根一般切碎或打浆生喂，鲜叶青饲便可。

⑤木薯　又名树薯、树番薯，为热带多年生灌木，在我国南方种植较多，可分为苦味种和甜味种两大类。其块根富含淀粉，在鲜木薯中占25％～30％，粗纤维含量很少，可作为肉兔的能量饲料。两类均含氢氰酸，苦味种含量较多，尤其是皮中含量最高。氢氰酸对肉兔有毒害作用，如食入量过多，可引起腹泻，可抑制呼吸作用，脑细胞缺氧，引起中枢神经系统受损而导致死亡。去毒方法，可将薯皮削去，也可将木薯切片后在流水中浸泡或晒干后粉碎饲喂。

（4）制糖副产品及其他　糖蜜是甘蔗、甜菜制糖的副产品，其含糖量达46％～48％，所含糖几乎全部属蔗糖。矿物质含量高，主要为钠、氯、钾、镁等，尤以钾含量最高，约含3.6％～4.8％，尚有少量钙、磷；含有较多的B族维生素。另外，糖蜜中还含有3％～4％可溶性胶体。肉兔饲料中加入糖蜜，可改善饲料的适口性，饲料制粒时加糖蜜可减少粉尘，提高颗粒料质量。加工颗粒料时可加入 3％～6％糖蜜。糖蜜和高粱配合使用可中和高粱所含单宁酸，提高高粱使用量。糖蜜具有轻泻作用，饲喂量大时粪便变稀。

甜菜渣是甜菜制糖主要副产品，是甜菜块根经过浸泡、压榨提取糖液后的残渣，不溶于水的物质大量存在，特别是粗纤维全部保留。干燥后可用于兔饲料。据分析，新鲜的甜菜粕含蛋白质 0.6％、纤维 1.4％、无氮浸出物 4.7％、灰分 0.3％，其中粗蛋白质含量较低，但消化能含量高，含钙较丰富，是肉兔冬春季的优良多汁饲料。干物质中粗纤维含量高达 20％，可溶性纤维含量高，纤维性成分容易消化，消化率为 70％。甜菜渣有甜味，适口性好，兔喜食。国外养兔业中，甜菜渣广泛使用，一般可占饲粮 16％左右，最高达 30％。但由于水分含量高，要设法干燥，防止变质。

饴糖渣是以大米、糯米、玉米、大麦等粮食生产饴糖时的副产物。饴糖是制造糖果和糕点的主要原料。饴糖渣的营养成分随原料、加工工艺不同而有所不同。烘干后的饴糖渣粗蛋白质含量高，粗纤维含量较低，与饼粕类相接近，是肉兔的好精料。饴糖渣味甜，适口性好，特别适合于肉兔，尤其是育肥兔，可占饲粮 20％以上。

2. 蛋白质饲料 蛋白质饲料指干物质中粗纤维含量在 18％以下，粗蛋白质含量为 20％以上的饲料。主要包括植物性蛋白质饲料、动物性蛋白质饲料、单细胞蛋白质饲料及其他饲料。这类饲料粗蛋白质含量高，粗纤维含量低，可消化养分含量高，容重大，是配合饲料的精饲料部分。

（1）植物性蛋白质饲料 主要包括豆科籽实、饼粕类及其他加工副产品。

①豆科籽实 豆科籽实主要有两类，一类是高脂肪、高蛋白的油料籽实，如大豆、花生等。另一类是高碳水化合物、高蛋白

的豆类如豌豆、蚕豆等。豆类籽实蛋白质含量为20％～40％，较禾本科籽实高2～3倍。品质好，赖氨酸含量较禾本科籽实高4～6倍，蛋氨酸高1倍。一般大豆多用作饲料。大豆中含有抗营养因子，如胰蛋白酶抑制因子、尿素酶、皂素等，这些物质影响肉兔对饲料中蛋白质的利用及正常的生理机能，应用时应进行适当的热处理（110℃，3分钟），使抗营养因子失去活性。近几年，广泛进行了膨化大豆饲喂畜禽的研究，大豆在一定的压力、温度下进行干或湿膨化，使大豆淀粉度增加，油脂细胞破裂，抗营养因子受到破坏。

②饼粕类饲料　饼粕类饲料是豆科及油料作物籽实制油后的副产品。压榨法制油的副产品称为饼，溶剂浸提法制油后的副产品称为粕。常用的饼粕为：大豆饼粕、花生饼粕、棉籽（仁）饼粕、菜籽饼粕、芝麻饼、胡麻饼、向日葵饼等。大豆饼粕是我国最常用的一种主要植物性蛋白质饲料，营养价值很高，其代谢能和消化能均高于籽实，氮的利用率较高。

大豆饼粕属优质蛋白质饲料，含粗蛋白质40％～46％，必需氨基酸组成平衡，赖氨酸含量高，可达2.5％～2.8％，是棉仁饼、菜籽饼及花生饼的1倍，且与精氨酸比例适当。异亮氨酸、色氨酸、苏氨酸的含量均较高。这些均可弥补玉米的不足，因而与玉米搭配组成日粮效果较好。但蛋氨酸含量不足，因此，在以大豆饼粕为主要蛋白质饲料的配合饲料中要添加DL-蛋氨酸。矿物质中钙少磷多，总磷的1/2为难以利用的植酸磷，富含铁、锌。维生素A、维生素D含量低。在制油过程中，如果加热适当，大豆中的抗营养因子受到破坏；但如果加热不足，得到的为生豆饼，蛋白质的利用率低，不能直接喂肉兔；加热过度，会导致营养物质特别是赖氨酸等必需氨基酸变性而影响利用价值。因此，在使用大豆饼粕时，要注意检测其生熟程度。一般可以从颜色上判定，加热适当的应为黄褐色，有香味；加热不足或未加热的颜色较浅或灰白色，没有香味或有鱼腥味；加热过度的

暗褐色。大豆饼有轻泻作用，不宜饲喂过多，饲粮中可占
15%～20%。

　　花生饼粕的营养价值较高，其代谢能和粗蛋白质是饼粕中最
高的，粗蛋白质可达44%～48%，但以不溶于水的球蛋白为主，
故蛋白质品质低于大豆饼粕。花生饼粕的氨基酸组成不好，赖氨
酸含量只有大豆饼粕的一半，蛋氨酸含量也较低，而精氨酸含量
高达5.2%，是所有动、植物饲料中最高的，赖氨酸∶精氨酸达
100∶370以上，在配合饲料中应与含精氨酸少的菜籽饼粕、血
粉等混合使用。花生饼粕的维生素及矿物质含量与其他饼粕类饲
料相近似。花生饼粕的营养成分随含壳量的多少而有差异，脱壳
后制油的花生饼粕营养价值较高，国外规定粗纤维含量应低于
7%，我国统计的资料为5.3%。带壳的花生饼粕粗纤维含量为
20%～25%，粗蛋白质及有效能相对较低。花生果中也含有胰蛋
白酶抑制因子，加工过程中120℃可使其破坏，提高蛋白质和氨
基酸的利用率。但温度超过200℃，则可使氨基酸受到破坏。另
外，花生饼粕粗脂肪含量高，一般在4%～6%，有的高达
11%～12%；脂肪酸以油酸为主，保存不善容易酸败，并产生黄
曲霉毒素；肉兔中毒后精神不振，粪便带血，运动失调，与球虫
病症状相似，肝脏、肾脏肥大。该毒素在兔肉中残留，使人患肝
癌，蒸煮或干热不能破坏黄曲霉毒素，所以发霉的花生饼粕绝对
不能用来喂兔。据报道，超量的维生素E对防止该毒素中毒
有效。

　　棉籽饼粕是棉籽榨油后的副产品。由于棉籽脱壳程度及制油
方法不同，营养价值差异很大。完全脱壳的棉仁制成的棉仁饼粕
粗蛋白质可达40%～44%，与大豆饼粕相似；而由不脱壳的棉
籽直接榨油生产出的棉籽饼（粕）粗纤维含量达16%～20%，
粗蛋白质仅为20%～30%，应归属于粗饲料。带有一部分（原
含量的1/3）棉籽壳的为棉仁（籽）饼粕，其蛋白质含量为
34%～36%。棉籽饼粕蛋白质的品质不太理想，精氨酸高达

3.6%～3.8%，而赖氨酸仅为1.3%～1.5%，只有大豆饼粕的一半，二者间比例失调，容易产生颉颃作用。蛋氨酸也不足，约为0.4%，仅为菜籽饼的55%。矿物质中硒含量低，仅为菜籽饼的7%以下。因此，在日粮中使用棉籽饼粕时，要注意添加赖氨酸及蛋氨酸，最好与精氨酸含量最低、蛋氨酸及硒含量较高的菜籽饼粕配合使用，既可缓解赖氨酸、精氨酸的颉颃，又可减少赖氨酸、蛋氨酸及硒的添加量。棉籽中含有对肉兔有害的棉酚及环丙烯脂肪酸，尤其是棉酚的危害很大。棉酚主要存在于棉仁色素腺体内，是一种不溶于水而溶于有机溶剂的黄褐色聚酚色素。在制油过程中，大部分棉酚与蛋白质、氨基酸结合为结合棉酚，在消化道内不被吸收，对肉兔无害。另一部分则以游离的形式存在于饼粕及油制品中，肉兔如果摄取过量或食用时间过长，导致中毒，表现为肉兔生长缓慢，繁殖性能及生产性能下降，甚至导致死亡。肉兔对棉酚高度敏感，而且毒效可以积累。因此，只能用处理过的棉籽饼粕饲喂肉兔，喂量不超过饲粮的5%～7%。棉籽饼粕的脱毒方法有很多种，如加热或蒸煮、加入硫酸亚铁粉末。铁元素与棉酚重量比为1∶1，再用5倍于棉酚的0.5%石灰水浸泡2～4小时，可使棉酚脱毒率达60%～80%。

菜籽饼粕是油菜籽经取油后的副产品。其有效能较低，适口性较差。粗蛋白质含量在34%～38%之间，氨基酸组成的特点是蛋氨酸、赖氨酸含量较高，精氨酸低，是饼粕类饲料最低者。矿物质中钙和磷的含量均高，磷的利用率较高，特别是硒含量为1.0毫克/千克，是常用植物性饲料中最高者。锰也较丰富。菜籽饼粕中含有硫葡萄糖苷、芥酸、单宁、皂角苷等不良成分，其中主要是硫葡萄糖苷，其本身无毒，但在一定温度和水分条件下，经过菜籽本身所含芥子酶的酶解作用下，产生异硫氰酸酯、噁唑烷硫铜和氰类等有害物质。这些物质可引起甲状腺肿大，从而造成肉兔生长速度下降，繁殖力减退。单宁则妨碍蛋白质的消化，降低适口性。芥酸阻碍脂肪代谢，造成心脏脂肪蓄积及生长受到抑制。因此，在饲喂时菜籽饼粕用量应限制在5%～8%为宜。菜籽饼粕的脱毒方法有坑埋法、水浸法、加热钝化酶法、氨碱处理法、有机溶剂浸提法、微生物发酵法、铁盐处理法等。

亚麻饼粕又称胡麻饼粕，其代谢能值偏低，粗蛋白质与棉籽饼粕及菜籽饼粕相似，约为30%～36%。赖氨酸及蛋氨酸含量低，精氨酸含量为3.0%。粗纤维含量高，适口性差。其中含有亚麻苷配糖体及亚麻酶，在pH5.0，40～45℃及水的存在下，生成氢氰酸，少量氢氰酸可在体内因糖的参与自行解毒，过量即引起中毒，使生长受阻，生产力下降。

芝麻饼粕不含对肉兔有害的物质，是比较安全的饼粕类饲料。粗蛋白质含量40%～45%，最大的特点是蛋氨酸高达0.8%以上，是所有饼粕类饲料中最高者。但赖氨酸不足，精氨酸含量过高。

葵花子饼粕的营养价值取决于脱壳程度。未脱壳的葵花子饼粕粗纤维含量高达39%，属于粗饲料。我国生产的葵花子饼粕粗纤维含量为12%～27%，粗蛋白质为28%～32%。赖氨酸不足，低于棉仁饼、花生饼及大豆饼。蛋氨酸含量高于花生饼、棉仁饼及大豆饼。葵花子饼粕中含有毒素（绿原酸），但饲喂肉兔未发现中毒现象。

③糟渣类饲料 糟渣类饲料是酿造、淀粉及豆腐加工行业的副产品。常见的有豆腐渣、麦芽根、啤酒糟和酒糟。

豆腐渣为豆科籽实类加工副产品，与原料相比，粗蛋白质明显降低，但干物质中粗蛋白质的含量仍在20%以上，粗纤维明显增加。维生素缺乏，消化率也较低。豆腐渣是肉兔爱吃的饲料之一，以鲜喂为佳。这类饲料水分含量高，一般不宜存放过久，否则极易被霉菌及腐败菌污染变质。

麦芽根为啤酒制造过程中的副产物，是发芽大麦去根、芽的副产品，可能含有芽壳及其他不可避免的麦芽屑及外来物。麦芽根为淡黄色，麦芽气味芬芳，有苦味。其营养成分为：水分

4%～7%，粗蛋白质 24%～28%，粗脂肪 0.5%～1.5%，粗纤维 14%～18%，粗灰分 6%～7%，还富含维生素 B 族及未知生长因子。因其含有大麦芽碱，有苦味，故喂量不宜过大，一般肉兔饲粮中可添加至 20%。

啤酒糟是制造啤酒过程中所滤除的残渣。含有大量水分的叫鲜啤酒糟，加以干燥而得到的为干啤酒糟。啤酒糟粗蛋白质含量高，且富含维生素 B 族、维生素 E 和未知生长因子。据报道，生长兔、泌乳兔饲粮中啤酒糟可占 15%左右，空怀兔及妊娠兔可占 30%左右。鲜啤酒糟含水量大，易变质，不宜久存，要及时晒干或饲喂，发霉变质的啤酒糟严禁喂兔。

酒糟多以禾本科籽实及块根、块茎为原料，经酵母发酵，再用蒸馏法萃取酒后的产品，经分离处理所得的粗谷部分加以干燥即得。一般来说，各种粮食酿酒的酒糟粗蛋白质、粗脂肪均较多，但粗纤维偏高。而以薯类为原料的酒糟，其粗纤维、粗灰分的含量均高，且所含粗蛋白质消化率差，使用时要注意。酒糟营养含量稳定，但不齐全，容易引起便秘，喂量不宜过多，且要与其他饲粮配合使用。一般繁殖兔喂量应控制在 15%以下，育肥兔可占饲料 20%，比例过大易引起不良后果。

（2）动物性蛋白质饲料　动物性蛋白质饲料是用动物的尸体及其加工副产品加工而成，主要包括鱼粉、肉骨粉、血粉等。含蛋白质较多，品质优良，生物学价值较高，含有丰富的赖氨酸、蛋氨酸及色氨酸。含钙、磷丰富，且全部为有效磷；还含有植物性饲料缺乏的核黄素和维生素 B_{12}，是一种蛋白质和氨基酸都比较全面、营养价值较高的饲料。由于肉兔具有素食性，不爱吃带腥味的动物性饲料，一般只在母兔的泌乳期及生长兔日粮中添加少量（小于 5%）的动物性蛋白质饲料。

①鱼粉　鱼粉是由不宜供人食用的鱼类及加工的副产品制成，是优质的蛋白质饲料。鱼粉蛋白质含量在 40%～70%，进口鱼粉一般在 60%以上，国产的较低。鱼粉的蛋白质质量好，

消化率高，达90％以上。蛋白质中氨基酸平衡，并含有全部的必需氨基酸，生物学效价高。鱼粉还含有较高的钙、磷、锰、铁等矿物质元素，鱼粉是部分维生素（维生素A及B族维生素等）的良好来源。鱼粉所含的未知蛋白因子可以促进养分的消化和吸收。使用鱼粉能明显地提高肉兔的生产性能，抗病力也有所增强。在使用鱼粉时要注意，鱼粉含较高的组织胺，在加工不当时形成糜烂素。肉兔食用含糜烂素的鱼粉后，可出现胃部糜烂，在生产上发现症状时应立即降低或停止鱼粉使用。目前，鱼粉的质量不稳定，主要问题是粗脂肪含量偏高，易酸败变质，幼兔食用后易发生下痢；伪造掺假，掺入尿素、糠麸、饼粕、锯末、皮革粉、食盐、沙砾等；含盐量过高，引起中毒；发霉变质，易感染霉菌等；堆放时间过长，管理不当，引起自燃。在使用时要注意检测其质量。鱼粉真伪可通过感官、显微镜检及分析化验等方法来辨别。鱼粉价格昂贵，腥味大，适口性差，故肉兔饲料中一般以1％～2％为宜，并充分混匀。

②肉骨粉、肉粉肉　骨粉和肉粉是以畜禽屠宰场副产品中的畜禽躯体、骨、胚胎、内脏及其他废弃物经高温、高压、灭菌及脱脂干燥制成。一般含磷在4.4％以上的为肉骨粉，在4.4％以下的为肉粉。肉骨粉、肉粉中粗蛋白质含量在20％～55％，蛋白质的品质不好，生物学效价低；赖氨酸含量丰富，蛋氨酸、色氨酸和酪氨酸相对较少；钙磷含量高，钙磷比例适当，磷的利用率高；B族维生素含量高，缺乏维生素A和维生素D等。肉骨粉和肉粉的饲用价值比鱼粉和豆饼差，且不稳定，随饲料中添加量的增加，饲料适口性降低，肉兔生产性能下降。因此，日粮中添加肉骨粉和肉粉不宜超过5％，幼龄肉兔不宜使用。注意发黑有臭味的不能饲喂，保存不当的肉骨粉、肉粉，容易产生肉毒梭菌，所分泌的毒素被肉兔食入后，出现中毒现象。

③血粉　血粉是由屠宰牲畜的血加工干燥而成的产品。含蛋白质和赖氨酸高，蛋白质80％以上，赖氨酸7％～8％，但异亮

氨酸含量极低，蛋氨酸也较少，赖氨酸利用率低。因此，蛋白质品质较差，血纤维素不易消化。在加工中，由于高温使蛋白质的消化率降低，赖氨酸受到破坏，各种氨基酸比例不平衡。含铁多，钙磷少，粗灰分和粗脂肪含量也较低，因此，血粉在日粮中不宜多用，可占日粮 1%～3%。

④羽毛粉　羽毛粉是家禽屠宰后的羽毛，经清洗、高压水解处理后粉碎所得的产品。由于羽毛蛋白为角蛋白，肉兔不能消化，加压加热处理可使其分解，提高羽毛的营养价值，使羽毛粉成为一种有用的蛋白资源。羽毛粉的蛋白质含量高达 83% 以上，粗脂肪 2.5%，粗纤维 1.5%，粗灰分 2.8%，钙 0.4%，磷 0.7%。必需氨基酸比较完全，但氨基酸不平衡，胱氨酸含量高达 3%～4%，含硫氨基酸利用率为 41%～82%，异亮氨酸也高达 5.3%，赖氨酸、蛋氨酸和色氨酸含量很低，因此，营养价值不高。饲粮中添加羽毛粉有利于提高兔毛产量及被毛质量，幼兔饲粮中添加量为 2%～4%，成年兔饲粮中羽毛粉占 3%～5%，可获得良好的生产效果。羽毛粉如与血粉、骨粉配合使用可平衡营养，提高效率。

⑤蚕蛹粉　蚕蛹粉由蚕茧制丝后的残留物经干燥粉碎后制成，是一种高蛋白饲料。蚕蛹粉蛋白质含量高达 55.5%～58.3%，品质好，营养价值高。含有较多的必需氨基酸，赖氨酸约 3%，蛋氨酸 1.6%，色氨酸可高达 1.2%。蚕蛹粉的脂肪含量高达 20%～30%，能值高，还含有丰富的磷，B 族维生素的含量也较丰富。蚕蛹粉价格昂贵，用量不能太大，主要用以平衡氨基酸，一般用量为 1%～3%。

（3）单细胞蛋白质饲料　主要包括酵母、真菌及藻类。以饲用酵母最具代表性，它的蛋白质含量高，达 50%～60%，脂肪低。饲用酵母的氨基酸组成全面，赖氨酸含量高，蛋氨酸低。其蛋白质的含量和质量均高于植物性蛋白饲料，消化率和利用率也较高。饲用酵母中 B 族维生素含量丰富，烟酸、胆碱、泛酸和叶酸等含量均高；钙低磷高。因此，在兔的配合饲料中使用饲料酵母可以补充蛋白质和维生素，并提高整个日粮的营养水平。但饲用酵母用量不宜过高，否则影响饲料的适口性，破坏日粮的氨基酸平衡，增加成本，降低肉兔的生产性能，肉兔饲粮一般以添加2%～5%为宜。

(二) 青绿饲料与粗饲料

1. 青绿饲料 青绿饲料因富含叶绿素而得名。天然青绿饲料中水分含量一般等于或高于60%。肉兔常用的青绿饲料包括各种新鲜野草、栽培牧草、青刈作物、水生饲料、幼嫩树叶、非淀粉质的块根和块茎、瓜果类等，种类繁多。一般鲜嫩的青绿饲料，除有毒植物外，都可用做肉兔的饲料。我国兔业多为农民小规模经营，以天然青绿饲料作为基础料，这是我国肉兔生产的特点和优势。青绿饲料的营养特性是含水量高，陆生植物的水分含量一般在75%～90%，水生植物的水分含量可达95%左右，因此干物质少，能值含量低；蛋白质含量丰富，一般禾本科牧草和蔬菜类青绿饲料粗蛋白质含量1.5%～3%，豆科青绿饲料的粗蛋白质含量为3.2%～4.4%，干燥后蛋白质可高达20%以上，蛋白质品质较高，其中赖氨酸、蛋氨酸、色氨酸等必需氨基酸含量丰富，蛋白质生物学价值高达80%以上；含粗纤维较少，木质素低，无氮浸出物较高，干物质中粗纤维含量不超过30%，叶菜类不超过15%，无氮浸出物40%～50%；钙、磷含量高，尤以豆科牧草表现突出，还含有丰富的铁、铜、锰、锌、硒等矿物元素；维生素含量丰富，特别是胡萝卜素含量较高，每千克饲料中含50～80毫克，B族维生素及维生素C、维生素E、维生素K等含量也较丰富，维生素B_6（吡哆醇）极少，维生素D缺乏。青绿饲料柔软多汁、鲜嫩可口，还具有轻泻、保健作用。

（1）**天然牧草** 天然牧草指自然生长的野生杂草、野菜类，除少数有毒外，在生长期刈割是肉兔良好的饲料来源，特别是农村家庭养兔，春、夏、秋三季主要饲料为天然牧草。这类饲料特点是水分含量高，纤维素含量高，能量含量低、粗蛋白质含量高，维生素丰富，适口性好。天然草地生长的牧草主要有豆科、禾本科、菊科和莎草科四大类。种类不同，营养各异，因此，天然牧草营养价值高低取决于这类草在其中所占比例。一般粗蛋白质含量豆科为 $15\% \sim 20\%$、莎草科为 $13\% \sim 20\%$、禾本科和菊科为 $10\% \sim 15\%$；禾本科粗纤维含量较高，约为 30%，其他为 $20\% \sim 25\%$；无氮浸出物四类草均达 $40\% \sim 50\%$。菊科牧草有异味，肉兔不喜欢采食。有的天然草还具有药用价值，如蒲公英具有催乳作用，马齿苋可以止泻和抗球虫，青蒿有抗毒、抗球虫作用。合理利用天然牧草是降低饲料成本，获得高效益的有效方法。

（2）栽培牧草（人工牧草）　　人工牧草是人工栽培的牧草，这些牧草的营养特点和天然牧草相似，是肉兔的主要青绿饲料来源。由于营养丰富，用豆科牧草和禾本科牧草以鲜草混合喂兔，可以减少精料用量，大大节约饲养成本。这类饲料的共同特点是产量高，通过间套混种、合理搭配，可保证兔场常年供应青饲料，对满足肉兔的青饲料四季供应有重要意义。

①紫花苜蓿　又称紫苜蓿、苜蓿。被誉为"牧草之王"，是目前世界上栽培历史最长、种植面积最大的牧草品种之一。紫花苜蓿为多年生草本植物。紫花苜蓿营养丰富，在营养生长期，以干物质计算，粗蛋白 26%，粗脂肪 4.5%，粗纤维 17.2%，无氮浸出物 42.2%，灰分 10%，富含维生素和钙。不同的加工方法、收获部位的紫花苜蓿，营养成分含量差异很大。紫花苜蓿既可鲜喂，又可晒制干草做成配合饲料喂兔。但鲜喂时要限量或与其他种类牧草混合饲喂，否则易导致肠臌胀病。晒制干草宜在 10% 植株开花时刈割，此时单位面积营养物质量最高，留茬高度以 5 厘米为宜。肉兔配合饲料中苜蓿草粉可加至 50%，国外哺乳母兔饲粮中苜蓿草粉比例高达 96%。有人用紫花苜蓿草粉与

小麦麸配成日粮，长期饲喂繁殖母兔能获得较高的繁殖力。

②草木樨　草木樨又名野苜蓿、马苜蓿、香草木樨。目前我国种植的主要有白花草木樨、黄花草木樨和无味草木樨。草木樨作饲料可青饲、青贮和放牧，也可调制干草。草木樨营养成分含量高，粗蛋白质可达17%以上，并含多种维生素。3种草木樨中均含香豆素，但含量有别，一般白花草木樨含香豆素1.05%～1.40%，黄花草木樨为0.84%～1.22%，无味草木樨为0.01%～0.03%。故以无味草木樨适口性较好。刈割草木樨多在早花期进行。第一年可刈割1～2次，第二年2～3次。由于白花、黄花草木樨有香豆素，最初肉兔不喜欢采食，可与紫花苜蓿、禾本科牧草等混合饲喂，并逐渐增加饲喂量，直至过渡到单独饲喂。草木樨的种子含蛋白质较高，据测定，白花草木樨种子含粗蛋白质41.3%，粗脂肪5.46%。因此，经浸泡（24小时）或焙炒后可作为肉兔的蛋白质补充料。

③三叶草　主要包括白三叶和红三叶。白三叶原产欧洲，在世界温带地区均有分布。白三叶为豆科三叶草属多年生草本植物。一般生存7～8年。白三叶每年刈割鲜草4～5次，亩产量4000～5000千克。由于具有匍匐茎，尽管高温影响，造成点片枯死，但很容易恢复，因此，在利用上，较红三叶更为有利。白三叶茎叶柔嫩，适口性好，为肉兔所喜食。据分析，白三叶的蕾期和花期的干物质为11.5%～14.5%，干物质中粗蛋白质28.7%、粗脂肪3.4%、粗纤维15.4%、无氮浸出物40.4%、灰分11.8%，是一种优质的青饲料。红三叶草又名红花车轴草，为豆科多年生草本植物，产草量高，蛋白质含量高，是肉兔的优质饲料。株高20厘米左右时进行刈割，一年可刈割4～6次。刈割时留茬不低于5厘米，以利于再生。

④沙打旺　沙打旺又叫做麻豆秧、薄地犟、苦草、地丁、直立黄芪等，系豆科黄芪属多年生草本。适应性强，产草量高，是理想的优良牧草和水土保持植物。每年可刈割4～5次，留茬6～

8 厘米。一般亩*产鲜草 2 400～3 000 千克，高者可达 5 000 千克以上。沙打旺根瘤多，固氮能力强，也是优质绿肥植物。沙打旺经济价值很高，具有良好的饲用价值，尽管其茎叶含有三硝基丙酸而显得有些苦涩味，但其营养成分丰富而齐全，几乎接近紫花苜蓿。沙打旺的茎叶鲜嫩，营养丰富，是肉兔的好饲料，开花期粗蛋白质及氨基酸含量较高，鲜样中含干物质 33.29%，粗蛋白质 4.85%，粗脂肪 1.89%，粗纤维 9.00%，无氮浸出物 15.20%，灰分 2.35%。但结实后茎秆木质化，不适于作饲料，只适于作燃料。

⑤多花黑麦草 多花黑麦草为禾本科一年生植物，株形直立，株高约 130 厘米，分蘖力强。根系发达，叶鞘无茸毛。多花黑麦草喜湿润的气候，宜于夏季凉爽、冬季不太寒冷的地方生长，在昼夜温度为 12～27℃时生长最好。在冬季有积雪的地方，可以正常越冬。它不耐热，特别在气温高同时伴随干旱的情况下，常会枯死。一般亩产鲜草 3 500～4 000 千克，高的可达 5 000 千克左右。供草期在 3 月下旬至 6 月初。由于多花黑麦草的适口性好，所以肉兔爱吃，干物质中含粗蛋白质 18.6%，粗脂肪 3.1%，粗纤维 24.8%。饲喂时，在植物生长至 30～60 厘米时刈割。留高 5 厘米，到次年 6 月底前轮流刈割 4～5 次。

⑥苏丹草 苏丹草系一年生高粱属牧草。苏丹草喜温、生育期短（100～120）天，生长快，产量高，在我国南北方均有广泛分布。刈割时应在抽穗期以前，留茬高度以 7～8 厘米为宜。苏丹草的干草品质和营养价值多取决于收割日期，抽穗期刈割营养价值较高，适口性好，在干物质中分别含粗蛋白质 15.3%，粗灰分 8.8%，钙 0.57%，磷 0.27%，肉兔喜采食。开花期后茎秆变硬，饲草质量下降。茎叶适宜青饲，调制优质干草或制青贮

---

* 亩为非法定计量单位，1 亩＝1/15 公顷。

饲料。苗期含少量氢氰酸，特别是干旱或寒冷条件下生长受到抑制，氢氰酸含量增加，应防止肉兔中毒。当株高达 50～60 厘米刈割后稍加晾晒，可避免肉兔中毒。

⑦无芒雀麦　无芒雀麦为禾本科雀麦属多年生牧草，茎直立，株高 100～150 厘米，具有发达的地下根茎，蔓延能力极强，寿命很长，能连续利用 6～8 年，在管理水平较好的情况下，可维持 10 年以上的稳定高产期，利用期可达 30 年以上。在我国北方种植时，干草产量可达 1 000 千克/亩以上。一般每年可刈割 2～3 次，再生草产量为总产量的 30%～50%。无芒雀麦草是比较早熟的禾草，产量高峰在生长的第 2～3 年。具有发达的地下根茎，叶子主要分布在下部，叶量较多。无芒雀麦营养价值很高，抽穗期茎叶干物质分别含粗蛋白 16.0%，粗脂肪 6.3%，粗纤维 30.0%，无氮浸出物 44.7%，还有丰富的钙、磷成分。可与豆科牧草相媲美，且营养物质的消化率高，适口性好，为肉兔喜食。无芒雀麦可青饲也可干制，青饲在抽穗期以前，干制在抽穗期至始花初期。

⑧籽粒苋　又名千穗谷、苋菜，为苋科苋属一年生草本植物。籽粒苋生长迅速、繁殖快，出苗 40 天即进入快速生长期。一般亩产籽粒 150～300 千克，兼收青茎叶 2 000～4 000 千克。如不收籽只收青茎叶，亩产可达 5 000～10 000 千克。株高 60～80 厘米时可刈割利用，留茬 20 厘米。一般隔 30～45 天可再收割第二茬。可青饲，也可打浆，收种后的秸秆和残叶可用于制成干草粉。籽粒苋营养价值高，种子、叶片富含蛋白质。全株风干物质中，粗蛋白质较一般谷物多，为 12.68%，粗脂肪 2.6%，无氮浸出物 34.3%，粗纤维 31.28%；叶片中粗蛋白质为 23.7%，粗脂肪 4.7%，粗纤维 11.7%，无氮浸出物 32.4%。籽粒苋的蛋白质中含有较多赖氨酸，占总量的 5.5%，蛋氨酸也较多，还含有丰富的矿物质、β-胡萝卜素等，因此，是肉兔的优质饲料。

⑨蕹菜 又名瓮菜、空心菜、猪耳朵菜、通菜等，是肉兔常用的优良饲料。蕹菜和甘薯同属于旋花科一年生植物。蕹菜6～10月份可青割5～6次，每667米^{2}年收青料10 000千克左右。蕹菜的干物质中，含粗蛋白质15.8%，粗脂肪5.12%，粗纤维10.25%，无氮浸出物11.55%，是夏、秋季肉兔优良的青饲料，适口性很好。

（3）青饲作物 青饲作物是利用农田栽种的农作物，在结籽前或结籽未成熟前收割下来作为青饲料饲用。常见的有青刈玉米、青刈大麦、青刈大豆等。青刈作物柔嫩多汁，适口性好，营养价值高，一般直接饲喂或作青贮料。另外，还有葵花叶、鲜甘薯藤、鲜花生秧等。在使用青饲作物时一定要注意在收割前是否有农药残留，还应注意青饲作物是否已经腐败，如若有则坚决不能使用，以防引起中毒。

（4）蔬菜 常用来喂兔的蔬菜有甘蓝、白菜、菠菜、萝卜、油菜、胡萝卜缨等，人类可食用的蔬菜几乎都可以作为肉兔的饲料。这类饲料幼嫩多汁，水分含量高，营养浓度低，影响生产性能的发挥，特别是含水量高达90%以上的蔬菜类饲料饲喂过多，易引起肉兔消化道疾病。

（5）叶菜类饲料 野草、野菜类饲料种类繁多，是我国小规模养兔户的主要青饲料来源，兔喜欢吃的野草、野菜有蒲公英、车前草、苦荬菜、马齿苋、野苋菜、胡枝子、艾蒿、猪殃殃、娘娘草等，其品质随品种不同差别很大。在采集时，要注意毒草，如菖蒲、苍耳、曼陀罗等，以防肉兔误食中毒。

（6）树叶 多数树叶可作为肉兔的饲料，肉兔最喜欢采食的树叶有柳树叶、桑树叶、紫荆叶、香椿树叶、榆树叶、沙棘叶、杨树叶、构树叶、苹果树叶等，具有较高的饲用价值。适时采集的树叶，营养价值可与豆科牧草相媲美。其中果树叶营养丰富，粗蛋白质为10%左右，粗纤维较低，在兔饲粮中可添加15%左右。但有些树叶如柿树叶、核桃叶中含有单宁，有涩味，适口性差；大量饲喂还会引起肉兔便秘，少量饲喂可预防腹泻，这类树叶饲喂不宜超过5%。其他树叶用量可达15%～25%。值得注意的是，果树大多喷洒农药，叶中有残留，如长期饲喂，可引起积累性中毒，采集时应注意。

（7）水生饲料　水生饲料在我国南方各地十分丰富，主要有水浮莲、水葫芦、水花生和绿萍等，都是肉兔喜吃的青绿饲料。这类饲料生长快，产量高，具有不占耕地和利用时间长等特点。其茎叶柔软，适口性好，含水率高达90%～95%，干物质较少。饲喂前应洗净，晾干表面水分。将水生饲料打浆后拌料喂给肉兔效果也很好。

2. 粗饲料　粗饲料是体积大、难消化、可利用养分少、绝干物质中粗纤维含量在18%以上的一类饲料。主要包括各种饲草的青干草、农作物的秸秆、皮壳、糟渣等。其营养特点是粗纤维含量高，粗蛋白质、有效能、维生素含量很低。对于肉兔来说，因其具有发达的盲肠和结肠，饲喂粗饲料有预防肠道疾病的作用，所以可占肉兔日粮的20%～30%。粗饲料的营养价值决定于植物种类、生长阶段及加工调制方法。

（1）青干草　青干草是指天然牧草或人工栽培牧草在质量最好和产量最高的时期刈割，经干燥制成的饲料。晒制良好的青干草颜色青绿，有芳香味，质地柔软，适口性好；叶片不脱落，保持了绝大部分的蛋白质、脂肪、矿物质和维生素，是肉兔冬季和早春的优质粗饲料。紫花苜蓿和各种野草都是晒制青干草的良好原料。

青干草的营养价值与原料的种类有关。豆科植物制成的青干草含有较多的粗蛋白质，粗纤维含量较低，富含钙、维生素，饲用价值高，可替代肉兔配合饲料中豆饼等蛋白质饲料，降低成本。禾本科青干草来源广，数量大，适口性较好，易干燥，不落叶，但粗蛋白质含量低，钙含量少，胡萝卜素等维生素含量高。而在能量价值方面，豆科青干草、禾本科青干草以及禾谷类作物调制的三类青干草之间没有显著的差别。青干草制成草粉后，通常可占日粮的20%～30%。优质干草含水量不超过15%，色绿而味香，养分损失少。以5～6月份收割头刀草晒制的青干草质量最优，到伏天收割的第二刀草质量稍次，过了霜降后，田间路旁的枯黄杂草营养价值较低。

青干草的营养价值还与干燥方法有关。青草干制的方法有地面晒制法、草架或棚内干燥方法和人工干燥法。较常用的调制干草的方法是地面晒制法，即利用强烈日照，将青草摊地暴晒，使水分迅速减少；晒时最忌雨淋。这种地面调制干草由于干燥过程缓慢，植物分解与破坏过程持续过久，因而使养分损失过多。采用草架或棚内干燥方法，比地面晒制的干草质量好，但保存青草原料养分仍不多。所以有条件的最好采用各种能源进行青绿饲料的人工脱水干制。

（2）作物秸秆 作物秸秆是农作物收获后的茎秆、枯叶部分，一般在缺乏干草的情况下用来代替干草。作物秸秆主要有稻草、玉米秸、麦秸、豆秸、高粱秸、花生秧、红薯藤和谷草等。这类饲料粗蛋白质含量低，且消化率低，降解率低，维生素中除维生素D较高外，其他维生素缺乏。

①稻草 稻草以籼稻草为好，是我国南方地区主要粗饲料来源，其营养价值低。成熟稻草呈黄白色，质地坚硬，表皮角质层和硅细胞严密，细胞间充塞木质素；稻草干物质中71%是细胞壁成分，其中粗纤维35.1%，酸性洗涤纤维55%，木质素5%，不溶性灰分含量很高，主要是硅酸盐，硅和粗纤维结合形成难以消化的物质，粗蛋白质含量低，一般在3%～5%，钙含量低，维生素缺乏。这些都阻碍着肉兔对稻草营养物质的消化吸收和利用。所以，在以稻草为主的日粮中应注意补充所缺乏的营养素。若稻草采用碱化、氨化处理后，可提高其营养物质消化率。稻草可占肉兔饲料的10%～20%。

②豆秸 豆秸是收获大豆、豌豆、蚕豆等豆类后残留的茎

叶。与禾本科秸秆比较，豆科秸秆的粗蛋白质含量和消化率都较高，但由于收割、晒制过程中叶片大部分凋落，维生素已遭破坏，营养价值大大降低。豆秸上如带豆荚（籽实脱出），营养价值提高。经测定，大豆秸中含干物质87.5%，粗蛋白质4.5%，粗脂肪1.3%，粗纤维38.8%，粗灰分5.0%；蚕豆秸营养价值高于大豆秸，其中含干物质86.8%，粗蛋白质8.4%，粗脂肪1.3%，粗纤维36.0%，粗灰分7.6%。在大豆粒成熟前约10天，采摘豆叶晒干，可作为肉兔的良好饲料。当大豆植株下部茎叶快变黄时，把豆叶全部采摘下来，也不影响产量。青刈的大豆茎叶，营养价值接近紫花苜蓿。在有条件的地方，可密植青刈大豆，以解决蛋白质饲料的不足。

③玉米秸　玉米秸外皮光滑，质地坚硬，营养价值因品种、生长期、秸秆部位、晒制方法等不同，有较大差异。一般来说，夏玉米秸比春玉米秸营养价值高，叶片较茎秆营养价值高，快速晒制的比长时间风干的营养价值高。晒制良好的玉米秸呈青绿色，叶片多，外皮无霉变，水分含量低。同一株玉米，上部比下部营养价值高。玉米秸的营养价值略高于玉米芯，与玉米皮相近。利用玉米秸作为肉兔粗饲料时要注意：贮藏备用玉米秸必须叶、茎都晒干，否则易发霉变质。玉米秸秆可占肉兔饲料的20%～40%。

④麦秸　麦秸是粗饲料中质量较差的种类，因品种、生长期不同，营养价值也各异。麦类秸秆中，小麦秸的产量最多，但其粗纤维含量高，并含有较多难以被利用的硅酸盐和蜡质，长期饲喂兔容易"上火"和便秘，影响生产性能。麦类秸秆中，以大麦秸、燕麦秸和荞麦秸营养稍高，且适口性好。麦类秸秆在肉兔饲料中的比例占5%～10%。

⑤花生秧　花生秧的营养价值接近豆科干草。据测定，干物质为90%以上，其中含粗蛋白质4.6%～5%，粗脂肪1.2%～1.3%，粗纤维31.8%～34.4%，无氮浸出物48.1%～52%，粗

灰分 6.7%～7.3%，钙 0.89%～0.96%，磷 0.09%～0.1%，还含有铁、铜、锰、锌、硒、钴等微量元素，是肉兔优良粗饲料。花生秧应在霜降前收获，注意晾晒，防止发霉。晒制良好的花生秧应是色绿、叶全、营养损失较少，肉兔饲料中比例可占到 35%。

⑥甘薯藤　甘薯又称红薯、白薯、地瓜、红苕等。甘薯藤可作为肉兔青饲料和粗饲料。甘薯藤中含胡萝卜素 3.5～23.2 毫克/千克。可鲜喂，也可晒制成干藤饲喂。因甘薯藤水分含量高，晒制过程要勤翻，防止腐烂变质。晒制良好的甘薯干藤营养丰富，其营养成分为：干物质占 90% 以上，其中粗蛋白质 6.1%～6.7%，粗脂肪 4.1%～4.5%，粗纤维 24.7%～27.2%，无氮浸出物 48%～52.9%，粗灰分 7.9%～8.7%，钙 1.59%～1.75%，磷 0.16%～0.18%，肉兔饲料中可加至 35%～40%。

（3）秕壳类　秕壳主要指谷类和豆类在脱粒和清筛过程中收集的副产品，常用的有稻壳和豆荚。这类饲料粗纤维含量较高，除稻壳、花生壳外，其营养价值和消化率略高于同类作物秸秆。

①豆科荚壳　包括大豆荚壳、豌豆荚、绿豆荚、豇豆荚、蚕豆荚和花生壳等。豆类荚壳作为肉兔粗饲料，可占日粮的10%～15%。花生壳粗纤维虽然高达近 60%，而生产中以花生壳作为兔的主要粗饲料占饲料的 30%～40%，对于青年兔、空怀兔无不良影响，且兔群很少发生腹泻。但花生壳与花生饼（粕）一样极易染霉菌，使用时应特别注意。

②谷类皮壳　谷类皮壳有稻壳、谷壳、大麦壳、小麦壳、荞麦壳、高粱壳等，粗纤维含量在 40% 以上，营养价值较低。稻谷壳品质低，因其含有较多的硅酸盐，对压制颗粒的机械会造成磨损，也会刺激消化道引起溃疡。稻壳中的有些成分还有促进饲料酸败的作用。高粱壳中含有一定的单宁（鞣酸），适

口性较差。小麦壳和大麦壳营养价值相对较高，但麦芒带刺，对肉兔消化道有一定刺激。因此，各种皮壳在肉兔饲料中不宜使用。

（三）饲料添加剂与矿物质饲料

饲料添加剂是配合饲料中添加的重要组成部分，与能量饲料、蛋白质饲料和矿物质饲料共同组成配合饲料。它在配合饲料中添加量很少，但作为配合饲料的重要微量活性成分，起着完善配合饲料的营养、提高饲料利用率、促进生长发育、预防疾病、改善饲料的适口性，增进采食，减少饲料贮存期间营养物质的损失，改进饲料加工性能，减少饲料养分损失及改善畜产品品质等重要作用。饲料添加剂按其作用主要分为营养性添加剂和非营养性添加剂。营养性添加剂包括微量元素添加剂、维生素添加剂、氨基酸添加剂，这类添加剂的主要作用是补充天然饲料中缺少和不足的营养物质，使配合饲料营养物质的组成完善平衡，保证提供给肉兔生产所需的均衡的营养供给，提高饲料利用率，提高肉兔生产性能。非营养性添加剂包括生长促进剂（抗生素及抗菌药物、酶制剂、活菌制剂、砷制剂）、药用保健剂（抗菌剂、驱虫剂）、饲料保藏剂（抗氧化剂、防霉剂），饲料品质改良剂（调味剂、黏结剂）等。这类添加剂本身没有营养作用，但有非常重要的作用。这类添加剂的主要作用是提高肉兔健康水平、促进生长、提高生产性能和饲料效率，改善肉兔产品质量，改善风味，改善饲料品质，延长饲料的贮存期，防止饲料变质，提高粗饲料的品质。

1. 营养性添加剂

（1）氨基酸饲料添加剂　氨基酸添加剂主要用于补足肉兔日粮供给不足的个别氨基酸，使日粮中的氨基酸满足生产所要求的氨基酸需要量，提高肉兔生产性能；保证饲料配方中各种氨基酸含量和氨基酸之间的比例平衡，以提高饲料蛋白质利用率，节约蛋白质饲料，提高经济效益。在肉兔日粮中蛋氨酸和赖氨酸最易缺乏，通常称为限制性氨基酸，在配合饲料中需要添加，因此这两种氨基酸是肉兔配合饲料中常用的饲料添加剂。从氨基酸的化学结构看，除甘氨酸外，都存在 D 型氨基酸和 L 型氨基酸两种。在肉兔体内，D 型氨基酸不如 L 型氨基酸易被吸收利用。即使被吸收，如不转化为 L 型氨基酸，仍然不能组成蛋白质。然而，肉兔体内有许多转化为 L 型氨基酸的酶，故 D 型氨基酸也能被利用，但效价不如 L 型氨基酸。

①赖氨酸　赖氨酸是肉兔所必需的氨基酸，一般除动物性蛋白质饲料和大豆粕外，植物饲料中赖氨酸含量低，被称为第一限制性氨基酸，特别是玉米、大麦、小麦中缺乏，在生产上往往缺乏，一般配合饲料中必须添加。一般作为添加剂的赖氨酸有两种，即 L-赖氨酸和 DL-赖氨酸，因肉兔只能利用 L-赖氨酸，故主要作为饲料添加剂使用的一般为 L-赖氨酸的盐酸盐，DL-赖氨酸产品应标明 L-赖氨酸含量保证值。我国制定的饲料级 L-赖氨酸盐酸盐国家标准，规定 L-赖氨酸盐酸盐（以干基计）≥98.5%。在饲料中的具体添加量，应根据肉兔营养需要量确定。在计算添加量时应按产品实际赖氨酸含量进行计算，其含有98.5%的 L-赖氨酸盐酸盐，但 L-赖氨酸盐酸盐中的 L-赖氨酸含量为 80%，所以产品中实际 L-赖氨酸的含量仅为 78.8%。赖氨酸在肉兔日粮中添加可以降低日粮的蛋白质含量，提高生长速度，节约饲料。

②蛋氨酸　蛋氨酸是饲料最易缺乏的一种氨基酸，一般植物性饲料缺乏蛋氨酸。添加蛋氨酸对肉兔的生长和生产均有促进作用，因肉兔被毛中含有较多的含硫氨基酸（蛋氨酸＋胱氨酸），所以肉兔配合饲料中需要添加较多的蛋氨酸，有利于被毛生长。通常在饲料中，添加的是人工合成的 DL 型蛋氨酸和 DL-蛋氨酸羟基类似物（MHA）及其钙盐（MHACa）。蛋氨酸与其他氨基酸不同，人工合成的 DL-蛋氨酸的生物利用率与天然存在的 L-

蛋氨酸完全相同，营养价值相等，故DL-蛋氨酸可完全取代L-蛋氨酸使用。DL-蛋氨酸为白色-淡黄色结晶或结晶性粉末，易溶于水，有光泽，有特异性臭味。蛋氨酸的使用可按肉兔的营养需要量补充，一般添加量为0.05%～0.2%，即500～2 000克/吨。蛋氨酸在肉兔饲料中使用较为普遍。

③胱氨酸　市售产品多为医用的胱氨酸片剂，国内还未有饲料用的胱氨酸添加剂。胱氨酸可以促进幼兔的生长。在幼兔的饲料中加入0.3%的胱氨酸与微量元素，可提高幼兔的日增重。

（2）微量元素添加剂　微量元素添加剂是用来补充肉兔饲料中微量元素不足的添加剂，目前已知在肉兔饲料中缺乏、配合饲料中常需要补充的微量元素有铜、锰、锌、铁、钴、硒、碘、钼。这些微量元素在不同地区所生产的不同饲料中，其含量差异很大，所以必须根据具体情况在饲料中添加所需的微量元素。饲料中微量元素的添加量等于饲养标准规定量减去饲料中可利用量。但实际确定添加量时，一般不计算饲料中可利用量，通常将其作为"保险系数"或"安全剂量"处理。

在条件允许的情况下，应根据土壤和饲料中微量元素的含量和饲养实践，酌情加以调整。微量元素在饲料中的含量变化很大，在饲料中选配哪几种微量元素及其使用量和使用比例，这与所产饲料原料的地域性关系很大，受其地域性的土壤微量元素含量，水肥条件影响很大。因此，配合饲料时应了解饲料中微量元素的含量，往往同名饲料中某项元素含量相差几倍乃至几百倍。有些饲料就能满足需要，不需要添加，添加后会增加不必要的开支；有些饲料缺乏某些元素，需要添加，不添加会影响生产性能的发挥。为此，在计算日粮配方微量元素时严格注意饲料的产地及描述，以免引起不必要的添加或过量中毒或给量不足引起缺乏症，引起不必要的损失。常见矿物添加剂中矿物元素含量见表5-7。

表 5-7　常用矿物质饲料中的元素含量表

	名　称	化　学　式	矿物质含量	
钙	碳酸钙	CaCO$_3$	Ca＝40％	
	石灰石粉		Ca＝34％～38％	
钙、磷	煮骨粉		P＝11％～12％	Ca＝24％～25％
	蒸骨粉		P＝13％～15％	Ca＝31％～32％
	磷酸氢钙	CaHPO$_4$・2H$_2$O	P＝18.0％	Ca＝23.2％
	过磷酸钙	Ca（H$_2$PO$_4$）$_2$・H$_2$O	P＝24.6％	Ca＝15.9％
铁	硫酸亚铁	FeSO$_4$・7H$_2$O	Fe＝20.1％	
	碳酸亚铁	FeCO$_3$・H$_2$O	Fe＝41.7％	
	碳酸亚铁	FeCO$_3$	Fe＝48.2％	
硒	亚硒酸钠	Na$_2$SeO$_3$・5H$_2$O	Se＝30.0％	
	硒酸钠	Na$_2$SeO$_4$・10H$_2$O	Se＝21.4％	
铜	硫酸铜	CuSO$_4$・5H$_2$O	Cu＝25.5％	
锰	硫酸锰	MnSO$_4$・5H$_2$O	Mn＝22.8％	
锌	硫酸锌	ZnSO$_4$・7H$_2$O	Zn＝22.7％	
	氧化锌	ZnO	Zn＝80.3％	
碘	碘化钾	KI	I＝76.4％	

（3）维生素类添加剂　肉兔对维生素的需要量虽极少，但其作用极为重要。肉兔在粗放的饲养条件下，由于采食大量的青饲料，一般不会缺乏维生素。肉兔如果在集约化饲养下，因其采食的是高能高蛋白的配合饲料，加上集约化饲养生产性能又高，这样对维生素的需要要比正常需要量大 1 倍左右。因此，必须向饲料中添加维生素添加剂，主要用于对天然饲料中某种维生素的营养补充、提高肉兔的抗病或抗应激能力、促进生长以及改善产品的产量和质量等。

维生素是肉兔不可缺少的营养物质。肉兔盲肠中可以合成水溶性维生素，一般不缺乏，因此肉兔配合饲料中常需要添加脂溶性维生素 A、维生素 D、维生素 E。它们以单独一种、或一起组成维生素 ADE 复合制剂加入，或者与其他添加剂一起加入到饲粮中使用。由于这些维生素都不稳定，在光、热、潮湿、微量元素、酸败脂肪等条件下很易氧化变质或失效，在配合饲料中又常因接触空气面积的增大而使氧化作用加快。因此，维生素在生产过程中均需经过特殊加工和包装再添加于饲料中（通常是制成微型胶囊或稳定的化合物等）。饲料中添加加工后的维生素时，应注意维生素的稳定性和生物学效价。为减少损失，维生素添加剂应保存在干燥、避光和阴凉处。

维生素添加剂的使用量随肉兔的品种、生长阶段、饲养方式、环境因素的不同而不同。饲养标准所确定的需要量为肉兔对维生素的最低需要量，是肉兔配合饲料中使用量的基本依据。考虑饲粮组成、环境条件（气温、饲养方式等）、饲料中的维生素利用率、肉兔体内贮存情况和应激等影响因素的影响，饲粮中维生素的添加量都要在饲养标准所列需要量的基础上加"安全系数"。在生产实践中也可按以下办法添加，即配合饲料中维生素添加量＝饲养标准规定量＋饲料中的含量（安全剂量），以保证满足肉兔生长发育的真正需要。由于肉兔品种、生产性能、饲养条件以及生产目的等方面的差异，在不同企业生产的维生素预混料中，含有各单体维生素的活性单位量有很大差异，应酌情参考使用。

2. 非营养性添加剂

（1）抑菌促生长药物饲料添加剂　主要是指抗生素类药物和合成抗菌类药物。它作为饲料添加剂的主要功能是：抑制病原微生物的繁殖，增进畜体健康，促进有益微生物的生长并合成对动物体有益的营养物质，防止动物肠道壁增厚，增进动物对营养物质的消化与吸收，提高动物对饲料的消化率，促进动物的生长与生产。抑菌促生长剂的作用在卫生条件较差、日粮营养不完善时更为显著。

抑菌促生长剂在配合饲料中使用得很普遍，但由于它在畜产品中有残留，会影响人类的健康，以及病原微生物因长期接触抗生素而产生耐药菌株等问题，必须严格遵照1997年农业部发布的《允许作饲料药物添加剂的兽药品种及使用规定》使用。规定中对已批准使用的药物添加剂的使用对象、年龄、在饲料中的添加量、停药期及注意事项等都作了明确的规定，必须严格遵守有关规定。目前，我国农业部允许作为饲料添加剂的抗菌类药物有：喹乙醇、喹烯酮、杆菌肽锌、硫酸黏杆菌素、黄霉素、北里霉素、恩拉霉素、金霉素、土霉素、维吉尼亚霉素、泰乐菌素等。

有些养兔户为了预防兔的某些疾病，促进兔的生长发育，盲目地在饲料中长期添加某些不适当的抗生素，是很不科学的。因为肉兔有发达的盲肠，肠道内有各种有益微生物的活动，维持消化道的正常环境，如果抗生素使用不当，兔消化道内的大量有益微生物被杀死，引起消化道菌群失调，同时又可使消化道内的致病菌产生抗药性，尤其是沙门氏菌等产生较强的抗药性，并能大量的繁殖；如此下去，一旦发病，就会给治疗带来很大的困难，造成不必要的经济损失。抗生素对成年肉兔消化道微生物有抑制作用，一般情况下成年肉兔尽量不使用抗生素饲料添加剂。

抗生素饲料添加剂的使用要根据气候变化及疾病发生规律给予预防性的使用。在疾病发生的高发季节，根据病原菌的特点在饲料中添加进行预防，尤其是在规模化养殖场，对大群进行预防是很有必要的。

抗生素作为饲料添加剂的使用，主要在断奶幼兔和生长兔使用。一方面可以预防大肠杆菌、沙门氏菌的感染，防止腹泻等疾病的发生；另一方面可以促进幼兔生长。有些抗生素对肉兔品种具有特异性和毒性，在选择抗生素时要注意哪些抗生素可以在肉兔使用哪些不可以，使用时要慎重。尽量使用在肉兔中已使用过的和效果较好的。

（2）驱虫保健剂　作饲料添加剂的驱虫药有两大类：驱虫性抗生素和抗球虫剂。

①驱虫性抗生素　我国农业部允许作为饲料药物添加剂使用的只有两种：越霉素 A 和潮霉素 B。高密度大群饲养的肉兔易

患内寄生虫病，不仅危害健康，而且对生产造成很大损失。驱虫药种类很多，一般来说毒性都较大，只能在疾病暴发时短期使用，绝不宜添加在饲料中长期饲用，如果长期使用都有一定的毒副作用，长期使用不利于动物生长，尤其是这些药物会残留在畜产品中而严重损害人类的健康。

②抗球虫剂　球虫病是肉兔三大常见病之一，是由兔艾美耳属球虫在兔的肝胆管或肠黏膜上皮样细胞内引起的肉兔最常见的一种体内寄生虫病。在规模化养兔场，对球虫病的防治，应在肉兔的易感期和霉雨季节，定期在配合饲料中添加球虫药对球虫病进行重点防治。南方4～6月份，北方7～9月份最易流行。因球虫种类很多，肉兔可同时感染数种，而球虫卵囊生命力却很强，消毒药、强碱和强氧化剂都不能杀灭它，现在不但没有任何一种药物对各种球虫都有效，而且大部分药物在使用中都出现了抗药性。针对这种情况，较好的防治办法是采用数种药物轮流使用，并给予一定的休药间隔时间，同时根据球虫的不同增殖阶段，有针对性地改变药剂品种而进行程序性用药。我国农业部批准作为饲料添加剂的抗球虫药有：氨丙啉、氨丙啉加乙氧酰胺苯甲酯、氨丙啉加乙氧酰胺苯甲酯加磺胺喹啉、硝酸二甲硫胺、氯羟吡啶、氯苯胍、尼卡巴嗪加乙氧酰胺苯甲酯、氢溴酸常山酮、拉沙洛西钠、莫能菌素和盐霉素。以上被批准使用的抗球虫剂中，对使用对象、年龄以及在饲料中的添加量同样作了明确的规定。

（3）饲用酶制剂　饲用酶制剂按其特性及作用主要分为两大类：一类是外源性消化酶，包括蛋白酶、脂肪酶和淀粉酶等，这类酶肉兔消化道能够合成与分泌；其应用的主要功能是补充幼年动物等体内消化酶分泌不足，以强化生化代谢反应，促进饲料中营养物质的消化与吸收。另一类是外源性降解酶，包括纤维素酶、半纤维素酶、β-葡聚糖酶、木聚糖酶和植酸酶等。这些酶，动物组织细胞不能合成与分泌；这类酶的主要功能是降解肉兔难以消化或完全不能消化的抗营养因子非淀粉多糖（NSP）物质，提高饲料营养物质的利用率。例如，小麦、黑麦和小黑麦中含有较大量的水溶性阿拉伯木聚糖，而高粱、玉米中的则多为不溶于水的阿拉伯木聚糖；大麦和燕麦中主要含有水溶性β-葡聚糖；通过在饲料中添加外源性的β-葡聚糖酶和木聚糖酶，可水解相应的NSP，减轻这些NSP对动物生产的负效应和动物排泄物对环境的污染。一些饼粕类饲料中的纤维果胶含量较高，如豆饼中果胶占其干物质量的14%左右，应用果胶酶则可明显降低其负面作用，提高饲料的利用率。

（4）中草药添加剂　近年来，国内研究开发的中药添加剂种类很多，如黄芪粉、兔催情添加剂、兔增重添加剂、粉状松针生物活性物质添加剂等，具有益气健脾、养血滋阴、固正扶本、增强体质等功能，在肉兔生产中正在发挥着越来越大的作用。

（5）抗氧化剂　常用的抗氧化剂有乙氧基喹啉、丁基化羟基甲苯。一般配合料中用量为0.01%～0.05%。

综上所述，饲料添加剂对兔的生长、饲料转化以及疾病防治等均有一定的作用。使用时应遵循"缺什么补什么，缺多少补多少"的原则，不可滥用。此外，长期使用抗生素，会抑制盲肠微生物的活动，对兔产生有害甚至致命的作用。

三、肉兔的饲养标准与日粮配合

（一）肉兔的饲养标准

肉兔的营养需要是制定饲养标准及日粮配合的科学依据，是保证肉兔正常生产和生命活动的基础。做到既要满足营养需要，充分发挥其生产能力，又不造成饲料浪费。应根据不同生理状况和生长时期的肉兔，对各种营养的需要量的不同，以及对不同性别、年龄、不同种类及不同生产需要的肉兔，制定出每天每只应供应的各种养分的数量及它们之间的配比关系和变化规律，这一规定的供应量称之为饲养标准。在饲养标准的基础上，加上安全系数后再根据实际的生产条件和地区差异加以调整，以实现饲粮配合的科学化。目前我国尚无肉兔饲养标准，南京农业大学等参照国外有关标准，制定了《我国各类肉兔的建议营养供给量》和《精料补充料建议养分浓度》，可作为我们饲养肉兔时参考，根据我国实际情况和实验证明，采用配合料加青草的饲养方法，可获得良好的经济效益。其营养水平详细见表5-8至表5-10。

表5-8　肉兔饲养标准
(法国，F. Lebas)

营养成分	单位	4～12周龄	泌乳兔	妊娠兔	成年兔	肥育兔
消化能	千焦/千克	10.47	11.30	10.47	10.47	10.47
粗纤维	%	14	12	14	15～16	14
粗脂肪	%	3	5	3	3	3
粗蛋白质	%	18	18	15	13	17
蛋氨酸＋胱氨酸	%	0.5	0.6			0.55
赖氨酸	%	0.6	0.75			0.7
精氨酸	%	0.9	0.8			0.9
苏氨酸	%	0.55	0.7			0.6
色氨酸	%	0.18	0.22			0.2
组氨酸	%	0.35	0.43			0.4
异亮氨酸	%	0.6	0.7			0.65
苯丙氨酸＋酪氨酸	%	1.2	1.4			1.25
缬氨酸	%	0.7	0.85			0.8
亮氨酸	%	1.5	1.25			1.2
钙	%	0.5	1.1	0.8	0.6	1.1
磷	%	0.3	0.8	0.5	0.4	0.8
钾	%	0.8	0.9	0.9		0.9
钠	%	0.4	0.4	0.4		0.4
氯	%	0.4	0.4	0.4		0.4
镁	%	0.03	0.04	0.04		0.04
硫	%	0.04				0.04
钴	毫克/千克	1	1			1
铜	毫克/千克	5	5			5
锌	毫克/千克	50	70	70		70

营养成分	单位	4～12周龄	泌乳兔	妊娠兔	成年兔	肥育兔
铁	毫克/千克	50	50	50	50	50
锰	毫克/千克	8.5	2.5	2.5	2.5	2.5
碘	毫克/千克	0.2	0.2	0.2	0.2	0.2
维生素A	国际单位	6 000	12 000			1 000
胡萝卜素	毫克/千克	0.83	0.83			0.83
维生素D	国际单位	900	900	900		900
维生素E	国际单位	50	50	50	50	50
维生素K	毫克/千克	0	50	2	0	2
维生素C	毫克/千克		2			
维生素 B_1	毫克/千克	2				2
维生素 B_2	毫克/千克	6				4
维生素 B_6	毫克/千克	40				
维生素 B_{12}	毫克/千克	0.01				
叶酸	毫克/千克	1				
泛酸	毫克/千克	20				

注：此饲养标准是1984年，法国农业研究院公布的各类兔的饲养标准，适用性很强，基本上反映了现代养兔业的生产水平。

表5-9 建议营养供给量（每千克风干饲料含量）

营养成分	生长兔		妊娠兔	哺乳兔	育肥兔
	3～12周龄	12周龄后			
消化能（兆焦）	12.2	10.45～11.29	10.45	11.29	12.12
粗蛋白质（%）	18	16	15	15	10～18
粗纤维（%）	8～10	10～14	10～14	10～14	8～10
粗脂肪（%）	2～3	2～3	2～3	2～3	3～5
钙（%）	0.9～1.1	0.5～0.7	0.5～0.7	0.5～0.7	1
磷（%）	0.5～0.7	0.3～0.5	0.3～0.5	0.3～0.5	0.5
镁（毫克）	300～400	300～400	300～400	300～400	300～400
食盐（%）	0.5	0.5	0.5	0.5	0.5
铜（毫克）	15	15	10	10	20
铁（毫克）	100	50	50	50	100
碘（毫克）	0.2	0.2	0.2	0.2	0.2
锰（毫克）	15	10	10	10	15
维生素A（国际单位）	6 000～10 000	6 000～10 000	6 000～10 000	6 000～10 000	8 000

营养成分	生长兔		妊娠兔	哺乳兔	育肥兔
	3～12 周龄	12 周龄后			
维生素 D（国际单位）	1	1	1	1	1
赖氨酸（%）	0.9～1.0	0.7～0.9	0.7～0.9	0.7～0.9	1.0
蛋氨酸＋胱氨酸（%）	0.7	0.6～0.7	0.6～0.7	0.7	0.4～0.6
精氨酸（%）	0.8～0.9	0.6～0.8	0.6～0.8	0.6	0.6

表 5-10　精料补充料建议养分浓度（每千克风干饲料含量）

营养成分	生长兔		妊娠兔	哺乳兔	育肥兔
	3～12 周龄	12 周龄后			
消化能（兆焦）	12.96	12.45	11.29	12.54	12.96
粗蛋白质（%）	19	18	17	20	18～19
粗纤维（%）	6～8	6～8	8～10	6～8	6～8
粗脂肪（%）	3～5	3～5	3～5	3～5	3～5
钙（%）	1.0～1.2	0.8～0.9	0.5～0.7	1.0～1.2	1.1
磷（%）	0.6～0.8	0.5～0.7	0.4～0.6	0.9～1.0	0.8
食盐（%）	0.5～0.6	0.5～0.6	0.5～0.6	0.6～0.7	0.5～0.6
赖氨酸（%）	1.1	1.0	1.0	1.0	1.0
蛋氨酸＋胱氨酸（%）	0.8	0.8	0.75	0.8	0.7
精氨酸（%）	1.0	1.0	1.0	1.0	1.0

注：为达到建议营养供给量的要求，精料补充料中应添加适量微量元素和维生素预混料。精料补充料日喂量应根据体重和生产情况而定，为 50～150 克。此外，每日还应喂给一定量的青绿多汁饲料或与其相当的干草。青绿多汁饲料日喂量为：12 周龄前 0.1～0.25 千克，哺乳母兔 1.0～1.5 千克，其他兔 0.5～1.0 千克。

（二）肉兔日粮配合的原则

1. 配合日粮的科学原则　肉兔在不同的年龄、不同的生理状态、不同经济用途、不同生产性能下对营养物质的需求不同，单一的饲料很难满足这种需求，必须根据适当的饲养标准，采用多种饲料合理搭配，组成肉兔的日粮。所谓日粮是肉兔一昼夜（24 小时）采食各种饲料的总和。日粮配合实际上就是日粮配方设计的过程。合理地配制饲料是满足兔对各种营养物质的需要，降低饲料成本，获取最大经济效益的关键，是肉兔饲养中非常重要的一个任务。

日粮配合的一般原则应依据如下进行:

(1) 选用适宜的饲养标准 根据肉兔的类型、品种、年龄、生理阶段及生产性能,结合本地区的生产实际经验,选用相应的饲养标准,进行配合。

(2) 注意日粮的适口性 在设计配方时,应熟悉肉兔的嗜好,尽量选择兔喜食且营养价值好的饲料原料,对有营养但适口性稍差的原料可限量使用;同时要注意饲料的含水量,水分过高不仅降低养分浓度,且贮存时易霉变。

(3) 饲料原料要多样化 肉兔对营养物质的需求是多方面的,任何一种饲料原料都不可能满足其对多种营养的需要。因此,要选用营养特点不同的多种饲料进行配合,发挥营养互补作用。一般能量和蛋白质饲料选用不少于3~5种。

(4) 日粮中精、粗比例要适当 肉兔虽是单胃动物,但消化一部分粗纤维,日粮中粗饲料的比例不能低于10%,否则将会导致消化不良,代谢机能紊乱。

(5) 注意有效性、安全性和无害性 在保证营养全价的同时,要注意有效性、安全性和无害性。不用发霉变质及有毒有害的饲料配制日粮。

(6) 注意兔的采食量和饲料容重的关系 配制日粮时,容积不宜过大。容积大,营养浓度低,造成肉兔食入营养物质不足。

(7) 日粮应保持相对稳定 如需改变,应逐步进行,否则会应激大而影响采食。

2. 配合日粮的经济原则 在保证营养全价的前提下,尽量选用本地产量高、来源广、营养丰富、价格低廉的饲料进行配合。要注意开发当地的饲料资源。

(三) 日粮配方设计所需资料

1. 肉兔的营养需要量或饲养标准 不同的国家和地区根据

自己的实际制定了各自的饲养标准。在配合日粮时，应结合本地实际生产水平及品种，参考与本场条件较接近的国家和地区的标准，进行配合。一般可在参照标准的基础上，上下浮动5%～10%。

2. 饲料营养成分及营养价值表 在进行饲料配方设计时，所用的每种饲料原料的营养成分与营养价值数据，可以查《肉兔饲料营养成分及营养价值表》而得到。由于不同地区的地理位置、气候条件、作物品种、收获期不同，有些饲料原料的营养价值会有很大的变化。因此，有条件的情况下，在进行日粮配方设计前，应对所用的饲料原料进行实际的分析检测，然后参照本书推荐的饲料营养价值表选定配方中饲料原料的营养成分与营养价值（消化能、可消化粗蛋白质等）数据，准确地计算日粮配方。

3. 肉兔的采食量 肉兔的采食量受很多因素的影响，如季节、饲料营养浓度、肉兔品种、性别、体重、生理阶段、生产水平等。一般而言，气温低，采食量大；饲料营养水平越低，采食量小；体重越大，生产水平越高，采食量越大。

4. 肉兔饲粮中各类饲料的大致比例 饲料原料的营养特点不同，在日粮中所占的比例不同。生产实践中，常用饲料原料的大致比例见表 5 - 11。

表 5 - 11 配合饲料各类饲料的大致比例

饲料种类	百分比
谷实类饲料	20～50
糠麸类饲料	5～25
粗饲料	10～50
植物性蛋白质饲料	15～30
动物性蛋白质饲料	3～5
矿物质饲料	1～1.5
添加剂预混料	0.5～1.5

青饲料饲喂量较大时，可适当降低粗饲料的供给量，同时也

可适当减少维生素添加量。

（四）日粮配方设计的方法和步骤

饲粮配方设计的方法很多，采用手工计算的方法有交叉法、联立方程法、试差法等。手工计算由于受到计算速度和方式的限制，所得配方只能满足部分营养参数的要求，难以得到最优配方。随着现代电子计算机科学技术的发展，使得采用复杂的数学方法如线性规划法来设计最优配方成为可能。采用这些方法设计饲粮配方的优点是速度快、准确，能设计出最佳饲粮配方，是饲料工业现代化的标志之一。

目前生产上常用的有电脑法和试差法。

1. 电脑法　根据所选用饲料、肉兔对各种营养物质的需要量以及市场价格，将有关数据输入电脑，并提出约束条件（如饲料配比、营养指标等），很快就能算出既能满足肉兔营养需求而价格又相对较低的日粮配方来。

2. 试差法　如目前还不具备用电脑完成日粮配方设计的养殖户，借助于电子计算器，采用手工算法，只要掌握日粮配方设计的要领，也可以很快设计出一个实用的日粮配方。目前生产上一般多采用试差法计算。现以 4～6 月龄的生长兔的日粮配方设计为例，介绍用试差法设计日粮配方的具体步骤。

第一步　根据兔的饲养标准，查出 4～6 月龄生长肉兔需要的主要营养需要指标，见表 5-12。

表 5-12　4～6 月龄生长肉兔的营养需要

消化能 （兆焦/千克）	粗蛋白质 （%）	钙 （%）	磷 （%）	粗纤维 （%）	赖氨酸 （%）	蛋氨酸＋胱氨酸 （%）
10.30	15～16	1.0	0.5	16	0.8	0.7

第二步　根据当地的资源，选定所用饲料。如玉米、麸皮、米糠、豆饼、玉米秸秆、磷酸氢钙、食盐、添加剂预混料等。并

查出它们的主要营养成分含量，见表 5 - 13。

表 5 - 13　饲料营养成分

饲料名称	消化能 （兆焦/千克）	粗蛋白质 （%）	钙 （%）	磷 （%）	粗纤维 （%）	赖氨酸 （%）	蛋氨酸＋ 胱氨酸（%）
玉米	14.48	8.9	0.02	0.25	3.2	0.22	0.28
麸皮	11.92	15.4	0.09	0.81	9.2	0.58	0.39
米糠	12.61	12.5	0.13	1.02	9.4	0.74	0.44
豆饼	14.37	43.5	0.28	0.57	4.5	2.07	1.09
鱼粉	12.33	60.5	3.93	2.84	—	5.32	2.65
苜蓿草粉	4.962	11.52	1.56	0.15	36.9	0.32	0.13
磷酸氢钙	—		23.2	18.0	—	—	—

　　第三步　根据经验初步确定各类饲料的大致比例，并计算出配合饲粮中不同饲料所含有的各种主要营养成分。计算方法是用每一种饲料在配合料中所占的百分比，分别去乘该种饲料的消化能、粗蛋白质、钙、磷、粗纤维、赖氨酸、蛋氨酸＋胱氨酸含量，再将各种饲料的每项营养成分进行累加，即得出初拟配合饲粮配方中的每千克饲粮所含的主要营养成分指标，见表 5 - 14。

　　第四步　将计算出来的配合饲粮的各种营养指标，与标准要求的营养指标进行比较。从表可知，这个配方中消化能、粗蛋白质、总磷、赖氨酸、蛋氨酸＋胱氨酸含量均偏高，而钙和粗纤维含量偏低，因此需要进行调整。调整的方法是针对原配方存在的问题，结合各类饲料的营养特点，相应地进行部分饲料配合比例的增减，并继续计算，直至调整到各主要营养指标基本符合要求为止。如本例调整需适当增加苜蓿草粉和磷酸氢钙的配比，适当降低玉米、麸皮、豆饼和鱼粉的配比，另添加 0.1% 的赖氨酸和0.3% 的蛋氨酸，经调整后的配方见表5 -15。

表5-14 4～6月龄生长肉兔饲粮配方设计示例

饲料组成	配合比%	消化能（兆焦/千克）	营养成分						
			粗蛋白质（%）	钙（%）	磷（%）	粗纤维（%）	赖氨酸（%）	蛋氨酸+胱氨酸（%）
玉米	20	0.2×14.48=2.896	0.2×8.9=1.78	0.2×0.02=0.004	0.2×0.25=0.05	0.2×3.2=0.64	0.2×0.22=0.044	0.2×0.28=0.056
麸皮	19	0.19×11.92=2.265	0.19×15.4=2.926	0.19×0.09=0.017	0.19×0.81=0.154	0.19×9.2=1.748	0.19×0.58=0.110	0.19×0.39=0.074
米糠	15	0.15×12.61=1.892	0.15×12.5=1.875	0.15×0.13=0.02	0.15×1.02=0.153	0.15×9.4=1.41	0.15×0.74=0.111	0.15×0.44=0.066
豆饼	22.2	0.222×14.37=3.19	0.222×43.5=9.657	0.222×0.28=0.062	0.222×0.57=0.127	0.222×4.5=0.999	0.222×2.07=0.46	0.222×1.09=0.242
鱼粉	3.5	0.035×12.33=0.432	0.035×60.5=2.118	0.035×3.93=0.138	0.035×2.84=0.099	—	0.035×5.32=0.186	0.035×2.65=0.928
苜蓿草粉	18	0.18×4.962=0.893	0.18×11.52=2.07	0.18×1.56=0.281	0.18×0.15=0.027	0.18×36.9=6.64	0.18×0.32=0.058	0.18×0.13=0.023
磷酸氢钙	1	—	—	0.01×23.2=0.232	0.01×18.0=0.18	—	—	—
食盐	0.3	—	—	—	—	—	—	—
预混料	1	—	—	—	—	—	—	—
合计	100	11.586	20.426	0.754	0.79	11.437	0.969	1.389
标准		10.30	15～16	1.0	0.5	16	0.8	0.7
偏差		+1.286	+4.426	-0.246	+0.29	-4.563	+0.169	+0.689

表 5 - 15　4～6 月龄生长肉兔饲粮配方

饲　料	配比（%）	营养水平	
玉米	21	消化能（兆焦/千克）	10.26
麸皮	13	粗蛋白质（%）	16.31
米糠	15	钙（%）	0.979
豆饼	14	总磷（%）	0.74
鱼粉	1.2	粗纤维（%）	16.94
苜蓿草粉	32.6	赖氨酸（%）	0.791
磷酸氢钙	1.5	蛋氨酸＋胱氨酸（%）	0.704
食盐	0.3		
赖氨酸	0.1		
蛋氨酸	0.3		
预混料	1		
合计	100		

该配方可根据需要，按每吨饲料添加一定量的维生素和微量元素添加剂。

以上所配饲粮是单一饲料，如养兔采用"青粗饲料＋精料补充料"的方式，仍可适用上述饲粮配合方法，只不过参照"精料补充料建议养分浓度"（表 5 - 10），设计营养浓度较高的精料补充料配方，然后，再补充一定量的青粗饲料，合并饲喂，其喂量参考表 5 - 10 注释。

（五）日粮配方设计注意的问题

1. 配方设计中原料的营养价值估测　我国幅员辽阔，可用于肉兔配合饲料的饲料原料种类是相当多的。在肉兔实际生产中，仍有许多饲料的消化能、可消化粗蛋白质含量未能实际测定，在设计日粮配方时所用的数据就需要进行估测。

2. 设计日粮配方时必须考虑肉兔和饲料双方的消化特点
例如，肉兔消化粗纤维的能力很低，但对同样粗纤维含量的不同种类饲料，粗纤维的消化率有时差异很大。青饲料、麸皮、甜菜渣、块根块茎中的粗纤维消化率较高，含有这类饲料比例高的日粮，从计算数据看粗纤维很高，而且达到饲养标准要求，但是实际饲喂中可能会出现后肠碳水化合物过度综合征的发生，从而导致肉兔腹泻和死亡；豆科牧草、秸秆中的粗纤维特别难以消化。若一律按营养需要中对粗纤维含量的规定同样处理，则实际饲喂的效果可能差异较大。

再如，玉米是优质的能量饲料，在别的畜种中都可大量使用，唯独对肉兔的用量要控制，因为用量过大会造成腹泻。类似的问题不胜枚举。饲料的许多品质特性未能在目前的饲料成分和营养价值表中完全反映出来，需要在生产实践中不断地摸索和总结。

3. 注意饲料的非营养性特征　在选择配方饲料原料时注意肉兔的适口性。肉兔和其他草食家畜一样，喜欢吃素食，不喜欢吃鱼粉、肉粉、肉骨粉等动物性饲料。因此，这类饲料在日粮中所占的比例不宜过大，一般不超过 5%，否则就会影响肉兔的食欲。

肉兔能够采食各种各样的杂草、野菜，甚至对其他家畜有毒害的某些草类，肉兔采食后并不表现出中毒症状。据报道，这是因为肉兔肝脏的解毒能力较强的缘故。但是，这并不能说明肉兔喜欢吃所有的草类。肉兔喜欢吃多叶性的饲草、野菜，如豆科牧草（苜蓿草、三叶草、红豆草）、菊科和十字花科等多种野草。不喜欢吃叶脉平行的草类，如禾本科的猫尾草、燕麦草等。对适口性差的牧草，最好将其粉碎，和其他饲料配合在一起，压制成颗粒，可以提高采食量和利用率。

在谷类饲料中，肉兔喜欢吃整粒的大麦、燕麦，而不喜欢吃整粒玉米。粒状饲料与粉料相比，肉兔喜欢吃粒状饲料。因此，现代养兔生产上，多采用包括草粉在内的各种饲料加工成的颗粒饲料。其目的不仅是为适应先进的饲养方式，而且也是为了符合肉兔的食性和喜欢啃咬硬物借以磨牙的习性。

肉兔还喜欢吃带有甜味的饲料。国外在肉兔日粮中加入少量的糖类或蜂蜜之类，是很有道理的；可利用制糖业的副产品，或者把甜菜丝之类拌入饲料中，来提高饲料日粮的适口性。

另外，肉兔还喜欢吃补加植物油的日粮，特别是喜欢吃含脂肪为 5％～10％ 的饲料，而不喜欢吃含脂肪 5％ 以下或含脂肪 20％ 以上的饲料。因此，国外普遍采用在日粮中补加 5％ 玉米油的做法，以提高日粮的粗脂肪水平，这对改善饲料日粮的适口性和提高增重速度，都有着显著的效果。

4. 选择适当的日粮营养水平　所配日粮的各种营养成分应尽可能达到标准所要求的水平。但因饲养标准反映的是肉兔群体的平均生产水平，对于特定的兔群和饲料条件可做灵活处理。

事实上，营养需要量是从理论上阐明了动物生活和生产过程中营养物质的需求和来自饲料的营养成分之间的关系，生产的关键在于通过科学地搭配饲料和良好的饲养管理，达到降低饲养成本、获取最大收益的目的。所以说日粮的配合是肉兔饲养中非常重要的一个任务。

（六）肉兔高效饲料配方

为了便于借鉴、参考，现选录部分饲粮配方如下（表 5 - 16 至表 5 - 19）。

1. 幼兔全价配合饲料配方　该配方以草粉、大麦、玉米、豆饼、鱼粉等为主。每千克饲料含消化能 10.46～10.88 兆焦，粗蛋白质 15％～17％，粗纤维 12％～14％，粗脂肪 2.5％～3.5％，钙 0.7％～0.9％，磷 0.6％～0.8％。

表 5 - 16　幼兔饲料配方

饲料	玉米	小麦	黄豆	菜籽饼	三七统糠	麦麸	蚕蛹	优质青干草粉	石粉	食盐	添加剂
％	16.7	18	8	5.28	15	15	5	16	0.5	0.5	0.52

2. 种兔全价配合饲料配方　该配方以混合干草粉、玉米粉、

豆饼、麦麸、鱼粉、骨粉等饲料为主。每千克饲料含消化能
10.46～11.3 兆焦，粗蛋白质 15%～18%，粗纤维 12%～14%，
粗脂肪 2.5%～3.5%，钙 0.6%～1.1%，磷 0.5%～0.8%。广
谱饲料饲喂种公兔及繁殖母兔；哺乳母兔饲料可饲喂带仔 6～8
只的哺乳母兔；浓缩饲料可饲喂瘦弱兔或做"青粗料＋精料"饲
养方式的精料补充料。

表 5 - 17　肉用种兔全价配合饲料推荐方（%）

饲　料	广谱饲料	哺乳母兔料	浓缩饲料
混合草粉	35	20	15
玉米粉	35	40	40
豆　饼	10	20	25
麦　麸	12.5	12.5	5.5
鱼　粉	5	4	10
骨　粉	2	3	4
食　盐	0.5	0.5	0.5

3. 生长肥育兔全价配合料配方　该配方以草粉、玉米、豆
饼、鱼粉等饲料为主。每千克饲料含消化能 10.46～10.88 兆焦，
粗蛋白质 14%～15%，粗纤维 15%～16%，钙 0.6%～0.9%，
磷 0.3%～0.4%。

表 5 - 18　生长肥育兔全价配合饲料配方（%）

饲　　料	配方 1	配方 2
优质干草粉	30	20
秸秆粉	10	20
大麦或玉米	16	14
小麦或燕麦	16	14
麦麸	9	9
豆饼	14	18
鱼粉或肉粉	2	2
饲料酵母或肉骨粉	1	1.5
骨粉	0.5	0.5
食盐	0.5	0.5

4. 原苏联兔用颗粒状饲料配方

表 5 - 19　原苏联兔用颗粒状饲料配方（%）

饲料种类	性成熟前后备公母兔	怀孕和泌乳母兔	育肥幼兔	种公兔
苜蓿粉	40.0	30.0	40.0	30.0
燕麦碎粒		20.0		10.0
大麦碎粒	45.0	20.0	30.0	6.0
豌豆碎粒	2.0	8.0	8.0	35.0
小麦麸皮	7.0	12.0	5.0	18.0
葵花子粕	1.0	5.0	10.0	
干脱脂乳		2.0		
饲料酵母	0.1	0.5	2.0	
骨肉粉	0.1	1.0	1.4	
鱼粉		1.0		
食盐	0.3	0.5	0.3	0.5
糖蜜	3.7		2.5	
白垩				0.5
磷酸三钙	0.8		0.8	
100 克含有:				
饲料单位（克）	85.0	93.0	85.0	93.0
可消化蛋白质（克）	9.42	14.23	13.52	14.22
纤维素	12.86	11.35	12.07	11.04
钙（毫克）	320	807	401	704
胡萝卜素（毫克）	10.0	7.5	10.0	7.5
钙、磷比	0.9 : 1	1.3 : 1	0.7 : 1	1.3 : 1

四、积极推广颗粒饲料喂兔

肉兔喜食颗粒饲料是由其生活习性和其食性决定的。肉兔属于啮齿类动物，具有啃咬硬物磨牙的习性。肉兔的第一对门齿为恒齿，终生不脱换，而且不断生长，为保持上下门齿的正常咬合，肉兔必须借助采食和啃咬硬物，不断磨损。因此，给肉兔饲喂颗粒饲料，符合肉兔的生活习性，可防止其啃咬笼具，并可降低下颌疾病发病率。肉兔的食性是喜欢吃颗粒料，而不喜欢吃粉料。

（一）颗粒饲料的优点

国内外许多研究证明，肉兔饲喂颗粒料有如下优点：

1. 提高了饲料的营养价值　颗粒饲料在制粒过程中可改变饲料某些营养成分的理化特性，消除某些有害因子，从而提高饲料营养成分的利用价值。

（1）蛋白质　饲料在制粒过程中蛋白质会发生变性，增加与动物消化道酶接触的机会，提高蛋白质的消化率。

（2）淀粉　淀粉从调质开始，物理性质将从溶解、溶胀到糊化发生一系列变化。还进行水解等化学反应，为饲喂动物酶促消化作用提供更合适条件。另外，动物在消化过程中，水解淀粉将刺激和加速产生乳酸菌，有利于营养物质的消化吸收。

（3）脂肪　饲料原料经制粒过程中的调质和挤压作用，可使微生物分泌的脂肪酶完全失活，从而保护了脂肪。并且，由于脂肪细胞破裂，油脂浸出到细胞表面，改善了饲料的适口性和营养价值。

（4）粗纤维　粗纤维中，纤维素、半纤维素对热处理较稳定，但挤压和膨化可使纤维结构破坏，分子间的键部分断裂，提高动物对其消化率。

（5）抗营养因子　在肉兔饲料中，如豆饼、豆粕、菜籽饼、棉籽饼等，含有多种抗营养因子，如胰蛋白酶抑制因子、尿酶、棉酚等。这些物质对动物的免疫系统危害很大。实践证明，制粒工艺中，饲料经高温、高湿、高压的综合作用，有利于去除热敏性及水活性抗营养因子的活性，尤其是对去除豆粕等原料中胰蛋白酶和胰凝乳蛋白酶抑制剂以及植物凝集素的活性，颇为有效。此外，通过制粒还可杀菌消毒，提高饲料的营养价值。

2. 节省精料　以往用混合料或拌麸皮喂兔，兔常用爪扒撒料。夏季槽剩料易变质被废弃。改喂颗粒料后，料一样使兔无法拣食，不刨料。有时槽里剩料，也不会因料放置稍长变味而被浪费掉。

3. 增加产毛量 由于多种饲料配合后制成的颗粒料,营养比较全,能促进产毛量的提高。据观察,喂颗粒料每次产毛量较喂单一精料增加 0.025 千克。

4. 降低劳动强度 兔喂颗粒料无需拌料,直接将粒料放槽里喂兔,大大节省劳动强度。一般 250 只兔,1 人 1 次上料需 50 分钟,喂颗粒料仅需 30 分钟。

5. 提高仔兔育成率 依据兔的生长发育、繁殖的营养需要,结合当地饲料资源,如豆饼、麸皮、鱼粉、盐、微量元素、添加剂、秸秆等原料,加适量水混合后制成颗粒料,含有丰富的蛋白质、矿物质、维生素,能满足母兔、仔兔、青年兔生长发育需要。保证仔兔健壮生长,仔兔育成率达 85%,而未喂颗粒料仔兔育成率为 65%。

6. 减少普通病发生 用混合料喂兔,由于饲料单一,缺乏营养,加上兔舍内环境卫生不良,易引起消化系统疾病的发生,发病率约达 25%,改喂颗粒料后,发病率降到 5%。

(二)颗粒饲料的生产技术

1. 配方设计 设计配方时应根据肉兔的种类、性别、年龄、生理阶段和生产目的等具体情况,参照相应的饲养标准,确定营养需要量和原料种类及比例。为了降低饲料成本,原料尽可能选择当地资源丰富、价格低的种类。作为商品出售的饲料配方,必须经过饲养试验调整后方可大范围使用。

2. 原料选择 原料质量直接影响颗粒饲料的质量。因此,生产中务必把好原料进货关。①精饲料。兔常用的精饲料有玉米、大麦、高粱、麸皮、豆饼、花生饼、葵花子饼、鱼粉等。要求精料的含水量不超过安全贮藏水分,无霉变,杂质不超过 2%。②粗饲料。兔常用的粗饲料有人工栽培牧草如苜蓿干草、玉米秸秆、豆秸、谷草、花生秧、栽培干牧草、树叶等。晒制良好的粗饲料水分含量为 14%～17%，叶片脱落少，色绿且有芳香味。对霉败或水分含量高的粗饲料禁止使用。玉米秸秆容重小，加工时不易颗粒化或加工出的成品硬度小，故宜与谷草、豆秸等容重大的饲料搭配使用。

3. 原料粉碎 各种原料须经粉碎后方可加工成颗粒饲料。在其他因素不变的情况下，原料粉碎得越细，产量越高。一般粉碎机的筛板孔径以 1～1.5 毫米为宜。对于储备的粗饲料，一般应选择晴天的中午加工。

4. 称量混合 加工颗粒饲料，一般都是先将精料通过粉碎、称量混匀，再按精、粗料比例与粗料混合。混合是颗粒饲料制作过程中的重要一环，目的是使各种原料相互掺和，使其在任何容积里各种营养成分的微料分布均匀。保证混合质量的措施有：①将微量元素添加或预防用药物制成预混料。②控制搅拌时间。一般卧式带状螺旋混合机每批宜混合 2～6 分钟，立式混合机则需混合 15～20 分钟。③适宜的装料量。每次混合料以装至混合机容量的 60%～80% 为宜。④合理的加料顺序。配比量大的组分先加，量少的后加；比重小的先加，比重大的后加。此外，对于干进干出的制粒机，须在制粒前搅拌时加入一定比例的水分。

5. 压制成形 这一过程是将混合料经制粒机压制加工成颗粒料。兔场自制颗粒饲料，可用一种小型制粒机，体积小，操作方便，成本低，不用成套机组和使用蒸汽。把配好的粉料加入制粒机中直接压制成颗粒，不用烘干，只需摊开在地上，待热气蒸发变凉后，即可使用。但这种颗粒饲料，贮存时间短，最好现制现用。商品颗粒饲料一般是用成套机组生产的。质量好，贮存时间长。

颗粒料的物理性状（如长度、直径、硬度等）是颗粒料质量的重要表现。长度、直径通过调节切刀方位、选择模板孔大小等手段达到。据报道，颗粒料直径、长度对断奶新西兰白兔性能有明显影响，从平均日增重、日采食量、料肉比综合评定，颗粒料长度应小于 0.64 厘米，直径不大于 0.48 厘米。颗粒料中粉料比例受日粮中粗、精料比例、水分含量、机器性能等影响。据试验，给高粗饲料比例日粮加入 1%～2% 的膨润土，可以提高颗粒料表面光洁度及硬度。

影响颗粒料物理性状、产量的因素除上所述因素外，关键的因素是制粒机性能，为此，规模兔场、养兔专业户或饲料加工户在选择制粒机时，除考虑厂家生产历史长短、规模大小、售后服务是否周到、磨损件寿命长短外，应依据兔场现有规模或发展目标，确定制粒机型号。

(三) 颗粒饲料的贮存保管

颗粒饲料制作是饲料工业中比较先进的加工技术。国内外养兔实践都已表明，肉兔对颗粒饲料具有特别的嗜好，并能产生明显的生产效应和经济效益。为了减少饲料的霉变损失，且能在较长时间内调节使用，颗粒饲料在贮存保管期间应做好以下 5 项工作：

（1）控制含水量 降低、控制颗粒饲料中的含水量是安全贮存的关键。在加工过程中应严格控制水分含量，颗粒饲料出机后要及时冷却，蒸发水分。必要时可在烈日下摊晒，使水分含量降至 12.5% 以下，最好是低于 10%。

（2）添加防霉剂 雨季加工的颗粒饲料必须添加防霉剂，如克霉净、丙酸钠、丙酸钙等，以抑制霉菌及其他微生物生长繁殖，减少霉菌毒素的污染。用量可根据保存期长短、含水量高低酌情添加。如克霉净，一般每吨饲料加 0.5 千克，可 2 个月不霉变、不结块。防霉剂应在粉料拌和时添加。

（3）贮存室干燥 贮存室应通风、干燥，盛器应干净、无毒，最好用双层塑料袋包装。放置饲料的底层应用木条垫起，防止饲料回潮霉变。

（4）缩短贮存期 最好是颗粒饲料加工后立即喂兔。生产实践证明，饲料存放时间延长，其维生素、抗生素等的效力明显下降，易吸湿霉变。

（5）防止虫害、鼠害　建造仓库时应注意选用能防虫害、鼠害的材料，以防为主，必要时也可使用药剂杀鼠。

第六章

无公害肉兔的饲养管理

· ·

　　肉兔的饲养管理是肉兔繁殖、育种、营养、饲料等知识的综合应用。搞好饲养管理是充分发挥良种肉兔生产潜力和提高养兔经济效益的关键所在。饲养管理不当，不仅使肉兔生产力低下，经济效益甚微，还会使肉兔产生各种各样的疾病，甚至出现大批死亡。因此，肉兔生产是否能取得高效益，很大程度上取决于是否实行科学的饲养管理。

一、饲养管理的一般原则

　　饲养管理的一般原则又可分为饲养的一般原则和管理的一般原则。

(一) 饲养的一般原则

　　1. 以青粗饲料为主，精饲料为辅　肉兔是草食性动物，具有草食性动物的消化生理结构，故日粮应以青粗饲料为主，精饲料为辅，这是饲养草食性动物的一条基本原则，这一原则也符合我国的国情。肉兔能很好地利用多种植物的茎叶、块根和瓜果蔬菜等饲料，并能利用植物的部分粗纤维，如日粮中粗纤维含量过少，兔的正常消化功能就会出现紊乱，甚至引起腹泻。但完全依靠饲草并不能把肉兔饲养好，会影响兔的生长发育，使生产性能下降。要想养好肉兔，并获得理想的饲养效果，还必须科学地补充精料，同时补充维生素和矿物质等营养物质，否则达不到高产要求。哺乳母兔只喂给饲草是营养供给不足，就会消耗自身贮备的养分，使体重下降并出现消瘦，从而影响下一胎的繁殖。因此，即使饲喂颗粒饲料，也要在颗粒饲料中掺入适当比例的青粗饲料。据试验，肉兔日粮中混合精料应占全部日粮的20%～30%，体重3.5～4千克的成年兔，每日补喂的混合精料为100～150克，占其体重的3%～5%。肉兔采食青粗饲料数量见表6-1。

表6-1　肉兔采食青粗饲料数量（维持需要量）

体重（克）	采食青粗饲料量（克）	采食量占体重（%）
500	153	31
1 000	216	22
1 500	261	17
2 000	293	15
2 500	331	13
3 000	360	12
3 500	380	11
4 000	411	10

2. 多样搭配，相对稳定　肉兔的饲料应由多种成分组成，并根据不同饲料所含的养分进行合理搭配，取长补短，则饲料的营养趋于全面、合理，这对提高饲料蛋白质的利用率有更显著的作用。例如，禾本科籽实类饲料含的赖氨酸较少，而豆科籽实类饲料所含赖氨酸和色氨酸较多，将二者搭配使用既可互补，又可提高整个饲料的营养价值和利用率。饲料合理搭配，还可减少疾病的发生，例如块根、青贮料、豆科青草等饲喂肉兔容易引起腹泻，如将炒熟的高粱面掺入日粮中，可预防腹泻的发生。另外，还要根据季节的不同来合理调配饲料，比如在夏天的日粮中，要多加麸皮；而冬天的日粮中多加玉米及小米等能量饲料。总之，切忌给肉兔饲喂单一饲料，并尽量做到多种饲料合理搭配，达到营养互补，提高适口性，又可克服因挑食而造成的草料浪费。

肉兔日粮组成应相对稳定。一般农户喂兔的饲料随季节而发生变化，夏、秋季以青绿饲料为主，冬、春季以干草和块根、块茎类饲料为主。在变换饲料时，新换的饲料量要逐渐增加，以便使兔的消化机能逐渐适应新的饲料。如饲料突然变换，不仅会引起采食量下降，严重时拒绝采食，甚至会引起消化机能紊乱，导致消化道疾病。

3. 定时定量，少添勤喂　肉兔的饲喂方式有三种，可根据养殖生产中的具体情况，进行选择。第一种方法是喂给肉兔饲料和饮水时要定时定量，以使肉兔养成良好的进食习惯，以利于饲料的消化和营养物质的吸收。特别是幼兔，一定要做到定时定量饲喂，既减少了饲料的浪费，又可防止发生消化道疾病。日饲喂次数，成年兔3～4次，青年兔4～5次，幼兔5～6次。饲喂量的投放次数应精料分2次，粗料分3次。第二种为自由采食法。即在兔笼中经常备有饲料和饮水，任其自由采食。自由采食一般采用颗粒饲料和自动饮水装置。这种方法适用于大、中型养兔场。优点是省工、省时，管理方便。第三种为混合饲喂法。所谓混合饲喂是将肉兔的饲粮分为两部分，一部分是基础饲料，包括青饲料、粗饲料等，这部分饲料采用自由采食的方法。另一部分是补充饲料，包括混合精料、颗粒饲料和块根块茎类，这部分饲料采用分次饲喂的方法。我国农村养兔户即普遍采用混合饲喂的方法。

肉兔采食的次数多而每次采食的时间短，即为采食较频密的动物。根据兔的采食习性，在饲喂时要做到少添勤喂。夏季饲喂湿拌粉料时，一次投喂量决不能过多，否则剩余的饲料很快就酸败变质，肉兔采食后很容易引起腹泻。冬季日短天冷及夜长，要做到晚喂精料吃得饱、早上要早喂、中午要少喂。在北方开放式或半开放式兔舍里，湿拌料的一次喂量更不能过多，否则剩余的饲料会结冰，肉兔吃了结冰的饲料也容易患消化道疾病。在自由采食时，如喂给肉兔的是全价颗粒饲料，日粮可一次投给。如果料槽设计合适，也可将几天的饲料一次加入，让兔自由采食。这样做既符合兔的采食习性，又节省时间。

肉兔日饲料投放量见表6-2。

表6-2　肉兔最大饲料投放量（克）

饲料种类	母兔			出生后18~21天	幼兔月龄				
	休情期	妊娠期	泌乳期		1~2月龄	2~3月龄	3~4月龄	4~5月龄	5月龄以上
青饲料	800	800~1000	1200~1500	30	200	350~400	450~500	600~750	750~900
青贮料	300	300~400	300~400				100	150	200
干草	175~200	250~300	250~300	10	20	50~75	75~100	100~200	150~200
禾本科籽实	50	100~140	100~140	8	30	40~50	60~75	75~100	100
豆科籽实	40	75~100	75~100	5	12~20	20~30	30~40	40~60	40~60
油料籽实	10	15~20	15~20		3~5	5	6~8	8~10	10~12
糠麸类	50	75~100	75~100			10~15	20~25	30	30~40
油饼类	10	30	30	2		5~10	10~15	15~20	20~25
甘蓝叶	400	500~600	500~600	20	30	100	150~250	300	300~400
蔬菜副产品	200	250~300	250~300		50	50~75	75~100	100~150	150~200
脱脂乳		50	100	20	30				
肉骨粉	5	5~8	10			3~5	5~7	7~9	9~12
矿物质饲料	2	2~3	3~4		0.5~1	1~1.5	1.5	1.5~2	2
蛋白质				5	5~8	10	15	15~20	20~30

注：油饼类中棉籽饼除外。

4. 饲料干净，调制合理　在养兔过程中，要始终注意保持优良的饲料品质。带露水的草要晒干后再喂，切记不要喂腐败变质的草和饲料；夹杂泥土的草要洗净晾干后再喂，不要喂被农药污染的草和饲料；青草和蔬菜类应挑出有毒及带刺的杂草；干草、秸秆、树叶要清除尘土及霉变部分，并粉碎后与精料混喂或制成颗粒饲料饲喂；块根、块茎要经过挑选、洗净、切碎或切丝后与精料混合后饲喂；玉米类饲料要磨成粉，豆科类饲料一定要蒸煮或烤焙加工后与干草粉拌湿饲喂或制成颗粒饲料饲喂。不能饲喂发芽的马铃薯及带黑斑病的甘薯类；也不能大量饲喂苜蓿及紫云英类饲草；禁喂冰冻的饲料；水洗后和雨后的饲料必须晾干水珠后再喂；更不能饲喂被粪、尿污染的饲料。要按各种饲料的不同特点进行合理调制，做到洗净、切碎、煮熟、调匀、晒干，以提高饲料利用率，增进食欲，促进消化，并达到防病目的。

5. 供给充足饮水 水为万物之源，为兔生命活动所必需。缺水，常使兔机体代谢发生严重紊乱，还会降低饲料的适口性；母兔在产仔期间因口渴会吃掉新生仔；水分代谢紊乱，甚至会喝自己的尿；兔毛的生长速度会降低 20%。肉兔饲料中的水分可满足肉兔需水量的 15%～20%，其余的则要通过饮水来补充。肉兔需水量一般为每日每千克体重 100 毫升左右，为饲料干物质的 2 倍。若喂粗蛋白质和粗纤维和矿物质含量高的饲料，其需水量就会增加。水质要良好，要符合卫生条件。以乳头式自动饮水方式最好。

6. 加喂夜草 根据兔的昼伏夜行的习性，晚上喂给兔的饲料要多于白天，特别是夜间要喂给一次粗饲料，对兔的健康和增膘都有好处。在昼短夜长的冬季，更应如此。

（二）管理的一般原则

1. 注意卫生，保持干燥 兔体弱，抗病力差，且喜爱清洁、干燥的环境。因此，搞好环境卫生并保持干燥尤为重要。兔笼兔舍必须坚持每天打扫，及时清除粪便，垫草要勤换，保持清洁干燥，饲喂用具和兔笼的底板等要勤刷洗，定期消毒。这样，可以减少病原微生物的繁殖，防止疾病的发生，有利于兔体健康和生产。

2. 保持安静，防止惊扰 肉兔的听觉灵敏，胆小怕惊，经常竖起耳朵来听四面传来的声响，一旦有突然的声响或有陌生人和动物等出现，就立即惊恐不安，在笼内乱窜乱跳，并常以后脚猛力拍击兔笼的底板，发出响亮的声音，从而引起更多兔的惊恐不安。所以，在日常饲养管理过程及操作时动作要轻缓，尽量保持兔舍内外的安静，避免因环境改变而造成对兔有害的应激反应。同时，要注意预防狗、猫、鼠、蛇等敌害的侵袭及防止陌生人突然闯入兔舍。性欲较差的公兔若在交配时突遇骚动造成配种不成功或拒配。发情母兔突遇骚动会产生性欲抑制。分娩中的母兔会导致延长分娩时间，甚至把仔兔吃掉。生长期间的兔只突遇异常骚动或受噪音的干扰刺激，会造成生长发育受阻，或产生应激性的死亡。

3. 合理分群，便于管理 对种公兔和繁殖母兔，必须实行单笼饲养，繁殖母兔笼舍应有产仔室或产仔箱。幼兔和青年兔也要按日龄、体重、性别、大小、强弱等分群饲养。肉皮兼用兔在育肥期可群养，但群不能过大，同时搞好卫生工作以及防止相互啃咬打斗。饲养员要定人定岗，相对稳定，不要随意变更。

4. 适当运动，增强体质 运动可使兔新陈代谢旺盛，抗病力增强，还可以晒到太阳，促进体内合成维生素 D_3，从而促进钙、磷的吸收，同时还能提高母兔的受胎率和产仔数。笼养兔每周放出自由活动 1～2 次，每次运动 0.5～1 小时即可，但要有专人看管，以防打架或逃出圈外；公母兔要分开，以防混交乱配。供肉兔运动的场地面积为 15～20 米²，四周有 1 米高的围栏或墙体，地面应平坦结实，铺一层河沙更好。没有运动场的应适当加大种兔的兔笼面积，产仔箱可悬挂笼外或进行定时哺乳，以利种兔在笼中运动。

5. 夏季防暑防潮，冬季防寒防冻　夏天兔最怕潮湿闷热，运动场应搭凉棚，多喂些块根、块茎、瓜类等凉爽饲料，勤饮凉水，加盐少许。梅雨季节，兔发病率高，必须防潮，运动场铺干砂，舍内撒石灰、草木灰等；冬季要堵死北窗，夜间门窗要挂草帘，迎风口处架设防风障，坚持饮温水。

6. 搞好防疫灭病　每日要认真观察兔的健康、食欲、粪便等，做到无病早防，有病早治，对患有球虫病、疥癣、口腔炎、肺炎、脓肿等病兔，必须隔离饲养，对其用具、笼舍要严格消毒。若能常年坚持用火焰消毒兔笼、饲养用具等，会收到较好的防疫效果。

二、饲养方式

根据各地具体情况大体可分为笼养、栅养、放养和洞养4种，其中以笼养最为理想，放养最为粗放。

（一）笼养

笼养是一种经济效益较好的饲养方式，特别是种兔，大多采用这种方法。这种饲养方式下的肉兔饲养密度大；便于管理和实行机械化操作；因肉兔不与粪便直接接触，消化道疾病发病率较低，有利于兔舍环境的控制；肉兔的活动量减少，可提高生产性能和饲料报酬；合理组织配种，是适合于大规模养兔的一种饲养方式。但一次性投入较多。

根据笼位存放的地点，可将笼养分为室内笼养和室外笼养两种。室内笼养就是修建正规兔舍或简易兔舍，也可利用原有的旧房子，把兔笼放在兔舍内，我国大型兔场大多采用这种饲养方式，夏季易防暑，冬季易保暖，雨季易防潮，平时易防兽害。室外笼养就是把兔笼整年放在室外，家庭养兔可利用屋檐或走廊放置兔笼。养兔户还可在庭院或树荫下搭一简易小棚，把兔笼放在棚内。这是农村中简单可行的养兔方式。

（二）栅养

在室内用竹片或小树棍围成栅圈，每圈占地 5～6 米^{2}可养成年兔 15～20 只。栅圈的向阳一侧可开小门通向室外运动场，同样用竹片或树棍围起来。室内场地采用高垫草方法，达一定厚度，彻底清除垫草并消毒，再重新垫上草。栅内设有采食和饮水器具。有条件的可设置隔粪地板。

栅养的优点是节省人力、物力，饲养成本较低，管理方便，适于专业户采用。缺点是容易传播疾病。栅养适于饲养商品肉兔，不适宜饲养种公兔和繁殖母兔。

（三）放养

把兔群长期放在饲养场上，任其自由活动、采食、配种和繁殖，这是一种粗放的饲养方式。放养的场所，要求有充足的饲草、饲料任其采食和采取防止野兽袭击的防护措施。兔会打洞，还得防止打洞逃逸。该方式仅适用于饲养肉兔。其优点是节省人力、物力，繁殖量多，生长快。缺点是乱交乱配，退化严重，一旦暴发传染病则无法控制，而且毛皮质量不高。

（四）洞养

我国北方地区，冬季寒冷，农村广泛采用地窖饲养。其优点是：节省建造兔舍费用，节省土地；符合肉兔穴居习性；环境安静，冬暖夏凉，有利于肉兔的生长发育。缺点是梅雨季节较为潮湿，不便于清扫和消毒，还会影响毛皮品质。

洞养适用于高寒、干燥地区饲养商品肉兔。窖洞形式一般采用圆桶式地窖、长沟式地窖或靠山掏洞窖，每群饲养20～30 只。

三、不同生理阶段肉兔的饲养管理

（一）种公兔的饲养管理

种公兔在兔群中具有主导作用，其优劣将影响整个兔群的质量。俗话有"母兔好，好一窝；公兔好，好一坡"的说法。因种公兔的任务是配种和繁育后代，公兔质量的好坏，一方面直接影响母兔的受胎率和产仔数，另一方面极大影响其后代的生活力和质量。只有好的优秀种公兔，才能获得大量优质后代。加强种公兔的饲养管理，直接关系到兔场的生存和发展。

种公兔的饲养要求是：一要发育良好，体格健壮，不肥不瘦，膘情达到种用膘度（8成膘）；二要性欲旺盛，配种能力强；三要精液品质好，数量多，与配母兔受胎率高。这叫做"父强子壮，母大子肥"。

1. 饲养方面

（1）种公兔对日粮营养水平要求高、全面、平衡及相对稳定因为公兔的配种能力主要决定精液的数量和品质，而精液的品质与公兔的营养有密切关系，特别是蛋白质、维生素和矿物质对保持精液品质有着重要作用。养兔实践表明，非配种期种公兔的日粮中蛋白质含量需达到 16％～17％，日投青绿饲料 500～800克，精料 50～100 克。配种期日粮中蛋白质含量需达到 17％～19％，日投青绿饲料 500～700 克，精料 100～150 克。种公兔配种期如加喂适量的豆饼、豆渣、苜蓿等富含蛋白质的饲料，以及加喂胡萝卜、大麦芽、青草等富含维生素的饲料，精液品质可以提高。特别是在配种旺季，更要保证种公兔较高的营养水平，每日如能加喂 1/4～1/2 枚鸡蛋或 5 克左右鱼粉或牛、羊奶等，对改良精液品质大有好处。此外，利用提高饲料中的营养水平来提高精液的品质 20 天后才可见效，因此，在配种期到来之前 20 天就要提高种公兔日粮中的营养水平。

（2）饲料体积要小，品质要好　要培育一只好的种公兔，从小到大都不宜喂给容积大、水分过多、难消化的饲料，以防止增加消化道负担，引起腹大下垂，配种困难。

（3）玉米等高能饲料喂量不宜过多　防止种公兔过肥，造成性欲减退，精液品质下降，影响配种效果。因此，要定期称重，要求配种季节每月称重一次，非配种季节一季度称重一次，根据体重变化来调整饲料配方，使种公兔保持种用膘度和旺盛性欲。

2. 管理方面

（1）严格选留种公兔　3月龄时对种公兔进行一次选择，将发育良好、体质健壮、符合品种要求的个体留下，其余的公兔去势育肥。5～6月龄达到性成熟时对参与配种的种公兔再进行一次严格选择，选留品种纯正、生长发育良好、体格健壮、性欲旺盛、精液品质优良的公兔，选留公兔的数量要留有补充。进入使用阶段，应经常不断地对品质差的个体进行淘汰，不断用青壮年兔代替老年兔。一般兔场青年、壮年、老年兔的比例为3：6：1，如此的兔群结构可保证后代的健壮。

（2）加强运动　运动能加强血液循环，提高消化机能，促进新陈代谢，增强食欲，提高精液品质。饱食而终日不运动的公兔，饲养水平再高也不能获得高质量的精液，只能过于肥胖，失去种用价值。

（3）单笼饲养，防止早配　因公兔的好斗性强，群居性差，多只公兔混养时，常出现咬架、互相爬跨等现象，并因此导致伤残。因此，后备公兔和种公兔应单笼饲养。肉兔一般3～4月龄达到性成熟，但还未达到体成熟阶段，为了避免早配，3月龄将公、母兔分开饲养，并注意选留和淘汰。

（4）建立合理的配种制度　合理使用种公兔，可延长使用年限，保证其健康，提高繁殖率。一般，健康的种公兔6～7月龄可参加配种，壮年兔每周配种4～5天，每天1～2次；青年和老年兔每周不超过 4～5 次。配种次数过多,公兔体质、精液品质降低,使用年限缩短;配种次数过少,会加大种公兔的饲养量,增加生产成本,有时还会导致公兔体重过大、过肥,繁殖机能降低。因此,使用公兔要因体质、体况及年龄的不同,合理使用。种公兔的利用年限为 3 年,最多不超过 5 年。做到四不配:喂料前后半小时之内不配;种公兔换毛期间不配;种公兔健康状况欠佳时不配;天热没有降温设施不配。

(5) 做好记录,建立档案 对参与配种的公兔,每次配种后要进行记录,包括配种时间、与配母兔、母兔的产仔情况及仔兔的生长发育情况等,以便于后代的选种和淘汰。

(二)种母兔的饲养管理

种母兔是兔群的基础,饲养的目的是提供数量多、品质好的仔兔。种母兔的饲养管理可分为空怀期、怀孕期和哺乳期三个时期。

1. 空怀期的饲养管理

(1) 饲养 空怀母兔是指仔兔断奶到再次配种怀孕这段时间的母兔。经过 40～50 天的哺乳,体内营养消耗很大,身体比较瘦弱。养好空怀母兔,首先要抓好增膘复壮工作,以保证正常发情,多排卵,排壮卵,提高受胎率,增加产仔数和成活率。母兔空怀的长短视繁殖密度而定,如年产 4 胎,每胎休产期为 10～15 天;如年产 7 胎以上,就没有休产期。

空怀母兔应以青绿多汁饲料为主,适当搭配精料,使其维持中等营养,具有繁殖体况(7 成膘)。若母兔过肥,卵巢和输卵管周围沉积大量脂肪,阻碍卵细胞发育,甚至不发情或出现发情,经交配后仍不排卵、排卵困难、少排卵等,严重时可以导致不育;过于瘦弱也不会发情,即便勉强受胎,也易产小仔、弱仔或产后无奶。春季应尽量提前喂青草、野菜。早春挖草根、野菜,用柳树芽、榆树钱喂空怀母兔,能促进母兔发情。有条件时，喂些胡萝卜、麦芽类饲料效果更好。

（2）管理 在管理上要给空怀母兔创造适宜的环境条件，如温度、湿度要合适，光照要充分，保证光照时间在16小时以上，并要加强运动。笼养母兔此时可放到室外运动场随意活动，接受阳光照射。长期不发情的母兔，可和公兔一起放入运动场让公兔追逐，以刺激发情。还可用孕马血清促性腺激素（PMSG）催情，一次肌内注射100国际单位（1毫升）或肌内注射苯甲酸求偶二醇，每只兔注射1毫升，一般2～3天后即可发情。

为了提高笼具的利用率，母兔在空怀期可实行群养或2～3只母兔在同一只兔笼中饲养。但饲养管理人员平时必须注意观察，对有发情表现的母兔，及时安排配种。母兔在妊娠期和哺乳期不适于注射疫苗和投喂药物。因此，这些工作应尽量集中在母兔的空怀期进行。

2. 妊娠母兔的饲养管理

（1）饲养 妊娠期是指配种怀胎到分娩的一段时间，一般为29～32天。根据妊娠母兔的生理特点和胎儿生长发育规律，可将母兔的整个怀孕期分为三个阶段：即前12天为胚胎期，13～18天为胎前期，19～30天为胎儿期。在前两期，因胎儿生长速度很慢，所以饲养水平可稍高于空怀母兔；在胎儿期，因胎儿生长迅速，需要营养物质较多，故饲养水平要比空怀母兔高1～1.5倍。

研究表明，一只3千克的母兔怀孕期胎儿和胎盘的总重量约660克，其中干物质约122克，在干物质中蛋白质为69克、占56%，矿物质13克、占10.5%。增重1克蛋白质需要消化能0.04兆焦。所以，必须满足怀孕母兔对蛋白质、能量、矿物质的需要，在饲料中，全部蛋白质含量应达到15%，消化能应在10.46～12.1兆焦/千克，钙、磷分别不低于0.8%和0.5%。

膘情较好的母兔，采用先青绿饲料后精料饲喂法。妊娠前两期以青绿饲料为主，妊娠后期要适当增加精料喂量。对于膘情较差的母兔则采用逐日加料饲养法。怀孕 15 天开始增加精料的喂量。对即将临产的母兔，产前 3 天减少精料的喂量，产后 3 天精料减少到最低或不喂精料，可以减少乳房炎和消化不良等疾病的发生。除按日粮饲喂外，夏秋季应尽可能给予新鲜的苜蓿、紫穗槐等豆科牧草，冬季应补喂胡萝卜和麦芽，保证维生素 A、维生素 E 的需要。有条件的可在怀孕 20～27 天时每日给予 3％鱼粉或蚕蛹粉。

（2）管理　管理上要着重做好护理保胎工作，防止流产。母兔流产多发生在怀孕后第 13 天至第 23 天。引起母兔流产的原因有营养性、机械性和疾病性三种。营养性流产多因营养不全，或突然改变饲料，或饲喂发霉变质饲料等引起。机械性流产多因捕捉、惊吓、挤压、摸胎方法不当等引起。疾病性流产多因巴氏杆菌病、沙门氏菌病、密螺旋体病及其他生殖器官疾病等引起。防止流产的措施是妊娠母兔必须单笼饲养，以防止挤压；不要无故捕捉、训斥、惊吓母兔；捕捉母兔摸胎时动作要轻，切忌粗鲁；保持环境安静和卫生；饲料要清洁、新鲜，不应任意更换；发现病兔及时隔离、治疗。

（3）做好产前准备工作　集体兔场母兔大多是集中配种，集中分娩。因此，最好将兔笼进行调整，对怀孕已达 25 天的母兔均调整到同一兔舍内，以便于管理；兔笼和产箱要进行消毒，消毒后的兔笼和产箱应用清水冲洗干净，消除异味，以防母兔乱抓或不安。消毒好的产箱即放入笼内，让母兔熟悉环境，便于衔草、拉毛絮窝。产房要有专人负责，冬季室内要保温，夏季要防暑、防蚊。

3. 母兔临产表现及产后护理

（1）临产表现　母兔产前 1～2 天精神不安，不爱吃喝，乳房膨胀，将胸前及乳房周围的毛用嘴拉下来，衔入产箱内做产褥，这时应将消毒后的产箱垫上软的碎稻草或棉絮、玉米皮、麦秸等，放进母兔笼内。一般在拉毛后 8 小时即行分娩。有些初产母兔不会拉毛，可人工代为拉下部分腹毛放在产箱内，既起示范作用，又可刺激乳腺分泌。

母兔临产之前，腹痛加剧，蹲入产箱内，这时兔笼（舍）的光线要暗，保持安静。兔分娩时间短，一般20～30分钟就产完，产仔时不需特殊护理，母兔边产边将仔兔脐带咬断，并将胎衣、胎盘吃掉，同时舔干仔兔身上的血和黏液。产完仔后，母兔自行用毛盖好，然后跳出产仔箱。

（2）产后护理 产后母兔急需饮水，因此必须在产仔前备足清洁饮水并放少许盐，或喂些麸皮粥、米汤及鲜嫩的青草。产后没水喝或喝水不足，母兔口渴，容易出现将仔兔咬死或吃掉仔兔的现象，造成食仔癖。在管理上这点十分重要。母兔产仔完毕，将产仔箱轻轻取出，重新理巢，将箱内污毛、死胎及污草取出，清点产仔数，记录健康及初生重等情况。为了防止发生母兔乳房炎、仔兔脓毒败血症，在产后3天内，每日喂母兔0.5克磺胺嘧啶片。

（3）防止母兔吃仔兔 母兔吞食仔兔是一种生理机能失调、新陈代谢紊乱而引起的综合性病理现象。归纳起来有以下5种情况。

①母兔分娩后口渴难忍，急需清洁的温水或淡盐水，如无水可喝，母兔可能咬吃仔兔解渴。因此，母兔产仔后要及时供水（淡盐水、温米汤、麸皮汤、豆浆等）。

②母兔严重缺少蛋白质、矿物质或维生素类饲料时，也能咬吃仔兔。因此，对怀孕和哺乳的母兔，要格外讲究饲料营养全面。

③母兔在分娩或哺乳仔兔过程中，突然受惊吓或周围噪声很大，易咬死仔兔。因此，兔舍周围要保持安静，特别是防止犬、猫、猪等动物窜进兔舍。

④仔兔身上有异味，也能使母兔吃掉仔兔。因此，产仔箱内不要用带有异常气味的棉絮或破布做窝。管理人员也不要随便拿

仔兔，如需移动仔兔，最好戴上消毒的手套，以防人手上的汗味引起母兔不快。

⑤对有吞吃仔兔恶癖的母兔，应及时淘汰。

（4）母兔产死胎、畸形胎的分析

①营养因素　妊娠母兔营养不良，妊娠中后期，胎儿生长快的时候，母兔日粮中蛋白质、矿物质、维生素（特别是胡萝卜素和维生素 E）缺乏，导致胎儿发育中止死亡，或产弱胎、软胎、僵胎等。另外，兔采食发霉变质、腐烂饲料及各种毒草，或采食酸度过高的青贮料，都会影响胎儿正常发育。

②繁殖障碍　公母兔患严重梅毒病、恶性阴道炎、子宫炎，常引起胚胎流产或胎儿死亡。

③近亲繁殖　有些养兔户不注意更换种兔，长期近亲繁殖，使后代退化，严重时出现死胎，或产畸形胎。

④技术不熟练　操作粗鲁，将胎儿捏死于母兔腹中。分娩时期拖长，造成胎儿窒息死亡。

4. 哺乳母兔的饲养管理

（1）饲养　哺乳母兔是指分娩后至仔兔断奶这一时期的母兔。兔乳汁营养特别丰富，其蛋白质和脂肪的含量比牛、羊奶高 3 倍多，矿物质高 2 倍多。在饲养上哺乳母兔的饲养水平要高于空怀母兔和妊娠母兔，特别是要保证足够的蛋白质、无机盐、微量元素和维生素，最好补加 0.1%～0.2%蛋氨酸及供给充足的饮水。因为它不仅要满足母兔自身的营养需要，还要分泌足够的乳汁。母兔每天可分泌乳汁 60～150 毫升，高产母兔可达 200～300 毫升。兔乳汁中除乳糖含量较低外，蛋白质含量为 13%～15%，脂肪含量 12%～13%，无机盐2%～2.2%。

哺乳母兔的饲喂应按季节来安排。夏、秋季以青绿饲料为主，混合精料为辅。哺乳母兔的饲养效果可以根据仔兔的生长和粪便情况加以合理调整，泌乳旺盛时，仔兔吃饱后腹部胀圆，肤色红润光亮，安睡不动；泌乳不足时，仔兔吃奶后腹部空瘪，色灰暗无光，乱爬乱抓，经常发出"吱、吱"叫声。母兔消化正常时，产仔箱内很少有仔兔粪尿，而仔兔又能吃饱，说明喂量合理。如果母兔和仔兔都消化不良，粪便稀软，则母兔饲喂量过多，仔兔吃奶过量，要及时减料；仔兔消化不良或下痢，多因给母兔饲喂了变质发霉饲料引起；如产仔箱内积留尿液过多，是因喂给母兔的饲料中含水分过多引起，应减少多汁饲料的喂量；粪便过于干燥，由母兔饮水不足造成，应增加饮水。

（2）管理　母仔分开饲养，定期哺乳。即平时将仔兔从母兔笼中取出，安置在适当的地方，哺乳时把仔兔送回母兔笼内，分娩初期可每天哺乳 2 次，即早、晚各 1 次，每次 10～15 分钟，20 日龄后可每天 1 次。母仔分开饲养的优点是：能及时了解母兔泌乳情况，减少仔兔吊奶受冻；掌握母兔发情状况，做到及时配种；避免母仔争食和仔兔干扰，增强母兔体质；减少仔兔感染球虫病的机会；培养仔兔独立生活的能力。

母兔产后 1～2 小时内就给仔兔喂奶，如母兔产后 5～6 小时还不喂奶，就要分析原因，采取相应措施。检查乳房，看是否有硬块，如有硬块，通过按摩可使硬块变软；乳头是否有破损及红肿，发现有破裂时须及时涂擦碘酊或内服消炎药；经常检查笼底板及产箱的安全状态，以防损伤乳房或乳头。引起母兔乳房炎的主要原因有：母乳太充盈，仔兔太少而造成乳汁过剩，可采用寄养法来解决；母乳不足，仔兔多，采食时咬伤乳头所致，此时应加强催奶措施，增加母兔的泌乳量。

催奶措施有以下几种：加喂"催乳片"，每天 2 次，每次 1～2 片，连喂 3 天。或将蚯蚓烤干磨成粉后拌入饲料饲喂；使用能通奶的中药如木通、王不留行等；加喂黄豆、米汤或红糖水；豆浆 200 克煮沸，待凉后，加入捣烂的大麦芽 50 克，加红糖 5～10 克，混合饮水，每天 1 次；芝麻一小把，花生米 10 粒，食母生

3～5片，捣烂后饲喂，每天1次；夏季多喂蒲公英、苦荬菜、莴笋叶，冬春季多喂胡萝卜、南瓜等多汁饲料。

提供舒适的环境。做到安静、清洁、干燥和温暖。严防噪音、动物闯入、陌生人接近及无故搬动产箱和拨动其仔兔；做到人员固定、笼位固定及饲养管理程序固定，避免一切应激因素，以免产生不良后果。

（三）仔兔的饲养管理

1. 仔兔的生理特点　从出生到断奶这一时期的小兔称为仔兔，仔兔有如下特点：

（1）**体温调节能力差**　仔兔出生时全身无毛，保温能力差，体温调节能力不健全，受外界温度变化影响大。一般4天长出茸毛，10天后才能保持体温恒定，其最适环境温度是30～32℃。

（2）**视觉和听觉发育不完善**　仔兔7天前封耳，不能听到外面的动静；12天前闭眼，不能看到外面的世界，除了吃就是睡，缺乏防御能力。

（3）**适应性差、抵抗力弱**　仔兔的适应性较差，抵抗各种不良环境和疾病的能力弱，一旦发病，难以控制，导致成活率降低。所以应特别注意饲养管理，尤其要注意卫生条件，防止感染各种疾病。

（4）**生长发育快**　仔兔初生重一般为40～65克，在正常情况下，7日龄时达130～150克，30日龄时达500～750克。仔兔增重快的原因，一是兔奶的营养平衡，干物质含量高，仔兔吃进的奶几乎全被消化吸收；二是因其消化道较长，乳汁在其中停留的时间较长，可得到充分的消化吸收。

2. 不同阶段仔兔的饲养管理　仔兔期的工作重点是提高仔兔成活率和断奶体重。根据仔兔日龄的不同，可分为睡眠期和睁眼期两个生理阶段，在饲养管理上各有特点。

（1）睡眠期的饲养管理　指从出生到睁眼的时期，一般为12～14天。此阶段所需营养完全由母乳供给，饲养管理的关键是保证仔兔早吃奶、吃好奶，防止兽害及其他意外伤亡，避免黄尿病的发生。

①尽早吃到初乳　母兔分娩后1～3天内所分泌的乳汁叫初乳，它的营养成分含量与常乳相比有明显的不同。另外，初乳中还含有丰富的镁盐和免疫球蛋白。镁盐有轻泻作用，免疫球蛋白可提高机体免疫力。因此，初乳适合仔兔生长快、消化力弱的特点。让仔兔早吃奶、吃足奶，是减少仔兔死亡，提高仔兔成活率的主要环节。

一般母兔生后1～2小时就应给仔兔喂完第一次奶。因此，在仔兔出生后5～6小时内必须检查母兔的哺乳情况，看仔兔是否吃上奶、吃足奶。发现有未吃上奶的仔兔，要及时让母兔喂奶。对拒绝给仔兔哺乳的母兔，需将其固定在产仔箱内，使其保持安静，随后将仔兔分别放在母兔的每个乳头旁，让其自由吸吮，每天强制4～5次，一般经3～5天，母兔可自动哺乳。

②寄养　一般泌乳正常的母兔可哺育仔兔6～8只，但母兔每胎产仔数差异很大，如每胎平均5～7只，而多的达10只以上，少的仅1～2只，或母兔患乳房炎不能哺养，故调整寄养仔兔是非常必要的。寄养的原则是两窝仔兔的日龄相差不超过3天，并窝时先将母兔移开，将寄养仔兔放于巢箱内与原窝仔兔混杂0.5小时以上，并拨弄仔兔使其充分混合且气味相投；也可在母兔鼻端涂些清凉油或大蒜汁。仔兔的寄养应尽量防止血统混乱，可选择不同毛色、不同品系或品种间相互寄养。也可采用一分为二哺乳法，即将体弱的早上哺乳，体强的晚上哺乳，或体弱的一天哺乳2次，但母兔的营养必须有保证。

③人工哺乳　如母兔患病、死亡或缺乳，而又找不到保姆兔时，可采用人工哺乳的办法。哺乳器可用注射器、玻璃滴管、小眼药瓶等，在其嘴上接上一段细橡皮管（气门芯）即成（图6-1）。

用前煮沸消毒，用后及时冲洗干净。哺乳时应注意乳汁的温度、浓度和给量。若给予鲜的牛、羊奶，开始时可加入 1～1.5 倍的水，1 周后混入 1/3 的水，半个月后可喂全奶，也可用豆浆、米汤加适量食盐代替。温度应掌握在夏季 35～37℃，冬季 38～39℃。喂乳时，将哺乳器放平，使仔兔吮吸均匀，每次喂量以吃饱为限，每天喂 1～2 次。乳汁浓度可通过观察仔兔的粪、尿情况来判断。如尿多，说明乳汁太稀；如尿少，粪油黑色，说明乳汁太稠，要做适当调整。

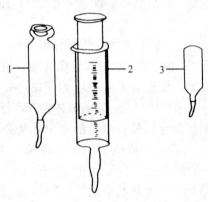

图 6-1　仔兔的人工哺乳器
1. 眼药水瓶　2. 注射器　3. 人工哺乳器

　　④减少意外伤亡　仔兔常见的意外伤亡有冻死、母兔咬死、鼠害等。初生仔兔的抗寒能力很差，易引起受冻死亡，故一般应将仔兔保温室的温度保持在 20～25℃，如发现有仔兔掉到产仔箱外，应及时送回，若仔兔全身冰凉冻僵，可采用保温抢救措施。其方法是：把仔兔放入 40～45℃温水中，露出口鼻并慢慢摆动，当仔兔"吱吱"叫或四肢乱蹬时，取出用毛巾擦干，放回原窝；也可把被冻着的仔兔放入产箱，箱顶离兔体 10 厘米左右吊一灯泡（25 瓦）或红外线灯，照射取暖，效果很好。兔舍保持安静，防止母兔食仔；对有食仔恶癖的母兔，将仔兔与母兔分

开；地面封闭较严，防止老鼠。

（2）开眼期的饲养管理　开眼期指仔兔从睁开眼到断乳这段时期。开眼的迟早与仔兔的发育和健康状况有关。发育良好又健康的仔兔，开眼的时间较早，反之则较迟。仔兔若14天后才开眼，说明营养不足，体质差，要精心护理。有的仔兔仅睁开一只眼，而另一只常被眼屎粘住，应及时用脱脂棉蘸上温开水轻轻拭去眼屎，然后用手轻轻分开眼睑，再点少许眼药水，过一段时间即可恢复正常。若不及时处理，易形成大小眼或致瞎。

①正确补料　仔兔睁开眼后，生长发育很快，而母乳开始逐渐减少，已满足不了仔兔营养需要，故必须抓好补给饲料关。补给饲料时间，肉兔一般在15日龄左右开始出巢寻找食物时为宜。最初几日补给的饲料要少而营养丰富，并且容易消化，如豆浆、豆渣或切碎的幼嫩青草、野菜、菜叶等，最好给予全价配合饲料。20日龄后逐渐混入少量精料，例如麦片、麸皮、少量木炭粉、维生素、无机盐并加少量大蒜、洋葱等消炎、杀菌，以预防球虫、增强体质、减少疾病。补给饲料要由少到多，少喂多餐，每天最好5～6次；30日龄后逐渐转为以饲料为主，不宜喂给仔兔青绿多汁饲料，青绿多汁饲料易引起腹胀、腹泻而死亡。

仔兔开食后最好与母兔分笼饲养，每天哺乳1次，可使仔兔采食均匀，安静休息，减少仔兔误食母兔粪便而感染球虫的机会。还要制作能防止仔兔进入饲槽的专用补给饲料槽，或饲喂后立即将料槽取出，以防粪尿污染料槽，可减少发病的机会。

②预防疾病　仔兔出生后的1月内容易患黄尿病，其原因是母兔患乳房炎，奶汁中含有金黄色葡萄球菌，当仔兔吃后发生急性肠炎，尿液呈黄色，并排出腥臭味黄色稀粪而沾污后躯。患黄尿病的仔兔外观体弱无力，被毛缺乏光泽，皮肤灰白，死亡率极高。为了避免黄尿病的发生，首先应搞好母兔的饲养管理，保证母兔健康无病，笼舍内外经常消毒，饲料要卫生清洁，营养要平

衡、保证乳汁的正常分泌。一旦发现母兔患有乳房炎，应及时采取寄养或人工哺喂仔兔，并采取积极措施予以治疗。仔兔患黄尿病后，应立即隔离，并采取治疗措施，如注射青霉素、卡那霉素或投喂磺胺类药物。

另一容易引起仔兔死亡的疾病是球虫病。开眼以后，仔兔经常到产仔箱外寻找食物，同时也误食粪便或采食被粪便污染的饲料而感染球虫病，在炎热潮湿的环境更易发生，导致仔兔死亡。因此，平时应注意及时清理粪便，消毒笼具，保持兔舍干燥卫生，并注意在炎热潮湿环境下，定期投喂抗球虫药物，如氯苯胍、磺胺类药物。

③适时断奶 断奶是仔兔饲养的又一关键步骤，一般以35～40日龄断奶为宜，可根据具体情况进行调整。低水平条件下断奶时间为35～40日龄，集约化、半集约化条件下为28～35日龄断奶。仔兔断奶时体重为500～600克。断奶时间不能太早或太晚，太早仔兔发育受影响，若饲养管理不当，死亡率高；太晚又影响下一周期的繁殖。

断奶的方法有一次性断奶和分批断奶。如果全窝仔兔健壮，发育匀称，可行一次性断奶法，即在一日内将仔兔与母兔分开饲养，被分开的母兔少喂些青绿多汁和精饲料，以减少乳汁的生成，避免乳房炎。若全窝仔兔强弱悬殊，发育不整齐，可采用分批断奶法，即将体重大而强壮的先断奶，弱小的继续留下哺乳，过几天后再断奶。刚断奶后的仔兔常表现不安、胆小、食欲降低、生活力下降。尽量做到饲料、环境、管理及人员三不变，以防发生各种不利的应激因素，导致疾病的发生。断奶时间要考虑到仔兔的发育状况。

（四）幼兔的饲养管理

幼兔是指断奶到3月龄左右的小兔。其主要特点是生长发育较快，对营养物质的需求高；消化系统功能还不完善，消化力差，对粗纤维的消化能力较低，胃内胃酸浓度达不到成年兔的酸度，容易感染球虫病；抗病力较差，死亡率高，是较难饲养的时期。关键要加强饲养管理，做好防病工作。

1. 饲养 幼兔饲料应体积小、易消化、营养丰富、适口性好、粗纤维含量较低。精料应以麸皮、豆饼、玉米等配合成高蛋白混合料，并加入少量的苜蓿草粉。青饲料应青嫩、新鲜，不要喂给含粗纤维高的饲料。限量喂给含水分多的菜叶等青绿多汁饲料。饲喂上要定时定量，少喂勤添，并结合观察兔粪软硬，消化好坏，将喂量进行合理地调整。对体弱的和留作种用的幼兔，在其日粮中拌入适量的牛、羊奶或奶粉效果更好，可提高成活率。

2. 管理

（1）**定期称重** 每隔 10～15 天称重一次。以便及时掌握兔群的生长情况。如生长发育一直很好，可留作后备兔；如体重增加缓慢，则应单独饲养，注意观察，并及时填写生长发育记录。对 4 月龄左右的公、母兔要进行选留饲养，如留种则进行培育，否则应作商品兔用。

（2）**分笼饲养，编号登记** 幼兔离乳后要按体重大小、体质强弱、品种、年龄、性别分笼饲养，并进行编号，建立档案。每笼可养 4～5 只，以使幼兔吃食均匀，生长发育均衡。对体弱有疾病的幼兔还要单独饲养，仔细观察，精心管理。

（3）**加强运动，增强体质** 幼兔爱活动，是长肌肉、长骨骼的旺盛时期，需要增加运动量，接触阳光和新鲜空气。除雨天外，每天放出运动，春、秋两季早晨放出，日落入笼；冬季中午放出；夏季黎明时放出，日落入笼。运动场要在既有阳光照射、又有庇荫的地方。运动场要分格，每格 20～30 米^2，可放幼兔 30～40 只。运动场上放草架、饲槽，让幼兔自由采食。炎热的天气还要放置饮水盒，以便幼兔口渴时饮用。

（4）**搞好卫生消毒和疫病防治工作** 离乳幼兔正是球虫病易感染发病的时期，应注意兔舍的卫生消毒，防止球虫病的发生。

幼兔笼舍、运动场、食具要经常打扫，保持干净。笼舍、运动场要通风、向阳、防暑、防寒。此外，按时打防疫针更不可忽视，除了注射兔瘟疫苗外，还要根据实际情况注射巴氏杆菌、魏氏梭菌及波氏杆菌等疫苗，确保兔群安全。定期驱虫，防止疥癣的发生与传播。

（5）**防止兽害** 野兽和鼠类对养兔业有威胁，每天工作结束要检查门窗是否关闭，洞穴是否已堵，最好将幼兔放在中层或上层笼内。

（五）青年兔的饲养管理

从 3 月龄到初配这一时期的兔称为青年兔，或叫育成兔。留作种用的叫后备兔，其抗病力已大大增强，死亡率降低。是其一生中较容易饲养的阶段。

1. 饲养 日粮以青粗饲料为主，精料为辅。试验证明，用优质青饲料自由采食，平均日增重 25.2 克；颗粒饲料自由采食，日耗料 127 克，平均日增重 36.8 克；以青料为主，日喂颗粒饲料 75 克，平均日增重高达 37.2 克。

当然，以青粗饲料为主，同样要注意营养的全价性，蛋白质、矿物质和维生素都不能缺少。对计划留做种用的后备兔要适当限制能量饲料，防止过肥。此外，饲料体积不宜过大，以免肚皮撑大成草腹，丧失种用价值。

2. 管理 其重点是及时做好公、母分群饲养。从 3 月龄开始公、母兔已开始性成熟，为防止早配和乱配，公、母兔必须分开饲养。4 月龄以上的公兔，准备留种的单笼饲养。对 4 月龄以上的公、母兔进行一次综合鉴定，重点是外形特征、生长发育、健康状况等指标。把鉴定选种后的后备兔分别归入不同的群体中，种兔群应是生长发育优良、健康无病、符合种用要求的青年兔；生产群中不留作种用的一律淘汰，用于育肥。4 月龄左右的公兔如不留种，应及时去势，去势后的公兔可群养育肥，以便于管理和提高生产性能。肉兔去势后的增重速度可提高 $10\% \sim$ 15%。从 6 月龄开始训练公兔进行配种，一般每周交配一次，以提高早熟性和增强性欲，做到能适时配种利用。有条件的养殖户应为后备兔设置运动场，以加大运动量。

3. 运动 应加强运动，以增强体质，促进骨骼肌肉的充分发育。在设计兔笼时，对后备兔的兔笼应宽大一些，或设置运动场，以加大运动量。据报道，后备兔运动充足的比得不到运动的增重量要高 $5\% \sim 10\%$。青年兔发育情况见表 6-3。

表 6-3 青年兔的生长发育表（克）

月龄	大型兔体重	中型兔体重
3	2 200～2 600	1 700～2 000
4	2 700～3 000	2 000～2 500
5	3 000～3 500	2 500～2 700
6	3 700～4 200	3 000～3 200

四、不同季节的饲养管理

（一）春季的饲养管理

春季的特点是南方多阴雨、湿度大、故兔病多；北方多风沙，早晚温差较大，也对养兔不利。春季饲养管理工作的重点是防湿、防病。

开放式养兔，受季节气候的影响很大，尤其是盛夏酷暑及严寒的三九天，对兔的影响极大。所以一定要加强不同季节的饲养管理。总的要求是雨季防湿，夏季防暑，冬季防寒。春、秋季抓好配种繁殖。

1. 搞好春繁 由于春季气温回升，青饲料日益丰富，公兔性欲旺盛，母兔发情正常，是肉兔繁殖的最佳季节。此时配种受胎率高，产仔数多，仔兔发育良好，体质健壮，成活率高。无冬繁条件的兔场，春繁要及早开始配种，3月上旬配种结束。采用频密繁殖法，连产2~3胎后再行调整，所产仔兔秋后利用。利用复配法可提高种公兔的应用效果，提高母兔受胎率和产仔率。

2. 抓好饲料关 春季青草逐渐萌发生长，饲草由原来的干草转换为青草，兔易因贪食，引起腹胀腹泻。因此，换青草必须逐渐过渡。同时注意饲料的品质，不喂霉烂变质或夹带泥浆、堆积发热的青饲料，不喂烂菜叶等。青饲料的饲喂上要注意先少后多。在阴雨潮湿天气要少喂青绿饲料，适当增喂干粗饲料。雨后收割的青绿饲料要晾干后再喂。饲料中最好拌少量大蒜、洋葱等杀菌、健胃饲料。母兔早春饲料应喂些富含维生素的饲料，如谷芽、麦芽、豆芽等，有利于促进发情和提高受胎率。

3. 防春季寒潮 春季气温极为不稳定，尤其是3月份，时有寒风和风雪，气温常忽高忽低，极易诱发肉兔感冒和患肺炎，特别是冬繁幼兔刚断奶，更是容易发病死亡，故要精心管理，严加防范，注意兔舍保温和通风及疾病的防治。

4. 搞好卫生及防疫工作 保持笼舍清洁卫生，做到勤打扫、勤清理、勤洗刷、勤消毒，经常对兔群进行健康检查，及时注射兔瘟疫苗及巴氏杆菌病的预防工作。

（二）夏季的饲养管理

夏季的气候特点是高温多湿。肉兔因汗腺不发达，常因天气炎热而引起食欲减退、抗病力降低，尤其对仔、幼兔威胁较大。此时是最难饲养的季节之一，故有"寒冬易度、盛夏难养"之说。

1. 防暑降温 夏季养兔的中心环节是防暑降温，应采取综合措施。兔舍应保持阴凉通风，不能让太阳光直接照射到兔笼上。露天兔场要及时搭建凉棚，在兔舍四周提前种植藤蔓植物如丝瓜、葫芦及葡萄等遮阳。向阳墙面可刷成白色。幼兔群养应降低密度。当兔笼内温度超过30℃时，可在地面泼水降温，但要避免高温高湿。室内笼养时可安装排风设备，以保持空气流通，温度适宜，防止肉兔中暑。要供给充足的饮水并保持水槽的清洁，最好是安装自动饮水器，时时都有清洁的饮水。可在饮水中加入1%～2%的食盐，以补充体液和防暑解渴；也可在饮水中加入0.01%的高锰酸钾，以防消化道疾病。

2. 调整作息时间 由于白天特别是中、下午天气炎热，肉兔采食量减少。因此，要调整作息时间，早餐趁凉早喂，中午多喂青绿饲料，多供饮水，晚餐迟喂。应把每天喂料量的80%集中在早、晚喂给，以减少日间的采食和活动量。

3. 搞好卫生，控制繁殖 夏季蚊蝇孳生，鼠类活动频繁，所以要消灭蚊蝇，堵塞墙洞。食槽及饮水器应每天清洗一次，地面经常用消毒药喷洒；饲料要防止发霉变质。

据实践观察，在夏季，不论什么用途或什么品种的家兔，体重都要下降，母兔发情不正常，公兔精液品质低劣，死精子较多，若坚持配种，受胎率较低。所以，高温季节要停止配种繁殖，保护好公兔，可将公兔放养在凉爽的窑洞、地窖等地方，使其休息和恢复体质，到秋季再集中配种产仔，其经济效果较为理想。

（三）秋季的饲养管理

秋季气候转凉，饲料充足且营养丰富，是种兔繁殖和商品兔育肥的好季节。秋季的饲养管理重点是抓好秋繁。

1. 抓好秋繁和育肥 秋季是肉兔的又一个繁殖黄金季节。入秋前应加强饲养管理，以使刚过盛夏而体质瘦弱的肉兔恢复体力。可在8月中旬进行配种繁殖，保证秋季繁殖2胎，并实行复配法，以提高配种受胎率。对商品兔要加料催肥。

2. 搞好疾病的防疫 秋季早晚温差大，是兔疾病多发季节。特别是幼兔容易患感冒、肺炎、肠炎等疾病。从饲养管理入手，加强常见病、寄生虫病，尤其是球虫等的防治；做好兔瘟、巴氏杆菌病、魏氏梭菌病等传染病的免疫接种工作。

3. 加强选种和草料贮备 春繁的后备兔，在秋季要选定，选择繁殖力强、后代整齐的肉兔继续留作种用。选留优良后备兔用以补充种兔群。及早淘汰生产性能差或老、弱、病、残的肉兔。秋季又是农作物收获季节，饲草结籽，树叶开始凋落，应及时收贮藤蔓、树叶、豆荚等饲草，准备过冬饲料，若采收过晚，则茎叶老化，粗纤维含量增加，可消化养分降低，影响其饲用价值。作物秸秆、块根、块茎等饲料的收贮，也是很重要的。

(四) 冬季的饲养管理

冬季气温较低，日照时间短，青绿饲料缺乏，给养兔带来一定困难。冬季饲养管理的重点是做好防寒保温和冬繁冬养工作。

1. 做好防寒保温工作　冬季气温低，兔舍温度要求其相对稳定而不能忽冷忽热。兔舍要封闭好门窗、挂门帘、堵风洞，防止贼风侵袭。北方可在门窗外钉一层塑料布保暖，因地制宜通过土暖气、太阳能、沼气炉、火炕或生火炉等办法保暖。室外养兔时，笼门上应挂好草帘，以防寒风侵入，或搭置简易的塑料大棚，既保暖又挡风。

2. 加强饲养管理，适当加料　冬季肉兔体能消耗较高，饲料喂量应比其他季节增加 20%～30%。饲料中营养水平要保持较高的能量水平，提高能量饲料的比例，如玉米、大麦、高粱等。为防止维生素缺乏，要补喂青绿饲料如菜叶、胡萝卜、大麦芽等富含维生素的饲料。粉料要加入少量豆渣或糠麸，用温水拌湿后再喂，并做到少喂勤添，以防饲料结冰。冬季夜长，要注意夜间补给饲料。仔兔产箱应勤换垫草，保持干燥。不论大小兔均应在笼内铺垫少量干草，以防夜间受冻。冬季饲喂干草多，要供给温水。

五、肉兔的冬繁冬养

在我国北方地区，冬季气候寒冷，饲草干枯，由此造成了母兔营养下降，仔兔死亡率增高，在自然气候条件下，很难繁殖仔兔。从而形成了"春买、夏繁、秋卖光"的极度不合理的现象。因此，冬繁冬养是我国北方广大农村发展养兔急需解决的问题。在做好防寒保温工作的同时，合理安排冬繁冬养是可行的，其优点是产仔成活率高和出栏率高，仔兔生长快、体型大、体质健壮，最适于留作种用。

(一) 冬繁冬养的意义

1. 符合兔的繁殖规律及生物学特点　因兔是常年发情、刺激排卵的多胎小动物，在母兔的卵巢中长期存在着接近成熟的卵泡；在公兔睾丸中常年可以产生成熟的精子，随时可以配种。因此，兔具备了一年四季都能发情、配种、妊娠和产仔的基本条件，所以，肉兔进行冬繁冬养符合兔固有的繁殖规律及生物学特点。按照兔固有的繁殖特点，青年母兔自性成熟之后，如饲养管理条件能有所保证，采取冬繁冬养的方式，每只母兔一年能够至少产 40 只仔兔，可明显提高经济效益。

2. 延长母兔的利用年限　一般母兔繁殖的适宜年龄是 12～24 月龄，到第三个年头时，它的繁殖能力就逐渐下降了。所以当年的母兔刚刚开始繁殖仔兔就被淘汰，实为可惜。若配种产仔安排得当，从 10 月份配种开始，到来年 4 月份，可产 3 窝或 4 窝仔兔，明显延长了母兔的利用年限。

3. 保证全年均衡产仔　根据北方地区的气候条件，若母兔冬天繁殖产仔，可以减少夏季频密繁殖的时间，使其全年均衡产仔，即可两个月产一窝，使母兔在妊娠或泌乳期间都有一个调整生理功能和恢复休息的时间，从而能保证母兔的健康和所产仔兔的成活率及其正常发育。冬繁冬养仔兔，恰是春季种兔缺乏季节，若将幼兔投放在场上，不但容易销售，而且价格偏高。养兔者可得到可观的经济收入，其经济效益相当于全年养兔总收入的3/5 以上。

4. 提高仔兔成活率　冬季气候干燥，不利于病原微生物和寄生虫的发育繁殖，兔不易发病，尤其是腹泻、球虫病等疾病很少发生，采取科学管理方法，可使仔兔的成活率达到80％以上。如保温条件好，仔兔成活率还可以提高。

5. 便于组织和管理　根据肉兔的繁殖特点，可以组织兔群，分期分批地有计划进行配种产仔，既可充分发挥和利用加工部门的人力和设备，也可满足四季均衡供应市场的需要，而且养殖场肉兔存栏和出栏数也避免了忽多忽少的现象，有利于肉兔的饲养管理。

（二）冬繁冬养的管理要点

1. 选择种兔　适合进行冬繁冬养的母兔有两种，一种是青年兔，最好是选留5～6月份出生的仔兔，夏天和秋季各种青绿饲草的饲养，体质和生长发育都比较好，秋末冬初已达到初配年龄，正是配种繁殖的时期。但在初产仔兔时需要特别关心照料，如拔毛絮窝、哺乳、护理仔兔等。第二种是成年母兔，即产过仔的母兔，这种兔有护理和哺育仔兔的经验，但膘情一般不好，因此在冬繁前最好停止配种，使它有一个休息和恢复体力的过程。并且要加强饲养管理，使膘情恢复到八、九成膘时再进行配种。冬繁配种使用的公兔，最好是选留青年公兔，或是1岁的壮龄公兔，每周的配种次数一般不宜过多，以2～3次为佳。

2. 保温设施　应具备两项基本设备，一是兔舍（窝），二是具有产仔箱（或产仔窝）。如建造一个比较宽大的兔舍，里面备有取暖或保温设施，如土暖气、土炕等。也可因陋就简进行冬繁冬养，如在室外避风向阳的地方，建造一个能基本保温的兔舍（窝），让公兔或母兔住在里面，夜间风雪天将笼门用棉帘等盖严，这样内部温度不致过低，或建简易塑料大棚。到母兔临分娩时，再把母兔放进人住的房间里事先准备好的产仔箱中产仔。产完仔兔后，如果母兔体质健壮，即可将母兔送回原兔窝，哺乳时再将母兔带进房中来哺乳，待仔兔断奶后，可移到室外向阳保暖的兔舍（窝）中。

3. 合理饲喂 肉兔冬繁冬养能否成功，除了保温条件外，还必须有充足的优良品质的饲料。如胡萝卜、青萝卜、白菜、大头菜、甜菜、南瓜、干草、干树叶、花生秧、甘薯蔓、黄豆皮以及豆饼类、糠麸类、玉米、高粱等。这些混合精饲料和青绿多汁饲料是冬繁冬养肉兔的物质基础。如饲料贮备不足，会使兔营养缺乏，身体瘦弱，抵抗力降低，容易患病；母兔产乳力降低，仔兔成活率不高。如果临时购买一些饲草饲料来维持，且青饲料价格较贵，大大提高了兔的饲养成本、降低了经济效益。一只成年肉兔需要贮备多少饲料较合适呢？在北方若以冬春180天（6个月）计算，喂养一只兔，需要90千克胡萝卜，90千克青干草，18～27千克混合料。

冬季气温较低，在喂给混合饲料时，要用温水将混合好的饲料拌好，现拌现喂。饲喂方式要定时定量，少给勤添，严防饲料结冰；投放的饲草、树叶、胡萝卜等要保持干燥、清洁，不得积压践踏，以吃光、吃净、吃饱、吃好为度，有利于肉兔的消化和身体健康。此外，最好每天供给一次或两次温水。

4. 精心管理 肉兔冬繁冬养的效果如何，与养兔者的经验有很大的关系。要做到腿勤、手勤和眼勤，积极地把肉兔冬季繁殖的规律和外界各个因素协调起来，创造一个有利于肉兔冬季发情、配种、繁殖产仔、哺育仔兔的良好环境，并做到认真细致的观察和周到的饲养管理。

凡是冬繁的成年公母兔，都要单独分笼（舍）饲养管理。配种时间要选在天气晴朗、无风、日暖的中午进行。将发情的母兔放入公兔窝中，令其自然爬跨交配，待交配完毕后立即将母兔放回原笼。并要详细记录交配日期，以便准确地推测分娩时间，做好分娩母兔和所产仔兔的护理工作，或者进行人工辅助交配或者人工授精。要做好分娩的准备工作，如产仔箱、棉絮、垫草及保温设施等。

要始终保持兔笼或兔舍的卫生清洁，及时清理粪尿，以避免粪尿堆积结冰。冬繁冬养的仔兔一般在哺乳期间饲养在温暖的环境中，活动范围小。因此在断奶后，为了使幼兔逐渐适应较冷的外界环境，在无风雪的天气里，可放在向阳背风的小运动场或活动的兔笼中晒晒太阳和自由活动。待到 2 个月龄以上时，便可放在一般保温的兔舍（笼）中。

5. 认真做好防疫工作　冬季虽然不适宜病原微生物的繁殖，但肉兔由于气温、饲料等的变化常导致抵抗力降低，某些传染病和寄生虫病等，也往往在冬季发生并形成流行。因此，在严寒的冬季条件下，也应经常注意通风、光照和环境卫生，并根据兔群状况，定期做好兔病毒性出血症等的预防注射及兔笼、兔舍的定期消毒工作。保持环境卫生良好，减少疾病的发生。

六、肉兔育肥技术

育肥是肉用和皮肉兼用品种兔用于兔肉生产的最后环节，其目的是生产大量的品质好的兔肉，来满足冻兔肉出口和国内人民生活水平不断提高的需要。研究表明，一只母兔年产仔兔 35～42 只，按此繁殖力计算，在 40 个月的时间内，一只成年母兔可生产 6 万千克兔肉，而在同样时间内，一头母牛只能生产 450 千克牛肉，一头母猪只能生产 1.9 万千克猪肉。

（一）影响育肥的因素

了解影响肉兔育肥的主要因素，并加以控制，就能达到快速育肥的目的。

1. 品种　肉用兔品种优于兼用兔种，杂种兔优于纯种兔，采用专门化品系培育的商品兔优于纯种兔，一般以饲养杂种一代兔育肥效果最好，经济效益最高。在当地相同条件下，杂种兔与纯种兔在 3 月龄时的育肥效果说明，杂种兔的确有优势

（表6-4）。

表6-4　杂种兔与纯种兔的育肥比较

品种	3月龄		只数
	出栏率	平均体重	
当地小型兔	95.3	1 428.5	40
塞北兔	71.4	1 685.1	50
塞北兔	74.6	1 612.1	30

2. 杂交 由两个不同品种或品系的公母兔杂交，一代杂种比纯种兔生长速度快20%左右。试验证明，加利福尼亚公兔与新西兰母兔杂交，杂种一代兔56日龄体重可达2千克。用加利福尼亚公兔与比利时母兔杂交，杂种一代兔90日龄体重可达1.8千克，优势率达28%～30%。

3. 饲喂 采用全价配合饲料喂兔，其育肥效果优于单一饲料。有条件的产业尽量采用全价颗粒饲料。饲喂方式采用自由采食方式饲养育肥兔，其育肥效果往往优于限制饲喂方式。饮水最好采用自动饮水器，以满足饮水需要。

4. 去势 去势有利于蓄积脂肪，降低体内代谢和氧化作用，提高育肥效果，改善兔肉品质，降低饲养成本。一般去势公兔的增重速度可比未去势的公兔提高10%～15%。但如果采用幼兔直线育肥法，可以不去势。因为出栏年龄不超过3.5～4月龄，此年龄公兔才性成熟，在此之前，睾丸间质细胞的雄性激素分泌甚少，对增重影响不大，少量雄性激素还有利于减少尿氨的排出，促进蛋白质的合成，长骨和红细胞的生长，具有一定的促生长作用。

5. 环境条件 环境安静、黑暗或弱光对育肥有利。适宜温度为5～25℃，相对湿度60%～70%为宜，光照强度为每平方米面积4瓦左右。空气流速夏季不超过50厘米/秒，冬季不超过20厘米/秒；育肥兔的换气夏季按每千克活重2～3米³/小时，冬季减到1～2米³/小时，如果自然通风，排气孔的面积为地面2%～3%，进气孔的面积为地面 3‰～5％。

（二）育肥方法

肉兔的肥育方法可分为幼兔育肥法、青年兔育肥和成年兔育肥法。

1. 幼兔育肥　幼兔育肥是指仔兔断奶后即开始催肥，至 2.5～3 月龄体重达到 2～2.5 千克即可出售。它是兔肉供应的主要来源，适于杂交商品肉兔育肥。育肥方法有直线育肥与阶段育肥，主要根据兔场的实际情况而定。

（1）直线育肥法　直线育肥法是充分利用肉兔早期生长发育快的优势，采取一系列综合措施，使之在短期内出栏，实现高投入、高产出的生产经营方式。这些措施包括配套的品种，如配套系或杂交组合；配套的技术，包括高营养，如全价颗粒饲料含蛋白质 18％左右，消化能 10.47 兆焦/千克，粗纤维 10％～12％等；配套的设备管理，即高密度笼养，每平方米笼底面积养 18 只左右；采取全黑暗或弱光育肥，控制湿度为 60％～65％，控制温度在 15～25℃。育肥兔 70～80 天出栏，育肥期日增重 45 克左右，饲料报酬 3：1，全进全出，年周转 4.5 次。

（2）阶段育肥　阶段育肥又分两阶段育肥与三阶段的育肥。

两阶段育肥是将断奶日期接近或生长发育差异不大的幼兔编成群，分成组。一般是每组 20～50 只，1～1.5 只/米²。1～15 天采用群养法，使肉兔有充分运动、充分生长的机会。16～35 天采用限制运动的密集饲养，以达到快速增长的目的，如通风等环境条件控制较好，每平方米也可饲养 14～16 只。这一阶段以精料为主，青粗料为辅，饲喂方法采用自由采食。

三阶段育肥法是一阶段以精料为主，青粗料为辅，使其快速生长，拉大骨架；第二阶段以青粗料为主，精料为辅，以加大采食量，锻炼消化机能；第三阶段精料为主，青粗料为辅，目的是快速催肥。配料应以精料为主，粗料为辅。最适宜的精料营养水平为粗纤维 15%、粗蛋白质 17%、脂肪 2.5%。最适宜的肥育饲料有玉米、燕麦、大麦、麸皮、豆饼、马铃薯、甘薯等。

饲喂方法可采用自由采食或少喂多餐，颗粒饲料以自由采食为宜，但要每昼夜补喂青饲料。应每日喂 4 次，即早、中、晚、夜（20～22 点）。饮水以自动饮水器或自流瓶式为宜。

环境温度以 5～20℃ 为宜。前期要增加光照，后期尤其是宰前 15 天光照要暗。育肥期不要超过 60 天，一般幼兔育肥的出栏时间是在 80～90 天体重达到 2 千克以上时为宜。育肥时间过长会影响年育肥出栏数量，降低经济效益。

2. 青年兔育肥 青年兔育肥主要是指 3 月龄到配种前淘汰的后备兔催肥。育肥期一般为 30～40 天。

3. 淘汰兔育肥 淘汰兔育肥是指年龄老，不适宜作种用的公母淘汰种兔，在屠宰前经过短期育肥以增加体重和改善肉质。育肥良好的兔在此期间可望增加体重 1～1.5 千克。淘汰兔育肥要选择肥度适中的兔，凡过肥的兔没必要再催肥；过瘦的兔，育肥不够经济合算，应尽早宰杀，不予育肥。饲养方式直接以笼养为主，并注意保持笼位狭小，控光、控温适宜，让兔多吃少活动。公兔可去势，也可不去势。育肥期为 30～40 天，当增重达 1 千克以上时即可宰杀。

（三）育肥饲料

1. 育肥饲料 养兔发达国家，商品肉兔通常采用全价颗粒饲料饲喂，育肥效果更加明显。为了取得好的经济效益，育肥饲料应以精饲料为主，青粗饲料为辅。先自行配制混合饲料，要求含粗蛋白质 17%，粗纤维 15%（育肥后期不低于 10%），脂肪 2.5%。最适宜的育肥饲料有燕麦、大麦、玉米、麸皮、豆饼、甘薯、马铃薯等，并添加适量的骨粉、食盐、木炭粉等无机盐补充饲料。还应注意，育肥期饲料营养要根据肉兔育肥情况作动态变化，饲料品种要相对稳定，不要轻易改变饲料的组成。

2. 加喂添加剂

（1）每 100 千克精料中加入饲用土霉素 1 千克（内含土霉素 70～76 克），肉兔增重可提高 5%～10%。

（2）给断奶幼兔每日饲喂小苏打 0.5～1 克，可提高其食欲。

（3）肉兔饲料中添加尿素，开始每千克体重添喂 1 克，10 天后增加到 2 克，喂量增至 10 克停止，可使肉兔增重提高 30% 以上。

（4）用黄芪 60 克、五味子 20 克、甘草 20 克，粉碎成末，分早晚 2 次拌料饲喂，每只兔每次饲喂 5 克，连喂 1 个月，肉兔日增重可提高 30%～40%。

3. 几种增膘方法

（1）草粉发酵　在干草粉中加入 0.5% 盐水拌湿（以手握成团、放开即散为宜），装缸压实，用塑料布扎口密封。干草粉经发酵后变软，适口性好，兔爱吃。在配合饲料中加入 10% 的发酵草粉，每日早晚各喂 1 次，肉兔可增重 20% 左右。

（2）猪油拌料　取干草粉 3 份、麦麸或玉米粉 1 份，用 0.1% 的盐水烧开后搅拌，再按每只兔加入 3～5 克熟猪油调制饲料，现拌现喂，每日 2 次，成年兔每次饲喂 150 克，可增膘。

（3）巧喂麦芽　小麦或大麦发芽后喂兔，可使肉兔日增重提高 30%～40%。配制方法：选颗粒饱满、无虫蛀的小麦或大麦适量，用 45℃的温水浸泡 24 小时，装入筐内盖上麻袋片催芽。待麦粒露白后，装入浅筛内摊开 3～5 厘米厚，上面盖塑料薄膜，放在室温 20℃的环境中，每日用温水喷洒 3～5 次。为使麦芽长得好，每日可增喷 1 次 5% 的白糖水。5～7 天后，麦芽长到 6～8 厘米时即可饲喂。

4. 限制运动　育肥兔必须限制运动，尤其是育肥后期。可将育肥兔关在只可容身的小笼或木箱内，放置在温暖、安静而黑暗的地方，进行高密度饲养，以利体内脂肪沉积。

5. 少喂多餐　育肥期的肉兔由于运动减少、饲料又以精料为主，所以通常表现食欲较差，饲喂时不能一次喂太多，以防伤食。每日可喂5～6次，晚上一顿在22时以后喂，喂量占全日粮的30％。每顿给精粗料比例可以变化。例如，中午可以草多料少，晚上可以料多草少，这样可以增进食欲。

6. 精心管理 兔育肥期间因缺乏运动和光照，抵抗力差，身体虚弱，容易感染疾病，所以要精心管理。要经常检查兔群健康情况，注意环境卫生，兔舍、兔笼要及时清扫，食具要每餐清洗，定期消毒，一定要确保育肥期的兔吃饱、吃好、休息好。

七、一般管理技术

（一）捉兔方法

母兔发情鉴定，妊娠摸胎，种兔生殖器官的检查，疾病诊断和治疗，如药物注射、口腔投药、体表涂药、注射疫苗、打耳号等，都需要捕捉肉兔。在捕捉前应将笼子里的食具取出。先用手轻轻抚摸兔，使它勿受惊吓，待兔安静时，右手伸到兔头的前部，顺势将其两耳及颈部皮肤抓住，将兔上提并翻转手心，使兔子的腹部和四肢向上，再用左手托住兔的臀部，使兔体重量主要落在托臀部的手上（图6-2），撤出兔笼。如使兔的四肢向下，

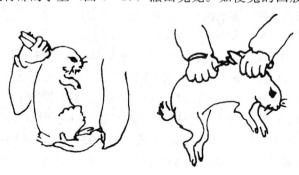

图6-2 正确捉兔法

则兔子的爪用力抓住踏板，很难将其往外拖出，而且还容易把脚爪弄断。取出兔时，一定要使兔子的四肢向外，背部对着操作者的胸部，以防被兔抓伤。如果手从兔的后部捕捉，兔受到刺激而奔跑不止，很难捉住。只抓兔的两耳或只抓兔的颈、背部皮肤，以及抓住兔的后肢倒拎等都是错误的。因为这样容易造成耳部受损而下垂、脑溢血、腰椎部骨折，有时还可能被兔抓伤或咬伤。对于妊娠母兔在捕捉中更应慎重，以防流产。切忌在捕捉兔时，用手用力按兔的腰部，极易造成兔后躯瘫痪。

(二) 年龄鉴定

对兔群进行鉴定，以决定种兔的选留和淘汰，判断其年龄是非常必要的。常用的方法是根据兔的精神、牙齿、被毛和脚爪等综合来判断兔的年龄。

1. 青年兔（6个月至1.5岁） 眼睛圆而明亮凸出。门齿洁白短小，排列整齐。趾爪表皮细胞细嫩，爪根粉红。爪部中心有一条红线（血管），红线长度与白色（无血管区域）长度相等，约为1岁左右，红色多于白色，多在1岁以下。青年兔爪短，藏于脚毛之中，平直，无弯曲和畸形。皮肤薄而富有弹性。行动敏捷，活泼好动。

2. 壮年兔（1.5~2.5岁） 眼睛较大而明亮，趾爪较长稍有弯曲，白色略多于红色，牙齿呈白色且排列整齐，表面粗糙。皮肤较厚结实，紧密，行动灵活。

3. 老龄兔（2.5岁以上） 眼皮较厚，眼球深凹于眼窝之中。趾爪粗糙，长而不齐，向不同的方向歪斜，有的断裂，大半露于脚毛之外。门齿大而厚且较长，颜色发黄，排列不整齐并时有破损。皮厚，松弛，行动缓慢，反应迟钝（图6-3）。

靠以上方法只能作出初步判断。准确知道兔的年龄必须查找种兔档案，因为营养条件、种兔的品种、环境条件等不同，兔的外表有所差别。

图 6-3 根据兔爪鉴定兔的年龄

1. 幼年 2. 青年 3. 老年

（1）初生仔兔的性别区分　主要根据外阴部孔洞的形状、大小及距离肛门远近来区别。公兔的阴孔呈圆形，稍小于其后面的肛门孔洞，距离肛门较远，大于一个孔洞的距离。母兔的阴孔呈扁形，其大小与肛门相似，距离肛门较近，约一个孔洞或小于一个孔洞的距离。

（2）断奶幼兔性别区分　可将幼兔腹部向上，用手指轻轻按压小兔阴孔，使之外翻。公兔阴孔上举，呈圆柱状，即 O 形；母兔阴孔外翻呈两片小豆叶状，即 V 形。

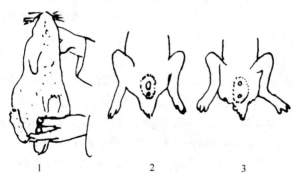

图 6-4　性别鉴别方法

1. 公兔 2. 母兔 3. 公兔

（3）性成熟前的肉兔的性别区分　可通过外阴形状来判断。一手抓住耳朵和颈部皮肤，一手食指和中指夹住尾根，大拇指往前按压外阴，使之黏膜外翻，呈圆柱状上举者为公兔；呈尖叶状，下裂接近肛门者为母兔（图6-4）。

（4）性成熟后肉兔的性别区分　性成熟的公兔阴囊已经形成，睾丸下坠入阴囊，按压外阴即可露出阴茎头部。

（三）去势

一般商品兔采用幼兔直线育肥法，以不去势为好，因出栏年龄不超过3.5～4月龄，去势反而因伤口等影响幼兔的生长发育。但淘汰成年公兔或不留作种用的公兔则必须去势后育肥，而且去势还可提高兔肉的品质，使之性情温驯，便于群养。公兔常用的去势方法有以下三种。

1. 阉割法　将准备去势的公兔仰卧保定，用手将睾丸从腹腔挤入阴囊，并用拇指、食指和中指捏紧固定好一侧睾丸，不让其滑动，用2%碘酒或75%酒精消毒阴囊切口处，然后用消毒过的手术刀在阴囊的最底部，纵向切开1厘米长的小口，并用力挤出睾丸，切断精索，摘除睾丸后，再在切口处用碘酒消毒。再用同样方法摘除另一侧的睾丸。注意在整个操作过程中，要把公兔保定好，一定要严格消毒，防止伤口感染，术后要细心护理及饲养，一般经3～5天可康复。

2. 结扎法　将公兔保定好，用手指捏紧两个睾丸，连同阴囊一起用结实的麻线或橡皮筋将睾丸和精索一起扎紧，使血流不通，这样10天后睾丸会自行萎缩。此种方法兔的痛苦时间长。

3. 药物去势法　先将去势公兔仰卧保定，用手将睾丸捏住，不让其滑动。取注射器吸取3%碘酒或中药鸦胆子油0.5～1毫升，直接注射到睾丸实质内。也可用10%氯化钙，内加0.1毫升甲醛溶液，摇匀过滤后装入瓶中。使用时，每个睾丸正中央注射1～2毫升，过7～10天睾丸可萎缩。也有用7%～8%的高锰酸钾溶液进行去势的,方法同前,用量为每只睾丸 0.7~1 毫升。本法适用于成年公兔。

(四) 编刺耳号

编刺耳号对养殖种兔来说是一件非常重要的日常管理工作。兔刺上永久性耳号后,便于种兔的选种与选配,为性能测定和建立种兔档案打下基础。因而需要对每个种兔按照一定的规律编号。大多数国家,肉兔的编号在耳朵上,即耳号,也有的国家或养兔场实行腿环。编刺耳号在仔兔断奶时或断奶前进行,以免将血统搞乱。常用的方法有耳号钳、耳号戳、针刺和耳标法。

1. 耳号钳法 方法是按耳号顺序依次将号码排在耳号钳内,固定好。将仔兔保定,在耳朵内壳无大血管处用碘酒消毒,再用酒精脱碘。然后将耳壳置于耳号钳的中间,轻轻用力按压,使耳号钳内号码刺入真皮,取下耳号钳,在针刺处涂上醋墨(以醋研磨的,如果没有固体墨,可在黑墨汁中加入一定的陈醋。醋与墨的比例为 2:8,混合均匀后再用),这样即可成为永久的记号。

2. 耳号戳法 耳号戳是以石膏或塑料等与钢针铸成单一的号码,给兔刺耳号时,一个一个号码分别刺,其他操作与耳号钳相似。

3. 刺号法 钢针刺号是简单而效率较低的刺号法,通常是用注射针头或将蘸水笔尖磨尖,一边蘸醋墨水一边在耳壳内一个点一个点地刺,每隔 1 毫米刺 1 个孔,刺成的字码尽可能一致,若干个点组成所要编的号码。刺时稍用力深刺,以保持醋墨充满全孔,日后字迹清晰。这项操作技术性较强,要求用力适中,点的分布均匀,快而准确。适于农村小规模家庭兔场。

4. 耳标法 将金属耳标或塑料耳标头回后,镶压在兔耳上即可。缺点易被勾挂而丢失。

(五) 修爪技术

随着月龄的增加，肉兔的脚爪不断生长，不仅影响活动，而且在走动中很容易卡在笼底板间隙内，导致爪被折断。同时，由于爪部过长，脚着地时的重心后移，迫使跗关节着地，是造成脚皮炎的主要原因之一。因此，及时给种兔修爪很有必要。在国外有专用修爪剪刀，也可用果树修剪剪刀代替。

修剪时将种兔保定，放在胸前的围裙上，使之臀部着力，露出四肢的爪。剪刀从脚爪红线前面约 0.5～1 厘米处剪断即可，不要切断红线。如果一人操作不方便，可让助手配合操作。一般种兔从 1.5 岁以后开始剪爪，每年修剪 2～3 次。

(六) 恶癖的调教

有些肉兔有一定的恶癖，如咬人、咬架、乱排粪尿、拒绝哺乳等。只要采取适当的方法，是可以调教的。

(1) 咬人兔的调教　有的兔（以杂交兔多见）在饲养人员饲喂或捕捉时，先发出"呜"的示威声，随即扑过来，或咬人，或用爪挠人，或仅仅向人空扑一下，然后便躲避起来。这种恶癖，有的是先天性的，有的是管理不当形成的。如无故打兔、逗兔，兔舍过深过暗等。对这种肉兔的调教，要建立人兔亲和，将其保定好，在阳光下用手轻轻抚摸其被毛和颜面，并以可口的饲草饲喂，以温和的口气与其"对话"，不再施以粗暴的态度。经过一段时间后，恶癖便能改正。

(2) 咬架兔的调教　当母兔发情时将其放入公兔笼内配种，而有的公兔不分青红皂白，先扑过去，猛咬一口。这种情况多发生在双重交配时，在前一只公兔的气味还没有散尽时便将母兔放进另一只公兔笼中，久而久之，便形成咬架的恶癖。对这种公兔可采取互相调换笼位的方法，使其与其他种公兔多次调换笼位，熟悉更多的气味。如果仍然不改恶习，则采取在其鼻端涂擦大蒜汁或清凉油予以预防。

（3）拒哺母兔的调教　有的母兔无故不哺育仔兔，有的母兔因为人用手触摸了仔兔而不再哺乳。一旦将母兔放入产箱便挣扎着逃出。对于这种母兔，可用手多次抚摸其被毛，让其熟悉饲养人员的气味，并使之安静下来，将其放在产箱里在人的监护和保定下给仔兔哺乳，经过几天后即可调教成功。如果因为母兔患了乳房炎、缺乳，或因环境嘈杂，母兔曾在喂奶时受到惊吓而发生的拒绝哺乳，应有针对性地予以防治。

八、肉兔的饲养管理经验

（一）饲料投喂量

肉兔的饲喂量应根据不同的品种、生理阶段、不同的季节和饲料的营养价值而定。为了便于初学者及掌握饲量，减少浪费及保证肉兔的采食量，将喂料量列入表 6 - 5、表 6 - 6。

表 6 - 5　规模兔场肉兔日喂料量参考表（克）

兔　别	混合精料	青绿多汁饲料
仔兔补料	4～40	后期少许
断乳至 3 月龄	60～110	适量
3 月龄至配种	100～130	尽量多喂
妊娠前期	110～140	适量
妊娠后期	自由采食	适量
产后前 3 天	110～150	适量
泌乳期	自由采食	适量
种公兔	110～120	适量

注：以中型为基础，大（小）型兔在此基础上增加（减少）10％～20％。

表 6 - 6　农村家庭兔场肉兔喂量参考表（克）

兔　别	混合精料	青绿多汁饲料
仔兔补料	4～40	后期少许
断乳至 3 月龄	30～75	自由采食（>500）
3 月龄至配种	50～70	自由采食（>750）
妊娠前期	50～70	自由采食（>750）
妊娠后期	自由采食或不低于 110	自由采食（>750）
产前前 3 天	90～100	自由采食（>750）
泌乳期	125～150	自由采食（>750）
种公兔	100～110	自由采食（>750）

注：以中型为基础，大（小）型兔在此基础上增加（减少）10%～20%。

（二）喂料技术

兔是由野生兔驯化而来的，仍保留野生兔胆小怕惊、夜行性的特点。因此，饲养员要长期固定，在兔舍内工作时要轻拿轻放，尽量减少对兔的刺激。也常出现因饲养员不同产生的饲喂效果也不同，说明喂兔有学问。喂兔应掌握以下几点：

1. 看兔喂料　根据肉兔的发育阶段和用途不同，喂料种类、数量和次数应有所区别。应遵循：看体重喂料，看妊娠期长短、胎儿数多少喂料，看膘情的好坏喂料，看仔兔数多少、仔兔日龄大小、仔兔发育状况喂料，看粪便的大小、颜色、形状喂料和看饲槽剩料的多少，肉兔食欲的大小喂料等。

2. 粉料湿拌　由于兔是啮齿动物，其门齿必须通过啃咬硬物磨损牙齿，以保持上下齿面的吻合，久而久之就形成了喜啃硬物的习性。因此，肉兔喜欢吃颗粒饲料和多汁饲料，不喜欢吃粉料。但是，我国多数农村养兔目前仍以粉料为主，在喂饲之前应将粉料用清水拌潮。加水的多少，一般掌握把饲料放在手心里用力握，手指间渗水但不下滴为度。饲料投放在饲槽里，如果一时吃不了，可用手搅拌一下，一方面防止饲料变质，另一方面可刺激肉兔食欲。在肉兔自由采食的情况下此举是有效的。

3. 夜晚添料　马不吃夜草不肥，兔不吃夜草不壮。说明了兔的夜行性及夜间补食的重要性。兔夜间采食量较多，喝水也多，因此，要把每天饲料的 60％以上安排在夜间给予。只有这样才能取得较好的饲养效果。

4. 注意粗、青、精饲料搭配 不同类型的饲料饲喂要有个先后顺序，一般是先粗，后青，再精。但在夜间饲喂最后一次，可投喂大量的青草或粗饲料。

5. 暗光育肥 育肥兔以弱光饲养效果最佳。其光强度以暗适应条件下使肉兔可以看到饲槽和水槽为宜。

(三) 垫沙养兔

肉兔的脚皮炎与体重有关，体重越大，发病率越高，特别是当兔笼底板质量不佳时更容易发病。种兔一旦患病，种用价值大大降低，有的甚至失去种用价值。药物预防和加强管理虽然有减缓和降低发病率的作用，但不能解决根本问题。

垫沙养兔法很好地解决了这一难题。根据大型种兔发生脚皮炎的原因，将兔笼踏板去掉，将沙土直接铺垫在承粪板上，种兔生活在沙土上面，排泄的粪尿直接被沙土吸收，定期将粪便清除和更换沙土。因沙土经过了日光消毒，柔软干燥，对兔的脚没有任何损伤。如果肉兔患了脚皮炎，在这种兔笼里饲养一段时间，症状就会减轻。由于种兔生活在土面上，模拟了野生环境，母兔的母性还能增强。繁殖兔在笼的一角用两块砖砌成一个产仔间，里面铺些垫草，母兔在里面产仔育仔，效果较普通的木箱好。仔兔在这样的环境下生长，成活率高，生长发育也较快。

(四) 青饲轮流供应

青绿饲料是农村家庭养兔的主要饲料，其适口性强，增食欲，调胃肠，利粪尿，富含维生素、蛋白质、矿物质和糖类，还具有催情、促乳、增膘和生毛之功效。1～3 月份，以冬贮的大白菜、胡萝卜、白萝卜为主，后期间喂菠菜和油菜。油菜连根带叶一并收割，一般日喂一次。3～4月份，喂以修剪的部分树枝、收割早熟野草，间喂油菜和菠菜。谷雨前后，油菜和菠菜全部清茬；密植大豆和黑豆。此期一般日喂一次。4～5月份，主要以人工栽培的苦荬菜、菊芋茎叶和野杂草为主。大豆和黑豆开始间苗。5～6月份，收小麦，种玉米，间作密植大白菜、红萝卜和青萝卜。5个月后大白菜开始间苗，大豆和黑豆疏苗。6～10月份，以田间杂草为主，人工牧草为辅，日喂两次。秋分后收玉米，种小麦，套种油菜和菠菜。11～12月份，萝卜、白菜、胡萝卜等冬贮冬喂，日喂一次。

第七章

无公害兔场建设与环境

兔场是集中饲养肉兔和以养兔为中心而组织生产的场所，是肉兔重要的外界环境条件之一。为了合理地组织肉兔生产，应根据肉兔的生物学特性和兔场的发展规划、数量、生产方向及各地不同的环境条件等，本着节约避免浪费的精神，对兔场场址进行有目的地选择，在建筑物的科学建造与合理布局上，要合理利用自然和社会经济条件，配置完善的设备，以保证肉兔的生长和繁殖有一个良好的环境，以有效地提高肉兔的数量和品质，从而获得更大的效益。

一、场址的选择

选择兔场、兴建场址，应根据兔场的经营方式、肉兔的生长特点、管理形式及生产的规模化程度等要求，对地势、地形、水源及居民点的配置、交通、电力、饲料基地等条件进行全面考虑。

（一）地势与地形

1. 地势 兔场应建在地势高而干燥的地方，至少应高出当地历史洪水的水线以上。其地下水位低，一般应在 2 米以下。这样的地势，可避免地面潮湿，因为肉兔喜欢干燥，厌恶潮湿污浊。低洼潮湿的场地，不利于肉兔的体温调节，反而利于细菌、寄生虫的繁殖，特别是疥癣、球虫的生存。这样，很容易引起肉兔的各种疾病，给肉兔的生产带来极大的负面影响，同时还会影响建筑物的使用寿命。地势还要背风向阳，以减少冬春季风雪侵袭（尤其是北方），从而保持兔场相对稳定的温度。不要将兔场建在产生涡流的山坳或谷地内。兔场地面要平坦或稍有坡度，排水良好。地面坡度一般应以 $1‰\sim3‰$ 为好。

2. 地形 地形要选择开阔、整齐和紧凑的地形，不应该过于狭长或边角较多的地形，主要是由于可以缩短道路及管线的长度，以便节约投资和利于管理。同时要充分利用自然地形地貌，作为场界及天然屏障，如山岭、林带、河川等。兔场占地面积要根据肉兔的生产方向、饲养规模、饲养管理方式等因素来确定。在计划时，既要充分考虑满足生产，又要为以后扩大规模留有余地。如以一只基础母兔及其仔兔占 0.8 米^2 建筑面积计算，兔场的建筑系数约为 $15‰$，500 只基础母兔的兔场需要占地约 $2\,700$ 米^2 左右。

（二）土质与水源

1. 土质 兔场场地土壤情况，如土壤的透气性、吸湿性、毛细管特性、抗压性及土壤中的化学成分，都直接或间接对肉兔及其建筑物产生影响。

透气透水性不良、吸湿性大的土壤（如黏土类），当受到粪尿等有机物污染后，往往在厌氧条件下进行分解，产生有害气体如氨气（NH_3）、硫化氢（H_2S）等，使兔场的空气受到污染，同时，其分解产物也会给当地土壤及水源造成污染。

潮湿的土壤是病原微生物及蝇蛆等生存和孳生的场所，对兔的健康造成威胁。此外，这样的土壤抗压性低，常使建筑物基础变形，从而缩短建筑物的使用年限。

颗粒较大、透气透水性强、吸湿性小、毛细管作用弱的土壤（如沙土类），虽然易于干燥和有利于有机物的分解，但其导热性大，热容量小，易增温，也易降温。昼夜温差大的地方，也不适于建造兔场。

兔场理想的土壤为沙土壤，它兼具沙土和黏土的优点，透气透水性良好，持水性小，雨后不会泥泞，易于保持适当的干燥，可防止细菌、寄生虫卵和蚊蝇的生存与繁殖。同时，由于透气性好，有利于土壤本身的自净。这种土壤的导热性小，热容量较大，土温比较稳定，对肉兔的健康和卫生防疫都有好处。又由于具抗压性好，膨胀性小，适于兔场设施的建筑。

总之，从建筑学和家畜环境卫生学的观点看，兔场应选建在沙壤土地上。在一定的地区内，由于客观条件的限制，选择理想的土壤是不容易的。因此，应选择较理想的土壤，并在兔舍的设计、施工、使用和日常管理上，设法弥补土壤的某些缺陷。

2. 水源 水源是兔场场址选择时需要重点考虑的问题。兔场水源水量要充足，水质要好，便于保护和利用。

兔场水源可分为三大类：第一类为地面水，如江、河、湖、塘和水库等。其主要由降水或地下水汇集而成。水质受自然条件的影响较大，易受污染。使用此类水源要经常化验水质，以防不测，供饮用的地面水要进行人工净化和消毒处理。第二类为地下水，这种水源受污染的机会较小，但地下水往往受地质化学成分的影响而含有某些矿物质，水硬度较大，使用要进行化验，防止引起矿物性毒物疾病。第三类为降水，以雨、雪的形式降落在地面形成，容易受到污染，水质难有保证，兔场水源一般不能使用降水。

作为兔场水源的水质，一定要符合饮用水标准。

（三）气象因素与社会环境

肉兔生产过程中形成的有害气体及排泄物会对大气和地下水产生污染，因此兔场不宜建在人烟密集和繁华地带，而应选择相对隔离的地方，有天然屏障（如河塘、山坡等）作隔离则更好，但要求交通方便，尤其是大型兔场更是如此。大型兔场建成投产后，物流量比较大，如草、料等物资的运进，兔产品和粪肥的运出等，对外联系也比一般兔场多，若交通不便，则会给生产和工作带来困难。

兔场不能依靠公路、铁路、港口、车站等，也应远离屠宰场、牲畜市场、畜产品加工厂及有污染的工厂。为了卫生防疫起见，兔场距交通主干道应在 300 米以上，距一般道路 100 米以上，以便形成卫生缓冲带。兔场与居民区之间应有 500 米以上的间距，并且处在居民区的下风口，尽量避免兔场成为周围居民区的污染源。

肉兔胆小怕惊，兔场不应选建在石子场、飞机场、打靶场等噪音较大的场所附近。

规模兔场，特别是集约化程度较高的兔场，用电设备比较多，对电力条件依赖性强，兔场所在地的电力供应应有保障，兔场离输电线路较近可节省通电费用。

兔场的四周要注意植树和种草。绿化的调温调湿效果是相当显著的。阔叶树夏天可遮阳，冬天能挡风，绿化好的兔场，夏季可降温 $3\sim5℃$，1 公顷的树叶 1 天可吸收 1 吨二氧化碳，还可吸尘。种植草皮，也可使空气中的含尘量减少 5/6。因此，应将植树种草看作是兔舍建筑中不可缺少的一部分。若周围环境绿化得比较好，可作为优先选作场址的一个因素。

二、兔场设计与布局

兔舍设计，包括肉兔生物学设计和建筑学设计。兔舍不同民用住房，更不同于工业厂房。肉兔饲养密度大，它们不仅要在兔舍内生产，还要生活，要在舍内吃、饮、排粪、排尿。而伴随着排泄物的产生及变化，还有大量的水汽、有害气体、灰尘、微生物的产生，这就增加了兔舍环境控制的复杂性。因此，兔舍作为肉兔的生活环境和从事肉兔生产的场所，必须根据肉兔的生物学特点和饲养管理的要求，科学地进行建筑设计，全面考虑兔舍的防寒防热、通风换气、采光照明、排水防潮、供热保温等诸多因素，为肉兔创造一个最理想的生活环境，充分发挥其生产能力。

（一）总体布局

1. 肉兔场的分区规划　标准化大型肉兔场，是一个完善的建筑群。按其功能和生产特点，可分为生产区、管理区、兽医隔离区和生活区等（图 7 - 1）。

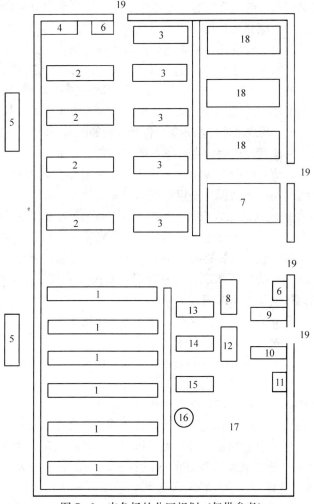

图 7 - 1　肉兔场的分区规划（仅供参考）

1. 种兔舍　2. 繁殖舍　3. 后备育肥舍　4. 隔离室　5. 蓄粪池　6. 警卫室　7. 办公室　8. 食堂　9. 车库　10. 配电室　11. 修理室　12. 饲料原料库　13. 饲料成品库　14. 饲料加工车间　15. 锅炉房　16. 水塔　17. 果菜园　18. 宿舍　19. 大门

（1）生产区　也就是养兔区，是兔场的主要建筑区，其建筑物包括种兔舍、繁殖舍、育成舍、幼兔舍和育肥舍。种兔舍应置于环境最佳的位置；繁殖舍要靠近育成舍，以利于兔群周转；幼兔舍和育肥舍应靠近兔场一侧的出口处，以便出商品兔。生产区的入口处要有消毒设施（消毒间、消毒池等）。

（2）管理区　主要由饲料加工车间、饲料原料库、维修间、变电室、供水房等组成。需要注意的是，管理区要与生产区分开，成为一个单独的区域；饲料原料库和饲料加工车间应尽量靠近饲料成品库；饲料成品库应与各兔舍保持较近的距离，以利于喂料。

（3）生活区　主要由办公室、职工宿舍、食堂、文化娱乐场所等组成，应单独分区设立。考虑工作方面和卫生防疫两方面，生活区既要与生产区保持一定的距离，又不能太远。

2. 兔场建筑的正常布局　建筑物的布局应从人和兔的健康角度出发，以建立最佳生产联系和卫生防疫条件为目的，合理安排不同区域的建筑。特别是在地势和风向上要进行科学布局，生活区应在全场的上风和地势最好地段，依次为管理区、生产区，兽医隔离区应建在下风向。

（1）兔舍的朝向、排列和间距　合理利用太阳光照，确定兔舍的朝向，对兔舍的温度与采光都有很大影响。在我国，兔舍应为南向，即兔舍纵轴与纬度平行，这样有利于冬季阳光进入兔舍，提高舍温，并可防止夏季强烈的光照。考虑到地形、通风和其他条件，可根据具体情况向东或西向偏转15°。

南向兔舍，从单栋兔舍来看，自然通风和光照都比较好，但从多栋兔舍来看，兔舍长轴与主导风向垂直时，后排兔舍受前排影响通风较差。为保持较好的通风状态，兔舍间距应为舍高的4～5倍，这样才不会影响后排通风。若从夏季主导风向与兔舍的关系考虑，使兔舍长轴与其成30°～60°角，就可以缩短间距9～10米，并使每排都得到较好的通风条件。一般兔舍的间距不少于舍高的1.5～2倍。

（2）道路　要求场内道路直且线路短，以保证场内各生产环节最方便的联系。主干道宽度一般为 5.5～6.5 米，支干道一般为 2～3 米。场内道路分清洁道和污染道，运送饲料的道路（清洁道）不能与运送粪便和污物的道路（污染道）通用或交叉，兽医建筑要有单独的通道。道路要硬化，有弧度，排水性能好。

（3）蓄粪池　设在生产区的下风向，与兔舍保持 100 米的卫生间距，若有围墙，50 米间距就可。蓄粪池的深度以不受地下水的浸渍为宜，底部应防止渗漏。

（4）兔场绿化　绿化可改善兔场小气候，净化空气，还可以起到防疫和防火的作用。兔场周边种植乔木和灌木混合林，不能种植过于高大、枝叶过密的树种，以免影响兔舍采光。

（二）兔舍建筑形式

兔舍建筑既要符合肉兔的生物学特性，又要充分考虑经济效益和各方面因素，使兔舍建筑既经济又合理。具体要求如下：兔舍的设计要符合肉兔的生物学特征，有利于环境控制，有利于肉兔生产性能和产品质量的提高，有利于卫生防疫，便于饲养管理和提高劳动效率。兔舍设计要考虑投入产出比，在满足肉兔生理特点的前提下，尽量减少投入，以便早日收回投资。一般而言，小型兔场 1～2 年，中型兔场 2～4 年，大型兔场 4～6 年应全部收回投入。兔舍建材要因地制宜，就地取材，经济实用。打好兔舍基础，基础是墙的延续和支撑，应具备下面承受坚固、耐火、抗机械作用及防潮、抗震、抗冻能力，一般基础比墙宽 10～15 厘米，基础的埋置深度应根据兔舍的总荷载、地基的承载力、土层的冻涨程度及地下水情况而定。北方地区在膨胀土层修建兔舍时，应将基础埋置于土层最大冻结深度以下。为了防潮和保温，基础应分层铺垫防潮保温材料如油毡、塑料膜等。国外在畜舍建筑中广泛采用石棉水泥板及刚性泡沫隔板，以加强基础的保温。基础和地基必须具备足够的强度和稳定性，足够的承重能力和足够的厚度，且组成一致，压缩性小而均匀，抗冲刷力强、膨胀性小，不受地下水冲刷的砂石土层是良好的天然地基。墙也是兔舍的主要外围护结构，要坚固耐久，抗震、防水、防火、抗冻、结构简单，便于清扫消毒，具备良好的保温和隔热性能。

兔舍的建筑形式，根据地理环境条件、社会和经济条件、生产方向、生产水平和饲养方式而定。按照舍墙的有无、舍顶的形式、空间排列、兔笼排列等划分，主要有以下几种。

1. 按墙的结构和窗的有无划分

（1）棚式兔舍　四面无墙，只有舍顶，靠立柱支撑，也叫敞棚。适用于冬季较温暖的南方地区。优点是采光通风效果好，造价低，投资少，投产快；不足是不能进行环境控制，不利于防兽害。

（2）开放式兔舍　三面有墙，前面敞开或设丝网。适用于较温暖的地区。特点是采光通风效果好，管理方便，造价低；缺点是不利于环境控制（图 7-2）。

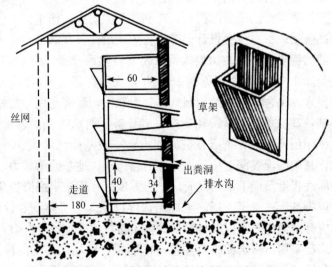

图 7-2　开放式兔舍（单位：厘米）

（3）**半开放式兔舍** 三面有墙，前面有半截墙，为防兽害半截墙上可安装铁丝网。适用于四季温差小较温暖的地区。特点是采光通风效果好，管理方便，造价低（图 7 - 3）。

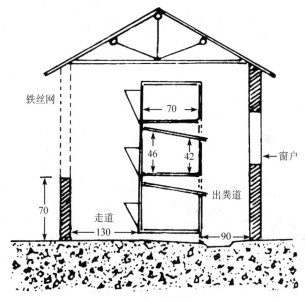

铁丝网

70

46 42

窗户

出粪道

70

走道

130

90

图 7 - 3　半开放式兔舍（单位：厘米）

（4）**封闭舍** 四周有墙壁，上有屋顶遮盖，前后墙装窗子。是我国目前应用最多的兔舍形式。优点是有较好的保温效果，可进行环境控制，便于管理，防兽害；缺点是粪尿沟在舍内，有害气体含量高，通风不方便，造价较高。

（5）**无窗舍** 这种兔舍没有窗户，舍内的温度、湿度、光照、气流都在人工控制范围内。优点是给兔创造了一个适宜的环境，提高了生产力和饲料转化率，有效控制了疾病传播，便于机械化操作；缺点是运转成本高，兔群质量要求高，完全实行"全进全出"制。

2. 按舍顶形式划分（图 7 - 4）

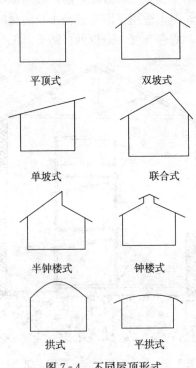

图 7-4　不同屋顶形式

（1）平顶式　舍顶为水平状，无坡度。四周出台，前后沿留有出水孔。优点是可利用舍顶平台贮存饲料和物品，缺点是难防水。

（2）单坡式　屋顶前高后低，一般跨度较小，结构简单，适用于单列式或规模较小的兔场。

（3）双坡式　屋顶有对称的双坡，是目前应用最多的兔舍形式，适用于较大跨度的兔舍，有利于隔热和保温。

（4）联合式　舍顶为不对称的双坡，保温能力较好。

（5）钟楼式和半钟楼式　在双坡式屋顶上增设双侧或单侧天窗，可以加强通风和采光，跨度较大的兔舍多用此形式。

（6）拱式和平拱式　是一种省木材和钢材的屋顶，有单曲拱和双曲拱之分，适用于跨度较小的兔舍。该类屋顶造价低，但保温性能差。

3. 按空间排列划分

（1）地下舍　利用地下温度较高而稳定的特点，在地下建造兔舍。优点是温度比较适宜，安静，噪音小；缺点是采光通风效果不好，湿度大，劳动强度大（图7-5）。

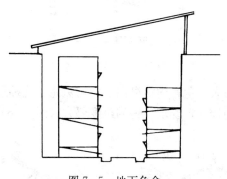

图7-5　地下兔舍

（2）半地下舍　一半在地下，一半在地上，优点是可以同时兼顾温度和采光通风，缺点是劳动强度大，湿度较大（图7-6）。

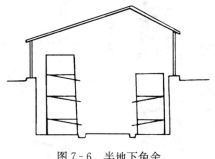

图7-6　半地下兔舍

（3）地上舍　完全建在地上，多为平房，少数为楼房。

4. 按兔笼排列划分

（1）单列式　兔舍内沿纵向设一列兔笼。兔笼前设一走道，后面设粪沟和粪道，也有的将粪沟设在舍外（图7-7）。

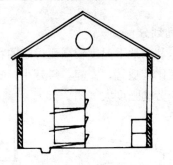

图7-7 单列式兔舍

（2）**双列式** 兔舍内沿纵向设两列兔笼。这种形式的兔舍利用率高，应用较广，要求兔舍的跨度要大（图7-8）。

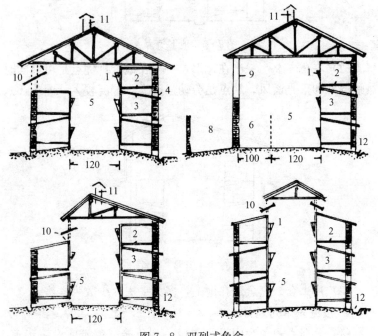

图7-8 双列式兔舍

（3）多列式　沿兔舍纵向设置三列或三列以上兔笼的兔舍，跨度大。兔笼以单层或双层为宜，否则，兔笼层数高，会影响通风和采光。适用于大型集约化兔场（图7-9）。

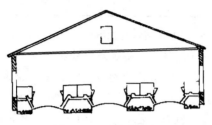

图7-9　多列式兔舍

（三）兔笼的设计

兔笼是养肉兔的主要设施，科学地设计和制造兔笼是非常重要的。兔笼设计要遵循结构和规格经济实用的原则，做到耐啃咬、耐腐蚀、易清理、易消毒、易拆装、防逃逸、防兽害、造价低、经久耐用、便于操作和洗刷、质轻、坚固、不易变形、便于有效利用空间，并符合肉兔的生理要求。

1. 兔笼规格　兔笼大小应根据肉兔品种、类型和年龄的不同而定，一般以肉兔能自由活动为原则。除育肥兔需要较小的兔笼外，一般标准笼长为成年兔体长的2倍，笼宽为体长的1.5倍，笼高为体长的1.2倍。不同的品种、年龄和性别，其具体尺寸有些差异，一般大型品种和种兔的兔笼应酌情放大。现介绍一些兔笼尺寸的资料以供参考。

表7-1　室外兔笼尺寸（厘米）

肉兔类型	单 个 兔 笼			
	长	宽	前檐高	后檐高
中型	120	60	70～80	45
大型	150	70	70～80	45

表 7-2　室内兔笼尺寸（厘米）

肉兔类型	长	宽	高
小型	46～61	76	46
中型	61～76	76	46
大型	76～91	76	46

2. 兔笼构件　兔笼构件中包括笼壁、笼底板、笼门、承粪板。各构件均要符合肉兔的生长发育要求。

（1）笼壁　兔笼内壁必须光滑，以避免钩脱兔毛和便于除垢消毒，一般可用砖头或水泥板砌成，也可用竹板或金属板钉成。如采用砖砌或水泥制件，必须预先留出支撑承粪板和笼底板搁肩，搁肩宽度以 3～5 厘米为宜；采用竹、木栅条或金属条，栅条宽度 1.5～3 厘米，间距 1.5～2 厘米为宜。

（2）笼底板　一般采用竹片或镀锌冷拔钢丝制成，在我国南方多采用竹片钉制，竹片要光滑，竹片宽 2.2～2.5 厘米，厚 0.7～0.8 厘米，竹片间距 1～1.2 厘米，竹片方向应与笼门垂直。笼底板应装成活动的，便于定期消毒。非产竹区也可用冷拔钢丝制成。为便于肉兔行走，网眼不能太大，但又要让兔粪能够漏下，一般以 1.3 厘米方眼为宜。

（3）笼门　安装笼前，要开关方便，能防兽害、防啃咬。可用竹片、有孔铁皮、镀锌冷拔钢丝等制成。应在右侧安装门轴，向右侧开门。为提高工效，草架、食槽、饮水器等均可挂在笼门上，也可增加笼内实用面积，减少开门次数。

（4）承粪板　一般用水泥板制成，厚度为 2～2.5 厘米，在多层兔笼中，上层兔笼承粪板就是下层兔笼的笼顶，承粪板应向笼体前面伸出 3～5 厘米，并伸出后壁 5～10 厘米，向笼后壁斜约 15°角，可使粪尿经板面直接流入粪沟，便于清扫。

3. 兔笼高度　为方便操作管理和维修，兔笼总高度应控制在 2 米以下，最底层兔笼距离地面高度在 25 厘米以上，以利于通风防潮，底层兔有较好的生活环境。

4. 兔笼材料 各地区因生态条件、经济水平、养兔习惯、生产规模的不同，建造兔笼的材料也应因地制宜。

（1）竹（木）制兔笼 在竹、木取材方便的地区，可采用竹、木制兔笼。优点是取材方便，使用方便，移动性强，且利于通风、防潮，隔热性能较好。缺点是容易腐烂，不耐啃咬，不能彻底消毒，不能长久使用。

（2）水泥制件兔笼 这类兔笼的侧壁、后墙和承粪板采用水泥制件砌成，笼门及笼底板可用其他材料制成。其主要优点是耐腐蚀，耐啃咬，适用多种消毒方法，坚固耐用，造价低廉；缺点是通风、隔热性能差。

（3）金属网兔笼 大多采用镀锌冷拔钢丝焊接而成，适用于工厂化养兔和种兔生产。优点是结构合理，安装、使用方便，利于通风透光，耐啃咬。缺点是造价较高，只适用于室内或比较温暖的地区使用，室外使用时容易腐蚀，必须设有防雨、防风设施。

（4）砖、石制兔笼 采用砖石砌成，南方室外普遍采用，一般建造2～3层，笼舍结合较好；优点是取材方便，造价低廉，耐腐蚀，耐啃咬，防兽害，保温隔热性能较好；缺点是通风性能差，不易彻底消毒。

（5）全塑型兔笼 采用工程塑料零件组装而成，也可一次压模成型。主要的优点是结构合理、拆装方便，便于清洗和消毒，耐腐蚀性较好，脚皮炎发生率较低。缺点是造价高，不耐啃咬，塑料容易老化，且只能采用药液消毒，因而使用还不够普遍。

（四）兔舍其他用具

兔舍的常用设备，除兔笼外，还有饲喂与饮水设备、产仔箱和排污设备等。

1. 饲槽 也称食槽，其形式、大小、选材要根据实际需要而定，但必须实用、耐用，尤其耐啃咬，而且不容易翻倒。制作饲槽还应考虑清洗、消毒方便，维修方便，最好用活动式饲槽。目前常用的有竹制、陶制、水泥制、铁皮制及塑料制等多种饲槽。规模较大、机械化程度高的兔场多采用自动喂料器，一般用镀锌铁皮或硬质塑料制成。中小型兔场及家庭养兔可按饲养方式而定，采用陶制料槽或多用转动式料槽。

2. 草架 用于饲喂青绿饲料和干草，一般用木条或竹片制成 V 字形草架。群养兔或运动场用的草架可钉成长 100 厘米、高 50 厘米，上口宽 40 厘米；笼养兔的草架一般固定在笼门上也呈 V 字形，草架内侧间隙为 4 厘米，外侧为 2 厘米，可用金属丝、竹片或木条制成。

3. 产仔箱 又称巢箱，是母兔产仔、哺乳的场所，也是仔兔的生活场所。一般用木板、硬质塑料制成。金属制的产仔箱，内壁最好镶纤维板或木板，以隔凉。目前，我国各地的兔场采用木制产仔箱的居多，木制产仔箱通常用 1.5～2 厘米厚的木板钉制，木箱内外刨光，钉子不外露，箱底开几个小洞，便于尿液流出。目前普遍使用的产仔箱有两种形式，一种是敞开的平口产仔箱，用 1 厘米厚的木板制成，箱底有粗糙的锯纹，并凿有间隙或开有小洞，使小兔走动时不易滑倒和利于排除尿液；另一种在箱的前方作成月牙形缺口，产仔箱横放，增加箱内面积，产仔后再竖起来，防止仔兔爬出箱外。

4. 饮水器 常用的饮水器形式有多种，一般小型兔场或家庭养兔多用陶碗或陶瓷水钵，优点是经济实用，消毒、清洗方便。缺点是换水时要开启笼门，易被粪尿污染和翻倒。笼养兔可用盛水的玻璃瓶倒置固定在兔笼外面，瓶口上接一根橡皮管通过笼前网伸进笼内，利用空气压力将水从瓶内压出，供兔饮用。这种饮水器不占笼内面积，不易被污染，而且也不会弄湿兔毛，但需勤添水。大型兔场多采用乳头式饮水器，有减压水箱、控制阀、水管及饮水乳头等组成。当兔口触动饮水乳头时，其乳头受到压力影响而使内部弹簧回缩，水即从缝隙流出。这种饮水器的优点是可供肉兔自由饮水，既防污染，又节约用水，但投资成本较高，易造成堵塞和滴漏，另外，要求水质干净。

5. 排污系统 排污系统主要包括粪沟、排水管、粪水池及清粪机等。粪沟要用于排除粪尿及污水，建造时要求表面光滑、不渗漏，并有 $1\% \sim 1.5\%$ 的倾斜度。粪水池应设于兔舍 20 厘米以外的下风处，池口应高出地面 $10 \sim 20$ 厘米，以防地面水流入池内。目前，我国绝大部分养兔场采用，人工清扫适用于小型兔场或家庭养兔，虽可节省投资，但费工费时。用水冲粪多用于多列式兔舍，虽可省人工，但耗水量较大，缺水地区不宜采用。

机械化程度较高的兔场，一般采用牵引式刮粪板，由电机牵引钢绳使刮粪板来回刮动，将粪尿污物全部刮至储粪池中。这种排污系统结构简单，但久用之后，刮粪板因磨损而不干净。

（五）防疫设施

兔场周围要有天然的防疫屏障或较高的围墙，以防场外人员及其他动物进入场内。其后适宜的地区，可在场外种植如花椒类的树木，既能够起到围墙和防疫屏障的作用，又可以改善环境，绿化场院，且有一定的收获。

兔场大门及各区域入口处，特别是生产区入口处，以及各兔舍门口处，都应该设置消毒设施。如车辆消毒池、脚踏消毒池、喷雾消毒室、更衣换鞋间等。车辆消毒池一定要有一定的深度，其池长应大于轮胎周长的 2 倍。紫外线消毒杀菌灯，应强调安全时间，一般要 $3 \sim 5$ 分钟。

三、兔场的环境控制

（一）环境对肉兔生产的影响

环境是指肉兔生活的外部环境，包括作用于兔体的一切物理性、化学性、生物性及社会性环境。物理性环境包括兔舍、笼具、尘埃、湿度、温度、光照、噪声、海拔、土壤等；化学性环境包括空气、有害气体、水等；生物性环境包括草、料、微生物等；社会性环境包括饲养、管理、兽害以及与其他家畜的关系等。了解环境对肉兔健康和生产的影响规律，可以科学地控制环境，提高肉兔的生产力。

1. 不良环境对肉兔的危害　不良环境因素的刺激可直接影响肉兔的生产力。如粗糙不平的笼底网，可磨掉兔足底毛，而使皮肤发炎，出现疼痛，血液外渗，进而被细菌侵入，造成溃烂，使肉兔采食下降，体重减轻，影响发情及受胎，以至死亡。另外，环境的变化不同程度地改变着肉兔的生理状态、新陈代谢、激素分泌、饲料消耗、生长发育、性成熟、生活能力、活动方式、繁殖哺乳和泌乳状况等，环境变化越大，时间越长，这种影响越大。在肉兔生产中，彻底消除应激因素的影响是不可能的，但可以减少和控制环境的不良影响。如引种时，应尽量在国内引种、就近引种，这样可以尽量减少环境差异造成的应激性危害。

2. 肉兔对环境影响的反应　肉兔对环境影响的反应十分敏锐。兔生性胆小，神经敏锐，动作灵活，听觉、视觉、嗅觉均发达，缺乏主动进攻能力，总处于防御状态，因此，对环境有着高度的警觉性。只有高度育成的品种兔才比地方品种兔迟钝。当我们用手触碰刚出生仔兔时，地方品种母兔十分不安，表现出嗅、听、看等，甚至用爪翻抓巢内的垫草，拒绝哺乳；而德系安哥拉兔，则几乎呈现出若无其事的样子。所以，在建场、建舍或制作笼具时应考虑这一特点，根据肉兔行为及生理特点，千方百计减少环境应激的影响。

3. 模拟和创造可提高肉兔的生产力　模拟就是模仿，如制作肉兔产仔箱，就是模拟肉兔野生时的洞穴环境。创造是以肉兔的习性、行为、生理等为依据，人为地加以改进和创新，使环境更有利于生产潜力的发挥。养兔不进行科学的模拟和创造，可使肉兔死亡惨重。如给断奶幼兔通风换气时，风速过大使幼兔蜷缩一角，暴发呼吸道炎症，可造成大批死亡。而高水平的工厂化养兔，给肉兔创造了四季稳定的兔舍环境，这种基本恒温、恒湿、通风良好的条件使肉兔年产4窝提高到8~10窝，明显地提高了肉兔的生产效益。

（二）兔舍的环境控制

兔舍环境控制是指对肉兔生活小环境的控制。例如，通过隔热保温及散热降温以控制温度、采取有效的通风换气措施以净化空气、通过人工照明以控制舍内光照等。目的是在最大限度克服天气与季节变化对肉兔的不良影响，创造符合肉兔生理要求和行为性的理想环境，以增加养兔生产的经济效益。

1. 肉兔对温度的要求　肉兔适宜的环境温度，初生仔兔为28~32℃，成年兔为10~25℃，临界温度为5~30℃，环境温度超过30℃，只要连续几天就会使肉兔繁殖力下降，公兔精液品质恶化，母兔难孕，胚胎早期死亡率增加，如果环境温度超过35℃，将出现虚脱，甚至死亡。

肉兔是恒温动物，平均体温38.3~39.5℃。为了维持正常的体温，肉兔必须随时调节它与环境的散热和自身的产热。气温越高，体内产热越难向外散发，这时肉兔不得不减少产热，引起食欲下降、消化不良、性欲下降和繁殖困难等。而气温越低，又要增加自身的产热，这不仅会消耗较多的营养物质，还可能使肉兔抵抗力下降，容易染病。

生产实践证明，肉兔生活在适宜温度范围内，能处于最佳生理状态和表现出良好的经济性能。对肉兔来讲，高温环境要比低温更为不利，高温可引起食欲下降，消化不良，性欲降低和繁殖困难等；而低温则会影响肉兔的生长发育，增加饲料消耗。

2. 兔舍的人工增温　冬季气温较低，日照时间短，寒冷地区进行冬繁、冬育难以达到理想温度，应逐个兔舍进行人工增温。

(1) 天然温泉供热　我国有的地区有温泉，水温高达80℃，这种天然热源用来为养兔供热，十分经济。

(2) 局部供热　在兔舍中单独安装供热设备，如电热器、保温伞、散热板、红外线灯、火炉和火墙等。也有用15厘米×15厘米的电褥子垫于产箱下增温，使兔的冬繁成活率明显提高。

(3) 集中供热　地处寒冷地区的工厂化兔场进行冬繁，可采用锅炉或空气余热装置等集中产热，再通过管道将热水、蒸汽或热空气送往兔舍。

另外，建地下室，设立单独的供暖育仔间、产房等也是有效而经济的方式之一。

3. 兔舍的人工散热与降温　兔舍的温度对肉兔的生长有着非常重要的影响。在兔舍中一定要注意保持恒定的温度，因为肉兔既怕热，又怕冷。

(1) 注意兔舍的隔热设计　肉兔既怕热，又怕冷，肉兔的汗腺不发达，尤其是公兔，过热会造成不育，仔兔因温度过低会被冻死。因此，建舍时应综合考虑防暑防寒。

(2) 加强兔舍通风　加强通风虽不能明显降低兔舍温度，但加速了舍内及兔体内积热的排除，使肉兔有凉爽感。一般地区可采用开窗，靠自然风力和舍内外温差加强对流散热，达到通风散热的目的。

(3) 舍前植树　据观察，气温为33℃时，在大树下的兔舍内仍凉爽舒适，而无树遮阴的，却燥热不堪。在夏季炎热地区，多用风机送风，根据气温、兔舍大小、饲养密度，确定风机型号和送风方式，机械送风散热效果较好。据中国农业大学兔场连续3年观察，用致密的卷帘布做成送风管，与风机相连，在公兔笼侧上方垂直吹风，夏季公兔性欲正常，且有活精子的占80%，而不送风的对照组有活精子的仅35%。使用风机时应注意不要垂直吹兔体，因强风直接吹会刺激兔引起感冒，降低采食。

（4）**喷雾** 先通过喷雾器将水喷成雾状，再通过送风吹入舍内。由于易增加舍内湿度，故很少采用。

（5）**洒水** 水的蒸发可达到降温的目的，利用地下水或经冷却的水喷洒，降温效果更好。据试验，洒的水温度比气温低15～17℃时，可使气温降低3～5℃。

（6）**空调降温** 通过制冷设备使空气降温。一般用氨或氟作为制冷剂，装配冷却系统，以电为动力，向兔舍内送入冷风。此法耗费较高，且要求兔舍保温隔热性能要好。

4. 兔舍有害气体的控制 兔体排出的粪尿及被污染的垫草，在一定温度下，分解产生氨、硫化氢、甲烷、二氧化硫等有害气体。舍内的微小尘埃过多时，可侵害肺部，并加剧巴氏杆菌病的蔓延。由于兔的呼吸作用及舍内蒸发作用，使舍内湿度增加。舍内温度越高，饲养密度越大，有害气体浓度越高。肉兔对空气质量比对湿度更为敏感，如氨浓度超过20～30毫升/米^{3}时，常常诱发各种呼吸道病、眼病等，尤其可引起巴氏杆菌病蔓延，使种兔失去利用价值，严重降低效益。

（1）**兔舍有害气体允许浓度标准** 氨（NH_3）<30毫升/米^3；二氧化碳（CO_2）<3 500毫升/米^3；硫化氢（H_2S）<10毫升/米^3。

（2）**有害气体的控制措施** 通风是控制兔舍有害气体的关键措施，在夏季可打开门窗自然通风，冬季靠通风装置加强换气。但应根据兔场所在地区的气候、季节、饲养密度等严格控制通风量和风度。通风量过大、过急或气流速度与温度之间不平衡等，同样可诱发兔的呼吸道疾病和腹泻等。确定通风量时可先测定舍内温度、湿度，再确定风速，控制空气流量。精确控制需通过专用仪器测算，也可通过观察蜡烛火焰的倾斜情况确定风速：倾斜30°时，风速0.1～0.3米/秒；60℃时0.3～0.8米/秒；90℃时则超过1米/秒。兔体附近风速不得超过0.5米/秒。

通风方式分自然通风和动力通风两种。为保障自然通风畅通，兔舍不宜建得过宽，以不大于 8 米为好，空气入口处除气候炎热地区应低些外，一般要高些。在墙上对称设窗，排气的面积为舍内地面面积的 2%～5%；育肥商品兔舍每平方米饲养活重不超过 20～30 千克。动力通风采用鼓风机进行正压或负压通风，负压通风是指将舍内空气抽净，将鼓风机安在兔舍两侧或前后墙，这是目前较多采用的方法，投入较少，舍内气流速度小，又能排除有害气体。由于进入的冷空气需先经过舍内空间再与兔体接触，避免了直接刺激，但易发生疾病交叉感染；正压通风指的是将新鲜空气吹入，将舍内原有空气压向排气孔排出，先进的养兔场装备有鼓风加热器，即先预热空气，避免冷空气刺激。无条件装鼓风加热器的兔场，可选用负压式通风。

另外，在控制有害气体时，尚需及时清除粪尿，减少舍内水管、饮水器的渗漏，经常保持兔笼底的清洁干燥。

5. 兔舍的湿度控制　湿度往往伴随温度对肉兔产生影响，高温高湿和低温高湿对肉兔都有不良的影响。高温高湿会抑制肉兔散热，特别是幼兔更难以忍受。肉兔是较耐湿的动物，尤其在 20～25℃时，对高湿度的空气有较强的忍受力，一般不发病。我国南方多雨季节，空气相对湿度达 90% 以上，肉兔能较好地生存，当然南方气温较高、温差小起了缓冲作用。但空气湿度过大，常会导致笼舍潮湿不堪，污染被毛，影响兔毛品质，有利于细菌、寄生虫繁殖，引起疥癣、湿疹蔓延。反之，兔舍空气过于干燥，长期湿度过低，同样可导致被毛粗糙，兔毛品质下降，引起呼吸道黏膜干裂，导致细菌、病毒感染等。鉴于上述情况，兔舍内湿度应尽量保持稳定。肉兔生活的理想相对湿度为60%～70%。为降低室内湿度，可加强通风，阴雨潮湿季节舍内清扫时应尽量用水冲洗。

6. 兔舍光照的控制　肉兔对光照的反应远没有对温度及有害气体敏感。目前对兔舍光照的控制，重在光照时数，繁殖母兔每日光照 14～16 小时，有利于正常发情、妊娠和分娩。种公兔可稍短些，每日光照 8～12 小时，过长反而降低繁殖力。仔兔、幼兔需要光照较少，尤其仔兔一般供约 8 小时弱光即可。育肥兔光照 8～10 小时。据试验，连续光照 24 小时，可引起肉兔繁殖的紊乱。一般肉兔每天光照不宜超过 16 小时。

光照强度约 20 勒克斯为宜，但繁殖母兔需要强度大些，可用 20～30 勒克斯。

给肉兔供光多采用白炽灯或日光灯。以白炽灯供光较为优越，每平方米地面 3～4 瓦，灯高一般离地面 2～2.5 米。它既提供了必要的光照强度，又耗电较低，但安装投入较高。若兔舍能依靠门窗供光，一般不再补充光照，但应避免阳光直接照射兔体。

7. 噪声控制 兔胆小怕惊，根据试验，突然的噪声可引起妊娠母兔流产、哺乳母兔拒绝哺乳，甚至吃食仔兔等严重后果。根据报道，噪声对动物的听觉、大脑、垂体、肝脏、肾脏、甲状腺、肾上腺、生殖器官、循环系统、消化功能以及生长、行为能力都有不良影响。噪声的来源主要有三方面：一是外界传入的声音；二是舍内机械、操作生产的声音；三是肉兔自身产生的采食、走动和争斗的声音。

为了减少噪声，兴建兔舍一定要远离高噪声区，如公路、铁路、工矿企业等，尽可能避免外界噪声的干扰；饲养管理操作要轻、稳，尽量保持兔舍的安静。

8. 灰尘 空气中的灰尘主要有风吹起的干燥尘土和饲养管理工作中产生的大量灰尘。灰尘对兔的健康和兔毛品质有着直接影响。灰尘降落到兔体表，可与皮质腺分泌物、兔毛、皮屑等混在一起而妨碍皮肤的正常代谢，影响兔毛品质；灰尘吸入体内还可引起呼吸道疾病，如肺炎、支气管炎等；灰尘还可吸附空气中的水汽、有毒气体和有害微生物，产生各种过敏反应，甚至感染多种传染性疾病。为了减少兔舍空气中的灰尘含量，应注意饲养管理的操作程序，最好将粉料改为颗粒饲料，保证兔舍通风性能良好。

9. 绿化　绿化具有明显的调温、调湿、净化空气、防风防沙和美化环境等重要作用。特别是阔叶树，夏天能遮阳，冬天可挡风，具有改善兔舍小气候的重要作用。

根据生产实践，绿化工作搞得好的兔场，夏季可降温 3～5℃，相对湿度可提高 20%～30%。种植草地可使空气中的灰尘含量减少 5%左右。因此，兔场四周尽可能种植防护林带，场内也应大量植树，一切空地都应种植作物、牧草或绿化草地。

10. 通风　通风是调节兔舍温度、湿度的好方法，通风还可以排除兔舍内的污浊气体、灰尘和过多的水汽，能有效地降低呼吸道疾病的发病率。

通风方式，一般可分为自然通风和机械通风两种。生产实践中，一般小型兔场常用自然通风方式，利用门窗的空气对流或屋顶的排气孔进行调解。排气孔面积应为地面积的 2%～3%，进气孔为地面积的 3%～5%。大、中型兔场可采用轴气式或送气式的机械通风，这种方式多采用于炎热的夏季，是自然通风的辅助形式。空气流速夏天以 0.4 米/秒，冬天以不超过 0.2 米/秒比较适宜。

（三）兔粪利用

兔粪为长圆形、色黑、质硬，其中氮、磷、钾三要素的含量较其他动物粪便高，是动物粪尿中肥效最高的有机肥料。另外，还可作动物饲料和药用等，具有杀虫、解毒等作用。

1. 作肥料　兔粪是一种高效的有机肥料，氮、磷、钾的含量明显高于其他动物粪尿。

据测定，每 100 千克兔粪，相当于硫酸铵 10.85 千克、过磷酸钙 10.09 千克左右。使用兔粪可比其他有机肥料使小麦增产 30%左右，水稻增产 20%～28%。据各地经验，长期使用兔粪，能改良土壤，减少或防止作物病虫害。目前，国内外还用兔粪养殖蚯蚓，使兔粪变成无味成粉状的腐殖质肥料，肥效更好。

2. 作饲料 兔粪营养丰富，特别是软粪，富含蛋白质、维生素和碳水化合物，如经过适当处理，也可作为饲料饲喂各种畜禽。

目前处理兔粪的方法，主要采用人工干燥和氧化发酵等。人工干燥是利用高温或日光暴晒，使兔粪含水量降至 $10\% \sim 30\%$，不仅保存粪内的有机物质，且能杀死各种病原微生物；氧化发酵就是在有氧条件下，利用好气微生物产生发酵作用；乳酸发酵是将兔粪拌以麸皮或米糠，然后加入少量乳酸菌，密闭。兔粪饲料中的营养成分已经初步消化，所以更利于吸收。用量一般 20% 左右。

兔粪的处理一定要做到无害化，以防污染环境。同时，对于兔粪的处理，可以达到通过发酵产生的热度，在一定的时间内可杀死粪便中的病原体的目的，从而使兔粪的处理达到无害化。

第八章

无公害肉兔屠宰加工的管理

· ·

在肉兔的屠宰加工过程中，加强管理，让无公害的肉兔产品成为市场需求的主打产品，符合当今肉食需求的新方向。

一、肉兔的屠宰加工与卫生要求

肉兔只要饲养到一定时期，健康无病，任何季节均可加工。在我国秋、冬两季一般为加工旺季。

(一) 宰前管理

为提高肉兔产品质量，对候宰肉兔应做好以下工作。

1. 宰前饲养 经兽医卫生检疫合格的候宰肉兔，按产地、品种等分群、分栏饲养。对肥度良好的肉兔，所喂饲料应以恢复其体况为原则，以青料为主，精料为辅；对瘦弱肉兔则应采取肥育饲养，以精料为主，青料为辅，尤以大麦、麸皮、玉米、甘薯、南瓜等最为适宜，以期在短期内迅速增重，改善肉品质。

候宰肉兔因途中疲劳，环境的改变和外界刺激，正常生理功能受到了抑制或破坏，抵抗力下降，血液循环加速，可能导致毛细血管充血，屠宰时造成放血不良，影响肉的品质及保存时间。为防止屠宰时放血不全，影响兔肉品质和保存期，在宰前饲养中还必须限制肉兔的运动，确保休息，解除疲劳，提高产品的质量。

2. 宰前停食 肉兔宰前应停食 8～12 小时。停食作用：首先有利于减少消化道中的内容物，便于开膛和内脏整理，防止加工过程肉质被污染；其次促使肝脏中糖原分解为乳酸，均匀分布于机体各部，使屠宰后迅速达到尸僵，抑制微生物生长繁殖；再次有助于体内的高级脂肪酸分解为可溶性低级脂肪酸，均匀分布于肌肉各部，使肉质肥嫩、肉味增加；另外，停食可节省饲料，降低成本，保持临宰兔的安静休息，有助于屠宰放血。

为提高屠宰产品的质量，保证正常生理活动，促使粪便排出，放血完全，有利于剥皮，在停食期间，应供给充足饮水。但在宰前2~4小时，应停止供水，以避免倒挂放血时胃内容物从食管流出。

（二）屠宰工艺

肉兔的屠宰基本工艺流程如下：

致昏→放血→剥皮→开膛→擦血→修整→冷却→成品

1. 致昏 为了便于屠宰和放血操作，通常采用适当的致昏手段使肉兔暂时失去知觉，减少和消除屠宰时肉兔的痛苦，也可避免因挣扎消耗过多的糖原，以保证肉质，同时减轻了屠宰操作人员的劳动强度；避免了屠宰时肉兔在精神上受到惊恐，而引起内脏血管收缩，血液剧烈地流入肌肉，致使放血不全影响肉的质量。

目前，常用的致昏方法有如下几种：

（1）机械致昏法 用手紧握肉兔的两后腿提起，使兔头下垂，用木棒或铁棒猛击后脑部，使其昏厥。棒击动作要迅速、准确。

（2）电麻法 使电流通过肉兔体麻痹中枢神经而致昏。此法还能使心跳加快，从而缩短放血时间，减少污染和提高劳动效率。电麻器适用电流为0.75安，电压为40~70伏，常用双叉式，类似长柄钳，使用时先蘸取5%盐水，插入耳根后部，触电昏倒后方可宰杀。

目前，全国各地盛行电麻转盘，操作方便，适用电流电压同电麻器相同。

（3）颈部移位法　即用左手抓住后肢，右手捏住头部，将兔身拉直，突然用力一拉，使头部向后转，使颈椎脱位致昏。

以上三种方法各有特色：机械击昏法常用于小型肉兔屠宰场和家庭屠宰加工厂；电麻法常常被大型屠宰场广泛采用；颈部移位法在农村分散饲养或家庭屠宰加工情况下，是简单有效的致昏法，但头部被击部位有瘀血，影响兔头深加工。

2. 放血　兔子被致昏后应立即放血。目前，小型肉兔加工厂，最常用的放血法是颈部放血，即割断颈部血管和气管，进行放血，时间以 3～4 分钟为宜。

现代化肉兔加工厂，多用机械割头法，以减轻操作劳动强度，提高工效，防止兔毛、兔血玷污胴体，影响产品质量。

肉尸放血程度，对肉的品质和储藏性起决定性的作用。放血充分，肉质细嫩柔软，含水量少，保存时间长。放血不充分，肉色发红，色泽不美观，肉中含水分多，胴体内残余的血液易导致细菌繁殖，影响储存时间和肉的品质。放血不充分可能是候宰兔过度疲劳或放血时间过短所致。不论采用何种放血方法，都必须做到放血充分。肉兔放血后立即对肉尸进行淋浴和揩水处理，以防兔毛飞扬，玷污肉尸，影响肉质。

3. 剥皮　兔子放血干净后，带骨兔肉或去骨兔肉要剥皮去脂。

目前，小型肉兔屠宰加工厂普遍采用手工剥皮法。先用粗绳将放血后的兔体后肢倒挂固定，用利刀自颈部周围、四肢中段（前肢腕关节、后肢跗关节）平行挑开，再沿大腿内侧通过肛门切开皮肤，用退套法剥下皮张（图 8-1）。皮板向外的筒皮剥离后，从腹中线剪开，去掉头皮、前肢腕关节和后肢跗关节及尾部皮后，呈方形固定晾晒。

中型肉兔屠宰加工厂多采用半机械化剥皮法，即先用手工操作，将放血后的兔体从后肢膝关节处平行挑开剥至尾根，用双手紧握腹背部皮张，伸入链条式转盘槽内，随转盘转动顺势拉下兔皮。剥下的鲜皮应立即理净油脂、肉屑、筋腱等，然后用利刀沿腹部中线剖开成"开片皮"，毛面向下，板面向上伸展铺平，置通风处晾干（图8-2）。

现代化的肉兔屠宰场多采用机械剥皮，工效比人工剥皮提高5倍。

剥皮切割线　　　　　退套剥皮法

图8-1　兔的剥皮方法

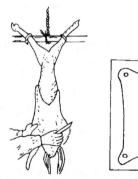 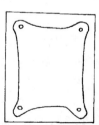

图8-2　翻剥兔皮及兔皮晾晒方法

4. 开膛、擦血　剖腹净膛时，首先要用利刀切开耻骨联合处，分离出泌尿生殖器官和直肠，然后沿腹中线切开腹腔，除肾脏外，取出全部内脏（图8-3）。

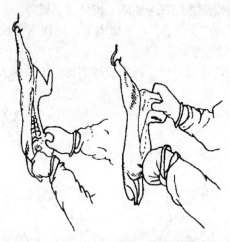

图8-3 兔剖腹取内脏

取下的大小肠、脾及胃应单独存放，待卫生检验后集中送处理间进行处理。内脏取出后，用洁净海绵或棕榈刷擦除体腔内残留的血水。现代化肉兔屠宰场多采用真空泵吸除血水，先用刷颈机代替抹布擦净颈血，然后用真空泵吸除体腔内残留血水，既干净又卫生，效果较好。

5. 胴体修整 修整是除去胴体上污染的瘀血、残脂、污秽等，达到洁净、完整和美观的商品要求。修整内容有：

（1）修除残存的内脏、生殖器、各种腺体、结缔组织和颈部血肉等，后腿内侧的大血管不得剪断，应从骨盆腔处挤出血液。

（2）修整背、臀、腿部等主要部位的外伤，修除各种瘢疤、溃疡等。

（3）修整暴露在胴体表面的各种游离脂肪和其他残留物。

（4）从第一颈椎处去头，从前肢腕关节、后肢跗关节处截肢。

6. 清污冷却 用洗净消毒后的毛巾擦净胴体各部位的血和浮毛，或者用高压自来水喷淋胴体，冲净浮毛和血污，转入冷风道冷却。

（三）卫生要求

为提高兔肉产品的卫生质量，在肉兔的屠宰加工过程中，必须严格遵守一定的卫生要求。

1. 加工环境　肉兔屠宰加工地应建在生态环境良好，无工业"三废"，无农业、生活、医疗废弃物污染物的区域。同时，应避开人口密集区、风景名胜区和水源防护区，符合环境保护、兽医卫生防疫要求。工厂卫生规范应符合肉类加工卫生规范的规定，加工用水水质应符合《无公害食品　畜禽产品加工用水》（NY5028—2008）的有关规定，场（厂）区布局做到科学合理。

2. 屠宰车间　为了使生产的兔肉产品安全、卫生，达到无公害兔肉的标准要求，肉兔生产应该有严格的卫生制度和良好操作规范，严格按照《无公害食品　兔肉》（NY5129—2002）行业标准为依据组织生产，肉兔屠宰加工车间和工艺流程设置，应做到科学、合理、卫生，防止交叉感染。对出口产品，应按贸易国的要求组织生产。

3. 人员素质　生产操作人员必须身体健康，无传染性疾病，能保持良好的个人卫生习惯；同时，企业应组织生产操作人员参加技术培训，考核合格并取得规定资格，能胜任岗位工作要求的生产操作人员才能上岗作业，并且上岗人员必须严格做到清洁、消毒，换衣、帽、鞋等。企业法人代表、主要管理人员及屠宰加工技术人员，应具有屠宰加工相应的专业技术知识，都必须了解无公害肉兔生产过程中的屠宰加工与食品质量安全相关的法律知识，明确责任和义务。

二、无公害肉兔屠宰检验

为保证兔肉达到无公害、无污染、无残留的要求，应加强兽医卫生检验等工作。

(一)宰前检验

候宰肉兔要求健康,体重大于1.5千克,运入加工厂后,必须进行宰前检验。其步骤如下:第一,兽医检疫人员应了解产地的疫情情况,并将全部兔转入隔离舍饲养。第二,经临床检查和实验室诊断,确认健康的候宰兔即可转入饲养场进行宰前饲养,并标以准宰记号。病兔或疑似病兔则应转入隔离舍,按《肉品卫生检验试行规程》处理。严格做到病兔、健康兔分圈存放。

健康肉兔的判断方法见表8-1。

表8-1 健康肉兔的判断方法

项目	健康肉兔的基本要求
脉搏	80~90次/分
体温	38.2~39.7℃
呼吸	20~50次/分
眼神	眼睛明亮,眼角干燥,精力充沛,敏捷活泼
耳色	一般肉兔耳呈粉红色,用手握之温度略高于37℃为正常
粪形	粪便呈圆形,大小均匀,润滑不粘连,肛门外毛上无粪便污物

(二)宰后检验

1. 胴体检验 胴体检验是兽医卫生检验的最后一个环节,是提高产品质量,保障人体健康的重要措施之一。主要检查胴体体表有无出血、化脓、外伤等,修净脓疱及伤斑。

正常肉尸的肌肉为淡粉红色,放血不全或老龄兔的肌肉为深红色或暗红色。有下列情况之一者应禁止销售:

一是肌肉色泽暗红、放血不全;二是肌肉、脂肪呈黄色或淡黄色;三是营养不良,脊椎骨突出瘦瘠者;四是肉尸表面有创伤,修割面过大者;五是肉尸经水洗或污染面超过三分之一者;六是肉尸有严重骨折、曲背、畸形者;七是胸、腹部有严重炎症者;八是背部肉色苍白或肉质粗糙者;九是肉尸露骨、透腔或腹肌扯下者；十是急宰而未发现病变者。

经兽医卫生检验，若无可疑病变者，市售兔肉需在胴体腹后两侧加盖"兽医验讫"印章，不合格胴体应盖上"×"标记。

2. 内脏检验　内脏检验是兽医卫生检验工作中的重要一环，是宰前检验的继续和补充。

（1）肺脏检验　主要观察色泽、硬度和形态，注意有无充血、出血、溃烂、变性及化脓等病理变化。

（2）心脏检验　主要观察心外膜有无炎症、出血点，心肌有无变性等，心囊液的性状是否正常等。

（3）肝、脾检验　主要观察色泽、硬度及有无出血点。逐只检查肝脏有无球虫、线虫等，注意脾脏有无灰白色小结节和假性结核病变等。

（4）胃、肠检验　主要观察胃、肠有无出血现象，检查肠系膜淋巴结有无肿胀、出血，胃、肠黏膜有无充血、炎症，盲肠蚓突及回肠与盲肠连接处有无白色小结节。

检查完毕后，将脏器去掉分别进行处理，揩去腔内和颈部的残留血水。

三、兔肉的商品要求和分级标准

对肉兔的商品要求、分级标准和包装要求，主要是根据世界卫生组织相关的要求设计和操作的，应以无公害肉兔生产为契机，讲求质量，树立品牌意识，推动我国肉兔产业的发展。

（一）商品要求

商品兔肉必须新鲜，放血干净，经剥皮、截肢、割头、取内脏和必要的修整之后，经兽医卫生检验合格，方可进入商品交易市场。

根据肉兔商品要求，胴体背部、臀部、腿部内侧等主要部位的外伤必须割除，且不得超过 2 处，每处面积不得超过 1 厘米²，暴露在胴体外的脂肪（特别背部两条）应修割干净。

（二）分级标准

肉兔胴体外观呈暗红色或放血不全、露骨、透腔、背部发白、严重骨折、脊骨突出消瘦、曲背及畸形者，或修割面积超过规定要求者，都不宜作为带骨兔肉出售。分割兔肉不得带有碎骨和软骨。目前，我国兔肉的分级标准有带骨兔肉和分割兔肉 2 种，带骨兔肉分级标准如表 8-2，分割兔肉分级标准如表 8-3。

表 8-2　带骨兔肉分级标准

等级	带骨兔肉分级标准
特级	每只净重 1 501 克以上
一级	每只净重 1 001～1 500 克
二级	每只净重 601～1 000 克
三级	每只净重 400～600 克

表 8-3　分割兔肉分级标准

类别	分割兔肉分级标准
前腿肉	自第 10 与第 11 肋骨间切断，沿脊椎骨劈成两半，去净脊骨、胸骨和颈骨
背腰肉	自第 10 与第 11 肋骨间向后至腰荐处切断，沿脊椎骨劈成两半
后腿肉	自腰荐骨向后，沿荐椎中线劈成两半

（三）包装要求

目前，我国出口冻兔肉，包装要求如下：

第一，带骨兔肉或分割兔肉均应按不同级别用不同规格的塑料袋套装，外用塑料或瓦楞纸板包装箱，箱外应印刷中、外文对照字样（品名、级别、重量及出口公司等）。一般纸箱内径是：带骨兔肉为 57 厘米×32 厘米×17 厘米，分割兔肉为 50 厘米×35 厘米×12 厘米。

第二，带骨兔肉或分割兔肉，每箱净重均为 20 千克。分割兔肉包装前应先称取 5 千克为 1 堆，整块的平摊，零碎的夹在中间，然后用塑料包装袋卷紧，装箱时上下各两卷成"田"字形，四卷再装入一聚乙烯薄膜袋。每箱兔肉重量相差不得超过 200 克。

第三，带骨兔肉装箱时应注意排列整齐、美观、紧密。两前肢尖端插入腹腔，以两侧腹肌覆盖；两后肢须弯曲使形态美观；以兔背向外，头尾交叉排列为好；尾部紧贴箱壁，头部与箱壁间留有一定空隙，以利于透冷、降温。

第四，箱外包装带可用塑料打包带，宽约 1 厘米。打包带必须洁净，不能有文字、图案、花纹，不宜采用纸带，以防速冻或搬运时破损、散落。

第五，箱外需打包带 3 道，呈"＋＋"字形，即横 1 竖 2，切勿因横面操作不便而不加包带。最后按要求贴上标签，冷冻贮藏。

四、无公害兔肉销售的管理

目前，我国的肉兔生产和销售已由以国际市场为主，逐步转向以国内市场为主，在兔肉销售过程中加强管理，发展无公害肉兔产品符合国内外市场需求。

（一）保鲜技术

兔肉的防腐保鲜，主要是抑制或消灭微生物的生长与繁殖。刚屠宰的兔胴体温度一般在 37℃左右，同时因肉尸本身的"后熟"作用，在肝糖原分解时还要产生一定的热量，使肉尸温度处于上升趋势。在 10℃左右不通风情况下，经一昼夜时间能使成批兔肉腐败变质。在室温条件下更容易腐败变质。

在冷却间内，刚屠宰胴体可迅速排除肉尸内部的热量，使肉尸深层的温度降低，并在肉尸表面形成一层干燥膜，能阻止微生物的生长和繁殖，延长兔肉的保存时间和减缓肉尸内部水分的蒸发。

兔肉的短期保存，一般采用冷藏法。冷却间的温度一般维持在$-1\sim0℃$，最高不超过5℃，最低不低于$-2℃$，相对湿度控制在85%～90%。冷藏保鲜的时间可达到5～7天。

（二）冷藏技术

兔肉的长期保存，一般采用冷冻法。冷冻的目的是使肉尸在低温条件下，抑制肉尸深部的微生物和酶的活性，以保证冻结肉尸的质量。

冷藏时，冷库温度控制在$-19\sim-17℃$，相对湿度90%左右，温度升降不超过±1℃。在大批量进出货时，一昼夜升温不得超过±4℃，空气流动以自流或对流为好。如温度忽高忽低，易造成肉质干枯和脂肪发黄而影响质量。

长期冷藏的冻兔肉应堆成高2.5～3米的方形堆，地面应用不通风的木板衬垫高约30厘米。堆之间保持15厘米的间距，肉堆与墙壁、天花板之间，应保持30～40厘米的距离，距冷却排管40～50厘米，冷库中间应留出不少于2米宽的运送小车的通道。

冻兔肉的冷藏期限，受冷藏温度和原料类型等因素的影响，温度愈低，保藏期愈长。在$-4℃$条件下，保藏期为35天；在$-5℃$条件下，保藏期为42天；在$-12℃$条件下，保藏期可达100天左右。在$-19\sim-17℃$条件下，出口冻兔肉保藏期达到6～12个月。

为保持肉质新鲜，一般要求随产随运，尽量缩短冷藏时间。

（三）兔肉销售

随着市场经济的发展，要做好肉兔销售，必须寻找长期、稳定的产品销路，以保证销售渠道的畅通。

国内兔肉销售，大都以"公司＋农户"联合的形式，由公司集中收购养兔农户的活兔进行屠宰、加工、销售。

随着规模养兔业的兴起，外向型经济的发展，特别是一些大、中城市郊区出现了以肉兔饲养为主体的公司、集团或联合企业。实行了种兔培育→仔兔商品化→肉兔饲养→饲料加工→屠宰分割→综合加工利用→内外销售的连贯作业，使种植、养殖、加工有机结合，农、工、商、贸融为一体，产、供、销一条龙服务的路子。这种销售形式早已成为欧美国家和地区肉兔生产的主流，目前在我国正在蓬勃兴起，发展前景极其广阔。

五、肉兔产品的加工利用

我国在兔肉加工方面的主要产品是兔肉和兔皮。各种屠宰副产品的加工利用，有了多种多样的新用途。为了提高肉兔产品的商品附加值，提高肉兔养殖的经济效益，应积极搞好肉兔产品的综合加工利用。

（一）冻兔肉加工

冻兔肉是我国出口的主要肉类品种之一。兔肉经过冷冻保存，即可抑制微生物的生长与繁殖，又可促进兔肉物理、化学变化而改善肉质。

1. 生产工艺流程

原料→修整→复检→分级→预冷→过磅→包装→速冻→成品

2. 冷冻技术

（1）冷冻设施　目前，我国冷冻技术已达到国际水平，冻兔肉加工领域已广泛采用机械化或半机械化作业。

冷冻加工间由冷却室、冷藏室和冻结室等构成。在顶楼设冷却室，方便与屠宰间相接，顺次为冷藏室，在底楼应设冻结室，以便于直接发货或供其他加工间临时保藏用。冷却、冷藏及冻结室内应装有吊车单轨，轨道之间的距离一般为 60～80 厘米，冷冻室的高度为 3～4 米。

为了减轻胴体污染，对冷冻室的空气、设施、地面、墙壁等，乃至工作人员均应保持良好的卫生状况。在冷冻过程中，与胴体直接接触的挂钩、铁盘、布套等只宜使用 1 次，如需重复使用，须经清洗、消毒，干燥后再用。

（2）冷冻条件　主要指温度、湿度、空气流速和冷冻时间等。冻兔肉的质量与冻结温度、速度有很大关系。在不同的低温条件下，兔肉的冻结程度是不同的，通常新鲜兔肉中的水分，－1～－0.5℃开始冻结，－15～－10℃时完全冻结。兔肉在不同温度下的冻结程度见表 8-4。

表 8-4　兔肉在不同温度下的冻结程度

肉温（℃）	冻结程度（%）	肉温（℃）	冻结程度（%）
－0.5	2.0	－5	78.0
－1	10.0	－6	83.0
－1.5	29.5	－7	87.0
－2	42.5	－8	91.0
－2.5	53.5	－9	94.5
－3	61.0	－10	100
－3.5	66.0	－15	100
－4	71.0		

在冷冻过程中，冷却初期因冷却介质空气和胴体之间的温差较大，冷却速度较快，胴体表面水分蒸发量在开始 1/4 时间内，约占总蒸发量的 1/2。因此，空气的相对湿度也要求分为两个阶段，冷却初期的 1/4 时间，相对湿度以维持 95% 以上为宜；冷却后期的 3/4 时间内，相对湿度应维持在 90%～95%；冷却临近结束时，应控制在 90% 左右。冻兔肉冷却时，空气流速一般以每秒 2 米为宜。

（3）冷冻方法　目前我国冻兔肉加工厂都采用速冻冷却法，

速冻间温度应在－25℃以下，相对湿度为90%。速冻时间一般不超过72个小时，测试肉温达－15℃时即可转入冷藏。

上海市食品公司冻兔肉加工厂为加快降温，采用开箱速冻法，把原先需要72小时的速冻时间压缩到36个小时，既节电，又可提高冻兔肉质量，是一项有效的措施。该厂的具体做法是：打开箱盖，送入管架速冻，待速冻后再行打包转入冷藏。

（二）兔皮防腐处理

经屠宰，刚从兔体上剥下的生皮称为鲜皮。鲜皮主要由蛋白质构成，同时含大量水分，是各种微生物生长繁殖的优良培养基。兔皮上经常附着几十种细菌，在适宜的温度（20～37℃）、酸度条件下，腐败菌很快繁殖，可使生皮变质甚至腐败。如夏季炎热时，鲜皮经2～3小时即开始腐烂，鲜皮应在冷却1～2小时后立即进行防腐处理。如处理不及时，有可能使鲜皮腐败变质，造成经济损失。

1. 皮张预处理　首先要除去皮张上的残肉、脂肪与粪便等污物。这些污物能为微生物生长繁殖创造良好条件，容易引起皮张腐败，对鞣制和贮存都会带来严重影响。

处理时将生皮张平摊在操作台上，用铲皮刀或刮肉机刮除皮板上的残肉和脂肪。刮时持刀要平稳，用刀要均匀，以刮净残肉、脂肪和结缔组织为原则。如铲、刮不净，皮张干燥时容易浸油，使皮板变黄甚至油脂渗入毛髓，易使皮张霉烂脱毛。经初步清理的兔皮，最好用类似小米粒大小的锯末搓洗皮板上的浮油和被毛中的污物。

在一些机械化加工厂已采用机械洗皮，洗皮机由滚筒和滚笼两部分组成，皮张放入滚筒后装上经筛选的锯末，每分钟转动20次左右，经5～10分钟，将洗毕的皮张放入滚笼甩净锯末即可。

2. 防腐方法　兔皮防腐方法主要有干燥和盐腌两种。

(1) **干燥防腐法** 是一种降低皮内水分，阻止微生物活动的简单防腐法。用这种方法处理的皮称甜干皮或淡干皮。

操作方法是：自然干燥时，将鲜皮按其自然皮形，平摊在木板或草席上，毛面向下，板面朝上，贴在草席或木板上，用手铺平，呈长方形，晾在不受日晒的通风阴凉处，不要放在潮湿的地面上或草地上。在干燥过程中要严防雨淋或被露水浸湿，以免影响水分的蒸发。也不要放在烈日下直晒，或放在晒热了的砂砾地与石头上。因其温度过高，干得过快，会使表层变硬，影响内部水分的顺利蒸发，造成皮内干燥不匀。过高的温度也会使皮内层蛋白质发生胶化，在浸水时容易产生分层现象。经过烈日暴晒的生皮，皮上附着的脂肪，就会熔化并扩散到纤维间和肉面上，使浸入更加困难。

优点：操作简便，成本低，皮板洁净，便于运输。缺点：适合干燥地区和干燥季节使用。干燥不当时，易使皮板受损，贮存时容易压裂或受昆虫侵害，搬运时附在皮张上面的尘土容易飞扬，对工作人员健康不利。

(2) **盐腌防腐法** 利用食盐的高渗作用，排出皮内水分，抑制微生物生长繁殖，达到防腐目的。

盐腌时，先将清理沥水后的鲜皮，毛面向下，板面朝上平铺在垫板上，将食盐均匀地撒布在板面上，然后毛面对毛面，板面对板面层层对叠，垛高 1~1.5 米，放置 5~6 天。盐腌通常有两种方法：

撒盐法：将清理好的鲜皮毛面朝下，板面向上，平铺在水泥地上或水泥池中，把边缘及头、腿部位拉开展平，在皮板上均匀地撒上一层盐；然后再按此方法铺上一张，撒一层盐，直到堆码达适当高度为止；最上面的一张皮需要多撒一些盐。为了防止出现"花盐板"，一般在五六天后翻一次垛，即把上层的皮张铺到底层，再逐张撒一层盐。再经过五六天时间，待皮腌透后，取出晾晒。

盐浸法：将清理好的鲜皮浸入浓度为 25%～35% 的食盐溶液中，经过 16～20 小时的浸泡，捞出来再按上述方法撒盐、堆码，五六天后再晾晒。

以上两种方法的用盐量，均为鲜皮重量的 40%，所用盐的颗粒以中粗的为好。冬季腌盐的时间要适当长一些。

盐腌防腐法的优点是：盐腌晾晒后的干盐皮始终含有一定水分，适于长时间保管，不易生虫；缺点是：阴雨天容易回潮。因此在阴雨季节须密封仓库，以免潮气浸入。

3. 入库贮存 经防腐处理后的兔皮，不能立即鞣制，须入库贮存。如果入库贮存条件不好，仍有可能腐败变质。

（1）仓库和设备要求 仓库应设在地势较高的地方，库内要隔热、通风、防潮，最适宜的温度为 10℃，最高不得超过 30℃，最适宜的相对湿度为 50%～60%。库内要有充足的光线，但又要注意避免阳光直晒皮张。库内在适当位置要放置温度计与湿度计，以便经常检查库内的温度和湿度变化，有条件时，最好安装通风设备，以便及时调节库内空气。

（2）入库前的检查 在原料皮入库前要进行严格的质量检查。经检查质量合格的方能入库。如带有虫卵或没有晾晒干甚至带有大量杂质的皮张，必须剔出，再经加工整理或药剂处理，晾晒后方能入库。

（3）对货垛的要求 同品种皮张必须按等级分别堆码。垛与垛、垛与墙、垛与地之间应保持一定距离，以利通风、散热、防潮和检查。张幅较小、较珍贵的皮张，一般要求使用木架或箱、柜保管。每个货垛都应放置适量的防虫、防鼠药剂。如果在一个库房内保管不同品种的皮张，货位之间要隔开，不能混垛。盐干板与淡干板必须分开保管。

（4）库房管理 原料皮储存，应以预防为主、防治结合的原则，加强库房管理，做到经常检查，一般每月检查 2～3 次，发现问题，及时采取有效措施。

①防潮防霉　原料干皮有吸湿性，当空气湿度较大时，很容易返潮、发热和发霉。返潮发霉后皮板与毛被上产生一种白色或绿色的醭，轻度的产生霉味，局部变色；严重的皮板变为紫黑色，板质受损伤。因此，应有通风、防潮的设备，并要采取各种措施控制调节空气湿度。

②防虫防鼠　特别是春、夏季节，各种害虫容易繁殖，应保持仓库内外环境卫生。在皮张入库上垛前，应在皮板上洒防虫药剂，如精萘粉、二氯化苯等。如在库内发现虫迹，要及时翻垛检查，采取灭虫措施。

经防腐处理的兔皮，必须按等级、色泽和品种捆扎、装包。捆扎时应毛面对毛面，板面对板面，头对头，尾对尾，叠置平放，每隔 2～3 张皮放置适量樟脑丸以防虫蛀。贮存皮张的仓库应通风、干燥，最适温度为 10℃左右，相对湿度控制在 50%～60%，原料皮的水分应保持在 12%～20%。

（三）脏器综合利用

兔的脏器主要包括肝、心、胃、肠、胆和胰等，除食用外，还可加工利用，其经济价值较为可观。

1. 加工成食用产品　兔的肝、心、胃、肠经适当加工均可食用，如兔肝经卤煮可加工成卤汁兔肝，经炒制可加工成炒兔肝，营养极为丰富；兔心、胃与肠等都是火锅的上等原料，还可加工成卤制品，不仅色香味美，还有滋阴壮阳功能。兔胰可提取各种胰酶和胰岛素。

2. 提取生药成分　兔的肝、胆、胰、胃、肠与心等都可加工提取生药成分。

（1）兔肝的利用　兔肝在医药工业上有较高的利用价值，可以用来制取肝浸膏片、肝宁片及肝注射液等，也可提炼肝铁蛋白。

肝浸膏片的加工过程如下：

①原料选用及处理　取新鲜或经冷冻的健康兔肝，清除兔肝上附着的肌肉、脂肪及结缔组织后，清洗干净，用绞肉机绞成浆状。

②浸渍　绞碎后的肝浆置于夹层锅中，加水半量，搅拌均匀，然后按原料重量加入 0.1％硫酸（硫酸应先用水稀释后加入），充分搅拌，调整至 pH 为 5～6，加热至 60～70℃，恒温 30 分钟，再迅速加热至 95℃，保温 15 分钟。

③过滤　将加热浸渍的兔肝浆过滤，得滤液，滤渣可用适量热水浸渍后再作第二次过滤，将两次滤液合并备用。

④浓缩　将滤液进行浓缩至膏状，可采用 60～70℃的加热蒸发浓缩，最好采用真空浓缩锅进行浓缩，浓缩后加入肝膏重 0.5％苯甲酸钠作为防腐剂，即可得肝浸膏，出膏率为 5％～6％。

⑤配料　10 000 片肝浸膏片用肝浸膏 3 千克，硬脂酸镁 27 克，适量淀粉。

⑥压片包糖衣　先将肝浸膏加适量淀粉拌匀后，用 80℃干燥并粉碎成细粉，过 100 目筛，加适量 75％乙醇为湿润剂，用 18 目筛整粒后，加入硬脂酸镁，搅拌均匀，称重压片，冲模规格直径为 10 毫米，压片后再包上糖衣即为肝浸膏糖衣片。

本产品极易吸湿反潮，制粒后应及时压片包制，以免吸潮变质。主要用于治疗慢性肝炎、肝硬化症等，也可作为治疗贫血及营养不良的补剂。

（2）兔胆的利用　据报道，由于兔胆汁含有近似熊胆的药物成分，具有抗菌、镇静、镇痛、利胆、消炎和解热等功效，兔胆是以提取胆汁酸的良好原料，提取率可达 3％左右，一般在医药上将其加工成兔胆酸片使用，常作为利胆药，有助于体脂肪的消化与吸收，用于胆汁缺乏、消化不良、胆囊炎等病症的治疗。胆盐供做医药原料，还可加工成人工牛黄等药物。

①原料的选用及处理　小心摘取健康肉兔的胆囊，并取出新鲜胆汁。

②酸化　取新鲜胆汁，加3～4倍量的澄清饱和石灰水溶液，搅拌均匀，入锅加热至沸，过滤得滤液，趁热加盐酸酸化至刚果红试纸变蓝，即pH 3.5左右，静置12～18小时，去除上层溶液，即可得绿色黏膏状沉淀物，用水冲洗后真空干燥。

③皂化　取上述沉淀物干燥后的粗制品，加1.5倍重量的氢氧化钠，9倍重量的水，加热皂化16小时。冷却后静置分层，除去上层淡黄色液体，沉淀物补充少量水分使其溶解，然后用稀盐酸或稀硫酸（2：1）酸化至试纸变蓝，取析出物过滤，水洗至近中性，呈金黄色，经真空干燥后得粗品。

④精制　取上述粗品，加5倍重量的醋酸乙酯，15%～25%的活性炭，加热搅拌，回流溶解，冷却后过滤，滤渣再用3倍重量的醋酸乙酯回流过滤。合并两次滤液，加20%无水硫酸钠进行脱水。过滤后，将滤液浓缩至原体积的1/5～1/3。冷却后晶析过滤，结晶物用少量醋酸乙酰洗涤，真空干燥后可得精品。

⑤压片　先将糊精用40%浓度左右的乙醇润湿，经14目筛制粒，在70℃左右烘干，再经14目筛整粒后备用。称取胆汁酸精品2.2千克，糊精颗粒1千克，硬脂酸镁30克，充分搅拌均匀，用深10毫米冲模压制成片，可压制10 000片。压片后按一般包装操作方法进行包装即为成品胆酸片。

（3）兔胰的利用　兔胰可加工提取胰酶、胰岛素等。胰酶是一种胰脏制品，凡是食用动物的胰脏均能制取胰蛋白酶、胰淀粉酶、胰脂肪酶等胰酶，胰酶是一种混合酶，微带吸湿性，其活力遇酸、遇碱、加热均遭破坏。在水溶液内遇热、遇酸、金属盐类、醇及单宁酸等发生沉淀。兔胰酶的提取过程如下：

①原料选用及处理　原料胰脏质量的好坏是提取胰酶的关键，采集的胰脏应在3小时内送入冷库，于−14℃以下冷藏备用，如采集的胰脏可立即投料加工，可不经冷冻阶段。取新鲜或冷冻的健康兔胰脏，除去脂肪及结缔组织，用绞肉机绞碎。冻胰在解冻至半融状态下即绞碎，绞好的胰浆贮藏温度应低于4℃。

②提取　一般采用稀酸提取激活法。将绞碎的胰浆在5～10℃条件下放置4～5小时，边搅拌边缓缓加入1.5～2.5倍重量的预冷至0～10℃的25%酒精，在0～10℃条件下浸提12小时，用扯浆机单层纱布扯滤，滤浆放入缸内，准备沉淀。滤渣可再加入2.5倍重量25%酒精进行第二次浸提，其滤浆可作为下一批投料的第一次浸提用。

③沉淀　先将滤浆在0～5℃条件下放置激活24小时，然后按滤浆重量加入2.5倍重量的86°酒精，边加热边搅拌，应充分搅匀，开始加入酒精时，搅拌速度应快，逐步减慢，待沉淀液的酒精浓度达到68°左右即可，在0～5℃条件下静置沉淀16～24小时。

④粗制　沉淀后用虹吸法除去上层酒精液，得下层沉淀物（即胰酶），将沉淀物灌入布袋内，扎紧袋口，进行自然压滤24小时，再用压榨机逐步加压，把酒精充分压滤出来，即可得压干的胰酶精制品。

⑤脱脂　将压干后的胰酶从布袋中取出，用12～14目筛制成颗粒，将制好的胰酶颗粒装入搪瓷桶中，加入相当于胰酶颗粒重量1.5～2倍的乙醚，在常温下循环脱脂2～3次，每次浸泡5～6小时，至流出的乙醚用滤纸法试验无脂肪为止。在40℃以下通风，使乙醚自然挥发而干燥，干燥后的胰酶颗粒，经粉碎成80～100目的细粉，即成兔胰酶原粉。

在胰酶的生产过程中，应避免使用铁制器具，溶媒也应避免混入重金属，以免影响产品效价。

（4）兔胃的利用　兔胃很少被利用，但在屠宰量大的加工厂，可利用兔胃黏液，提取胃膜素和胃蛋白酶等。也可用来提炼解酒酶，用来生产解酒饮料或解酒糖果。目前，生产胃膜素和胃蛋白酶，多采用联产工艺，将提取胃膜素留下的母液，再经处理提取胃蛋白酶。

①原料的选用及处理　取健康兔的新鲜胃壁黏膜，并绞碎

备用。

②消化 将绞碎的胃黏膜称重,按原料重加60%的水,按每千克绞碎胃黏膜加工业用盐酸35毫升比例。调整pH至2.5~3,加热至45~50℃,恒温消化3小时,以充分活化胃蛋白酶。

③脱脂 取消化液,冷却至30℃以下,按原料重加8%氯仿,并搅拌均匀,在常温条件下静置48小时以上,使其脱脂分层。

④浓缩 脱脂后的上清液,用真空浓缩锅于35℃以下浓缩至原体积的1/3左右,呈饴糖状态时即得浓缩液,出锅后冷却至5℃以下。下层残渣可进行回收氯仿。

⑤分离 取预冷后的浓缩液,在搅拌下缓缓加入冷却为5℃以下的丙酮,至相对密度为0.97,即有白色胃膜素沉淀出现,在5℃条件下静置20小时,即可提取得到胃膜素。

将分离出的母液在搅拌下缓缓加入丙酮,至相对密度0.91,即有淡黄色胃蛋白酶析出,静置24小时,取沉淀物经60~70℃真空干燥,即可得胃蛋白酶原粉。

胃膜素成品多为散剂,也有将其制成胃膜素胶囊,胃膜素因吸湿性很强,所以应在干燥条件下密封包装保存。药用胃蛋白酶为淡黄色粉末,吸湿性强,易溶于水,难溶于乙醇、乙醚和氯仿等有机溶剂,有肉类的特殊气味和微酸味。

(5)兔肠的利用 兔肠一般长度为体长的10倍左右,肝素广泛分布于动物的肠黏膜、肺、肝及血液中,在体内以蛋白质复合体的形式存在,兔肠可作为医药上提取肝素的很好原料。肝素为白色粉末,易溶于水,不溶于乙醇、丙酮等有机溶剂,医药上常用制品为注射用针剂。为延缓作用,提高效果,目前生产的长效肝素注射液,一般封装于粉末安瓿中,临用时以注射水溶解后供肌内注射用。

①原料的选用及处理 取健康兔的新鲜肠,小心洗净,并取

得肠黏膜备用。

②提取　将新鲜肠黏膜投入夹层锅中，加原料重 3% 的氯化钠，用氢氧化钠调节 pH 为 9 左右，逐步升温至 50～55℃，恒温 2 小时，继续升温至 95℃，保持 10 分钟，立即出锅冷却备用。

③吸附　将上述提取液用 30 目双层纱布过滤并冷却至 50℃以下，加入 714 型强碱性氯型树脂，树脂用量为提取液的 2%，搅拌 8 小时后，静置 24 小时。

④洗涤　用虹吸法除去上层液，收集树脂，用清水充分冲洗至澄清，滤干。用 2 倍量 1.4 摩尔的氯化钠搅拌 2 小时，滤干。树脂再用 1 倍量 1.4 摩尔的氯化钠搅拌 2 小时，滤干。

⑤洗脱　树脂再用 2 倍量 3 摩尔的氯化钠搅拌，洗脱 8 小时后，滤干；再用 1 倍量 3 摩尔的氯化钠搅拌，洗脱 2 小时后，滤干。

⑥沉淀　合并滤液，加入等量 95% 的乙醇，沉淀 24 小时，除去上清液，收集沉淀物，用丙酮脱水干燥，即可得粗品。

⑦精制　将粗品用 15 倍量 1% 的氯化钠溶液溶解，加 6 摩尔的盐酸调节 pH 为 1.5 左右，过滤至清。随用 5 摩尔的氢氧化钠调 pH 为 11 左右，按 3% 量加入 30% 的过氧化氢，在 25℃下放置 24 小时，再按 1% 量加入过氧化氢，调节 pH 为 11 左右，静置 48 小时后过滤，用 6 摩尔的盐酸调节 pH 为 6.5 左右，加入等量的 95% 乙醇进行沉淀。24 小时后除去上清液，沉淀物用丙酮脱水干燥，即可得肝素钠精品。

（6）兔心的利用　兔心可加工提取心血通、细胞色素丙等。

（四）兔血综合利用

兔血有很高的营养价值，可加工成多种产品，供食用、药用，或作为畜禽的动物性饲料。目前，在我国兔血除少数地区有食用习惯之外，全国绝大部分地区还很少利用，因此有必要对兔血进行综合利用。

1. 兔血食用 兔血营养丰富，蛋白质含量很高，必需氨基酸完全，微量元素丰富，可加工成血豆腐、血肠等营养食品。

血豆腐系我国民间广泛食用的传统菜肴，但食用兔血作原料制作的较少，兔血豆腐的制作是资源充分利用和提高养兔经济效益的重要途径之一。血豆腐的制作过程为：

采血→搅拌（加食盐3%）→装盘（血水比为1∶3）→切块水煮（水温90℃，蒸煮15分钟）→切块浸水→食用、销售

血肠是我国北方居民的传统食品，具有加工简单、营养丰富物美价廉等特点，制作过程大体为：

采血→搅拌、加水→加调料→灌肠→水煮→起锅冷却→食用、销售

调味料配制可选用：大葱1%，花椒0.1%，鲜姜0.5%，香油0.5%，味精0.1%，精盐2%，捣碎、混匀即成。

2. 兔血饲料 目前，国内生产的血粉饲料，大多以猪血或牛血为原料，在现代化肉兔屠宰加工厂或小型屠宰场，可以兔血为原料，生产血粉饲料。利用兔血加工普通血粉或发酵血粉是解决畜禽动物性饲料的有效途径之一。据测定，兔血饲料含粗蛋白质49.5%，粗脂肪4.5%，可溶性无氮物35%，粗纤维5%，粗灰分4.9%。

工艺流程：

采血→混合→发酵→干燥

先将收集的兔血用等量能量饲料混合，充分搅拌后，接种微生物发酵菌种，置混合血于发酵罐中，在60℃条件下，发酵72小时，然后经热风灭菌干燥，使含水量由80%降至15%，就成为无腥味、无异味，营养丰富的兔血饲料。

3. 兔血医用 兔血可提取多种生物药品和生化试剂，如医用血清、血清抗原、凝血酶、亮氨酸和蛋白冻等。一般每只肉兔可抽取动脉血或心脏血液100毫升，提取血清25毫升。

医用血清的主要生产流程：

采血→恒温静置→无菌分装→离心→冷藏→过滤

先将采集的血液存放在三角烧瓶中在 30℃的恒温箱中静置，等析出血清后关闭恒温箱开关，打开恒温箱门。8～12 小时后进行无菌分装（除净血块），然后离心 20 分钟（3 000 转/分），离心后将上层血清倒入盐水瓶中（去除下层血球），放入冰箱或冷库（－4℃）。1 周后取出解冻（自然解冻），用滤纸过滤后，再用 EK 沉板除菌，分装后待用。

第九章

无公害肉兔常见疾病的防治

· ·

　　兔的疾病是养兔生产的大敌，若饲养管理不当，造成疫病流行，就会引起肉兔的大批死亡。根据《无公害食品　肉兔饲养兽医防疫准则》（NY5131—2002）的规定，生产无公害食品的肉兔饲养场在疫病预防、监测、控制、扑灭等方面均应严格遵守《中华人民共和国动物防疫法》及配套的有关规定，认真做好环境卫生、免疫接种、疫病监测等工作。

一、兔的疾病诊断方法

　　兔的疾病常用的诊断方法有：

（一）临床检查

　　主要通过肉眼观察，广泛收集可视、可测的临床症状。

　　1. 体况和营养状态　体况和营养是肉兔健康与否的重要标志，也是日常饲养管理好坏与疾病过程的具体表现。健康兔表现为肌肉丰满，被毛平滑、富有光泽。营养不良兔则表现为被毛粗乱、缺乏光泽，体躯瘦小，皮肤缺乏弹性，骨骼外露明显。病兔一般表现为胸窄腹大，脊椎突出，被毛粗乱、污浊不洁。

　　2. 精神和姿势状态　健康兔精神饱满，两眼有神，活泼好动，遇有轻微的异常声响，就会抬头竖耳，分辨外界情况，受惊吓时就会后肢跺地。病兔则精神委靡，呈现过度兴奋或抑制，两眼无神，好蹲卧于笼舍一角，对外界发出的声响反应不敏感。如中暑时多呈现过度兴奋或抑制，中毒时多呈现兴奋不安、痉挛麻痹、运动失调等症状。

健康肉兔姿势自然，两耳直立，行动敏捷，动作协调，夏天多侧卧，冬天多蹲卧，蹲伏时前肢互相平行，后肢自然置于腹下，除采食外多呈假眠和休息状态。病兔则表现为姿势异常，如反常站立、伏卧不动和不平衡地运动等，歪头者可能患有巴氏杆菌病，转圈者可能是李氏杆菌病，病理性躺卧则多见于骨折等。

3. 眼睛和耳鼻状态　健康兔的眼睛圆睁明亮，活泼有神，眼睑红润，眼角干净，无眼屎等分泌物；病兔则两眼发呆，结膜潮红，有不同性状的分泌物。如眼结膜潮红、苍白、发绀、黄染等，眼睑沉滞，则疑有重病；双眼流泪或有黏液、脓性分泌物等，则可能是慢性巴氏杆菌病、结膜炎等。

健康兔耳色粉红，血管明显，无口涎、鼻涕流出或无其他分泌物等。如发现耳色潮红，手触有热烫感，可能发热；如耳色青紫，耳温过低，则疑有重病。病兔口、鼻周围常有口涎和分泌物，鼻端、耳背有结痂或脱屑等现象则可疑患有疥螨或脱毛癣病；两耳及头部皮肤高度肿胀则可能是黏液瘤病。

4. 体温检查　健康兔的正常体温为 38.5～39.5℃，幼兔为 40℃左右。当排除生理因素（如年龄、性别、品种、营养、兴奋、活动）和气候条件的影响后，体温偏低或过高均为病态表现，如体温升高多为急性传染病。所以，测体温对病兔的早期诊断和群体检查具有重要意义。患细菌性、病毒性疾病时，都会引起体温升高。

5. 脉搏检查　健康肉兔的脉搏为 80～100 次/分，幼兔为 100～160 次/分。检测脉搏可在肱骨内侧桡动脉处进行触诊，如触诊有困难时，可检测心跳，根据心跳或心音频率测定。检查脉搏有助于了解心脏活动与血液循环状态，这对于疾病的诊断和预后都有实际意义。检查脉搏应从次数、节律和性质等方面进行全面分析，做出正确判断。

6. 呼吸检查 健康肉兔的呼吸次数为 40～60 次/分,幼兔为 60～70 次/分。影响呼吸次数发生变动的因素有年龄、性别、品种、营养、活动和外界温度等,如果排除这些因素造成的呼吸次数改变,即可认为是病理性的呼吸加快或减慢。呼吸急促多为急性热性传染病;呼吸时发出鼾声,或打喷嚏、流鼻液则可能是巴氏病菌病。

7. 食欲检查 健康肉兔喂食时非常活跃,有急于采食的表现,对经常采食的饲料,嗅后立即采食,如果变换饲料,先要嗅闻一阵,再少量尝食,对正常喂量的饲料,一般在 1～2 小时内采食完毕。食欲减退或废绝,是疾病的早期征候之一。肉兔有夜食习惯,夜间采食的饲料和饮水量占全天量的 60% 以上,故清晨检查食欲情况尤为重要,如果食槽和水槽充满或有剩余,表明其食欲废绝或减退,必须迅速查明原因,采取有效防治措施。

8. 粪便、尿液检查 健康兔每天排出硬粪 150～200 克,粪球圆而光滑,略呈黑褐色。如粪量减少,粪粒坚硬而细长带尖,或软粪增加,尾根和后肢粘有稀粪而呈黑色,则为腹泻疾病征象;粪球细小、过分干燥或粪量减少,则是便秘的表现;粪便稀、带透明胶冻黏液或有气泡、血液,多为细菌性肠炎或球虫病的表现。

健康兔每天排尿量为每千克体重 20～150 毫升,pH 为 8.2。尿色常与饲料种类有关,幼兔的尿液多为无色尿,不含任何沉淀物,成年兔的尿液多呈柠檬色、琥珀色或红棕色。产生血尿的疾病有肾炎、膀胱炎或肾母细胞瘤等;茶色尿主要为肝脏损伤性疾病,如肝片吸虫、豆状囊尾蚴病;乳白色尿则为腹腔结核病、肿瘤等;尿中带脓则为肾盂肾炎、肾积脓等疾病。

(二)病理剖检

病理剖检是解剖病兔、死兔的尸体,观察其器官、组织病理变化,是现场诊断兔病的一个重要的方法,实用性很强,既简便迅速，又能做出较准确的诊断。

尽管病兔的病理变化很复杂，但每种病总有它固有的病理变化。虽然有些不是很明显，但多数病例还是会出现明显的或比较明显的特性病理变化。若碰到病变不明显，或缺乏特征性病变的病例，可多剖检几只兔，或许可见到特征性病变，这样就可快速准确地对疾病做出诊断。

1. 尸体剖检注意事项　剖检所用器械要预先经煮沸消毒。剖检前对病兔或病变部位仔细检查。剖检时间愈早愈好（不超过24 小时），特别是在夏季，尸体腐败后影响观察和诊断。剖检时应保持清洁，注意消毒，尽量减少对周围环境和衣物的污染，并做好个人保护。剖检后将尸体和污染物作深埋处理。在尸体上撒上生石灰或洒上 10%石灰乳、4%氢氧化钠、5%～20%漂白粉溶液等。污染的表层土壤铲除后投入坑内，埋好后对埋尸地面要再次进行消毒。

2. 剖检方法和程序　剖检前应检查可视黏膜、外耳、皮肤、肛门等部位的变化。剖检时，尸体四肢绑于剖检台或木板上，背卧于剖检台或木板上，背卧固定，或直接将尸体腹面向上，切割并分离腹、胸与颈下部的皮肤，也可切割四肢内侧组织，将其压倒在两侧，使躯体稳定。沿中线剖开腹腔，视检内脏和腹膜，然后剖开胸腔，剪破心包膜。首先摘出并检查舌、食管、喉、气管、肺和心等颈部与胸部器官。然后摘出脾和网膜，胃和小肠一起摘出，而大肠（盲肠和直肠）单独摘出，最后对各内脏器官进行检查。检查肠道时，应注意其浆膜、黏膜、肠壁、圆小囊和肠系膜淋巴结的各种变化。如需要检查脑，则剖开颅腔。在实际工作中，常采取边摘出边检查边取材的方法，有的器官也可不摘出，而直接检查和取材。

（三）传染病实验室检验

怀疑兔群发生传染病时，可根据所疑似的疾病与条件，采集病料送实验室检验。

1. 细菌学检验

（1）镜检 取洁净载玻片，以病料涂片，自然干燥后，经火焰固定、染色镜检，根据细菌形态特征进行鉴定。

（2）细菌分离 从被检病料中分离细菌，采用适宜培养基进行需氧或厌氧培养，根据细菌形态特征、生化特性和致病力等进行鉴定。

（3）动物实验 以灭菌生理盐水将病料制成悬液，接种易感动物，按常规隔离饲养，如有死亡，即行剖检及细菌学检验。

2. 病毒学检验

（1）样品处理 无菌采取病料，经磷酸盐缓冲液洗涤后剪碎、磨细，加磷酸盐缓冲液制成悬浮液，离心沉淀，取上清液加青霉素和链霉素后，置冰箱中待用。

（2）病毒分离 通过鸡胚胎或组织培养分离病毒，然后经电子显微镜检查与血清学试验等进行理化和生物学特性鉴定。

（3）动物实验 经上法处理的待检样品或细胞培养物、接种易感动物，按常规隔离饲养，如有死亡即行剖检或病毒学检验。

3. 免疫学检验 常用方法有凝集反应、沉淀反应、补体结合反应、中和反应等血清学检验方法外，还有免疫扩散、变态反应、荧光抗体技术、酶标记技术、放射免疫及单克隆抗体技术等。这些方法具有灵敏、快速、简便和准确的特点，应用广泛。

（四）寄生虫病实验室检验

寄生虫的卵、幼虫、虫体及断片等，多通过粪便排出体外。因此，粪便检查是寄生虫病诊断的一个重要手段。

1. 虫卵检查

（1）直接涂片法 取洁净载玻片，采取少量新鲜粪便和水涂匀，剔除粗渣和多余粪块，置显微镜下镜检。

（2）粪便集卵法 玻璃杯内取少量新鲜粪便，加饱和盐水搅拌匀，铜筛过滤、静置，蘸取表面液膜于载玻片上镜检。

2. 虫体检查

（1）蠕虫检查　取少量新鲜粪便于玻璃杯中，加生理盐水搅拌均匀，静置后弃去上清液，重复数次，取少量沉渣，在显微镜下检查虫体。

（2）线虫检查　取少量新鲜粪便于培养皿中，加适量温水，静置数分钟后取出粪球，移残液于显微镜下镜检，查找虫体。

3. 螨虫检查　兔体患部，剥取干硬痂皮，用小刀刮取病料，放入杯内，加适量氢氧化钾溶液，加温使皮屑溶解，取沉渣涂片镜检。

二、防疫措施

为有效预防肉兔的各种传染病和非传染病，无公害兔场应加强日常管理工作，采取综合防疫措施，堵塞发病源头，以建立健康兔群。

（一）防疫体系建立的基本原则

1. 坚持预防为主、防重于治的原则　无公害肉兔生产中的兽医工作者必须熟悉临床诊疗，熟练掌握基本兽医学和临床兽医学的基本知识与技能，但又不能仅仅是一名临床兽医师，只注重于单个动物疾病的治疗，还必须是一名预防兽医学的专家，必须学习与熟练掌握预防兽医学的基本理论和方法，坚持"预防为主、防重于治"的原则，重点研究提高兔群整体健康水平、防止外来疫病传入兔群，控制与净化兔群中已有的疫病。

2. 确立疫病的多因论观点，采用综合性防疫措施　疫病的发生和流行都与其决定因素相关，任何一种疫病的发生与流行都不是单一因素造成的。通常可将这些因素划分为致病因子、环境因子和宿主因子，三者相互依赖、相互作用，从而影响兔群的健康或发病。采用单一措施常不能有效地预防、控制或消灭疫病，也不能提高兔群的健康水平。必须确立疫病的多因论观点，在现代化养兔的兽医工作中采用综合性防控措施来防制疫病。

3. 切断传染病的流行环节　目前在我国传染性疾病已然是现代化养兔业的最大威胁，特别是烈性传染病对生产所造成的危害十分巨大。必须学习和运用家畜传染病的流行病学知识，针对传染病流行过程的三个基本条件（传染病、传播途径、易感动物）及其相互关系，采取消灭传染源、切断传播途径、提高兔群体抗病力的综合防疫措施，才能有效地降低传染病的危害。

4. 制定兽医保健防疫计划　无公害肉兔生产是一项系统工程，在系统内各个子系统相互联系，相互影响。无公害肉兔生产中的兽医技术人员应熟悉其他系统的情况，例如生产工艺流程、养兔设备性能、不同品种兔的特性、饲料及其加工调制、饲养与管理、经营与销售、资金流动等。依据现代养兔不同生产阶段的特点，合理制定兽医防疫保健计划。

（二）加强疫病监测

为防止各种疫病的入侵，肉兔饲养场应坚持自繁自养的原则，必须引进种兔时，应从健康种兔场引种，经产地检疫，凭"检疫合格证明书"才能入场。

1. 种兔检疫　凡从外地引进的种兔需经兽医卫生检疫，确诊无病，并经隔离饲养 1 个月，证实健康后，才能进入兔场和饲养基地，由专人负责兔子的饲养管理，并严格遵守兽医卫生制度。

2. 肉兔产品检疫　根据《无公害食品　肉兔饲养兽医防疫准则》（NY5131—2002）的规定，肉兔产品的检验对象为兔病毒性出血症、兔黏液瘤病、野兔热等。监测方法可按常规诊断方法中的血清学方法或病原诊断法进行。

3. 进出口检疫　肉兔产品进出口检疫的重点是检查兔黏液

瘤病、魏氏梭菌病、巴氏杆菌病、密螺旋体病、疥癣、野兔热及球虫病。检疫过程包括现场、产地隔离检疫及口岸隔离检疫。隔离观察期为 30～45 天。球虫病，实行镜检；巴氏杆菌病，通过凝集反应或变态反应；魏氏梭菌病，通过血清定型或毒素实验；野兔热，通过血清凝集反应或变态反应；疥癣，通过临床检查和镜检；皮肤真菌病，检查真菌孢子或菌丝体。

（三）严格消毒制度

消毒是综合防疫措施中的重要一环，目的是消灭散布于外界环境中的病原微生物和寄生虫，切断传播途径，预防疫病的发生和流行。

1. 场舍消毒　兔舍、器具及兔场周围环境应制定切实可行的消毒制度，按照先消毒后打扫、冲刷、再消毒、再冲刷的原则进行，肉兔转群、出栏前后都必须对兔舍、用具等进行一次彻底清洗，全面消毒。

2. 人员消毒　兔场入口及兔舍门可应设置消毒池或紫外线消毒室，进场人员和车辆等须经严格消毒后方可入内。工作人员进入生产区必须更换工作服和鞋帽，非饲养人员未经许可不得进入生产区。

3. 消毒剂的选择　选用消毒药剂，首先应考虑有效、安全和价廉。所有药剂应能有效控制危害肉兔的各种病原微生物，对操作人员具有安全性，不危害动物，无残留、不污染环境，对设备没有腐蚀性。

（四）定期免疫接种

定期免疫接种是预防肉兔各种传染病的有效措施之一，目的是激发兔体产生特异性的免疫力，以抵抗相应疫病的发生。

1. 预防接种　经常发生某些传染病的地区或受到邻近地区某些传染病威胁的地区，为防患于未然，应制定合理的预防接种计划，要注意选择和使用适宜的疫苗、免疫程序和免疫方法。

2. 紧急接种 一旦发生某些传染病时，为迅速控制和扑灭疫病，应对疫区和受威胁区的尚未发病兔群进行紧急免疫接种。紧急接种时，应对兔群进行仔细检查，只有正常无病的兔才能接种疫苗，并应严格器械及注射部位的消毒工作。

3. 免疫程序 根据肉兔常见传染病的流行特点及疫苗种类、性质，制定合理的免疫程序。

（1）兔大肠杆菌病多价灭活苗 预防肉兔大肠杆菌病（黏液性肠炎）。幼兔断奶前 1 周首免，每隔 6 个月免疫 1 次。

（2）兔病毒性出血症（兔瘟）灭活苗 预防肉兔病毒性出血症。30～35 日龄首免，60～65 日龄加强免疫 1 次，以后每隔 6 个月免疫 1 次。

（3）兔巴氏杆菌病灭活苗 预防肉兔巴氏杆菌病。幼兔40～45 日龄首免，每隔 4～6 个月免疫 1 次。

（4）兔魏氏梭菌性肠炎灭活苗 预防肉兔魏氏梭菌病。幼兔35～45 日龄首免，每隔 6 个月免疫 1 次。

（5）兔支气管波氏杆菌病灭活苗 预防肉兔支气管败血波氏杆菌病。怀孕母兔产前 2～3 周疫苗 1 次，幼兔 40～45 日龄首免，每隔 6 个月免疫 1 次。

（五）发生传染病时的措施

1. 做好隔离、封锁工作 在发生传染病时，应立即仔细检查所有的家兔，根据检查结果，把病兔、可疑病兔等组成单独的兔群，采取措施，以便把传染病控制在最小范围内，在最初阶段扑灭。

（1）病兔 在彻底消毒的情况下，把有明显临床症状的病兔单独或集中隔离观察，由专人饲养并进行有效治疗，管理人员要严加护理和观察。隔离场地门口要设立消毒池，若仅有少数病兔，可扑杀处理。

（2）可疑病兔　症状不明显，但与病兔有直接接触或环境受污染，也可能在潜伏期有排毒（菌）的可能。应限制其活动，尽量预防治疗。观察1～2周后，未见发病，可取消限制。

（3）假定健康兔　包括一切正常的家兔，因其附近有病兔出现，应认真做好消毒工作。

2. 及时确诊　迅速通过临床诊断、病理学诊断、微生物检查、血清学试验等进行确诊。

3. 消毒　在隔离的同时，要立即进行严格的消毒。消毒对象包括兔场门口、兔舍门口、兔场、兔舍及所有用具；垫草和粪便要彻底清扫，严格消毒；病死兔要深埋或无害化处理。

4. 紧急免疫接种　当兔场发生疫病时，为了迅速控制和扑灭疫病流行，应对疫区受威胁的兔群进行紧急接种。通过接种，可使未感染的兔获得抵抗力，降低发病兔群的死亡损失，防止疫病向周围蔓延。紧急接种应对兔场内所有兔只普遍进行，方能一致地获得免疫力，而不留下易感兔。注意紧急接种可促使正在潜伏期的兔发病和死亡，但经过一段时间后，发病和死亡数就会下降，使疫病得到控制。

5. 紧急药物治疗　对病兔和疑似病兔要进行治疗，对假定健康兔的预防性治疗也不能放松。治疗的关键是在确诊的基础上尽早实施，这对控制疫病的蔓延和防止继发感染起着重要作用。高免生物制品如高免血清是首选药，可针对特定病原微生物进行治疗，虽成本高，但疗效好。也可选用抗生素和化学药品治疗，用于紧急治疗的剂量要充足，对病重的兔用口服或注射的方法，对大群兔，可用拌料或饮水法。

三、无公害兽药使用准则

防治肉兔疾病的常用药物种类很多，大体可分为抗生素、磺胺类、抗菌增效剂和抗寄生虫药等，在使用各种药物时，应严格遵守《无公害食品 肉兔饲养兽药使用准则》的有关规定。

(一) 允许使用的兽药

根据《无公害食品 肉兔饲养兽药使用准则》(NY5130) 的规定，在肉兔饲养过程中允许使用的兽药必须符合《兽药质量标准》等的有关规定，严格遵守其用法、用量及休药期的使用准则。

(二) 禁止使用的兽药

根据《食品动物禁用的兽药及其他化合物清单》的有关规定，禁止在食品动物饮料和饮水中使用的兽药及化合物，主要包括肾上腺素受体激动剂、性激素、精神类药品及部分抗生素和各种抗生素滤渣 (表9-1)。

表9-1 食品动物禁用的兽药及其他化合物一览表 (部分)

序号	兽药及其他化合物名称	禁止用途	禁用动物
1	β-兴奋剂类：克仑特罗、沙丁胺醇、西马特罗及盐、酯及制剂	所有用途	所有食品动物
2	性激素类：己烯雌酚及其盐、酯及制剂	所有用途	所有食品动物
3	具有雌激素样作用的物质：玉米赤霉醇、去甲雄三烯醇酮、醋酸甲孕酮及制剂	所有用途	所有食品动物
4	氯霉素及其盐、酯（包括：琥珀氯霉素及制剂）	所有用途	所有食品动物
5	氨苯砜及制剂	所有用途	所有食品动物
6	硝基呋喃类：呋喃唑酮、呋喃它酮、呋喃苯烯酸钠及制剂	所有用途	所有食品动物
7	硝基化合物：硝基酚钠、硝呋烯腙及制剂	所有用途	所有食品动物
8	催眠、镇静类：安眠酮及制剂	所有用途	所有食品动物
9	性激素类：甲基睾丸酮、丙酸睾酮苯丙酸诺龙、苯甲酸雌二醇及其盐、酯及制剂	促生长	所有食品动物

序号	兽药及其他化合物名称	禁止用途	禁用动物
10	催眠、镇静类：氯丙嗪、地西洋（安定）及其盐、酯及制剂	促生长	所有食品动物
11	硝基咪唑类：甲硝唑、地美硝唑及其盐、酯及制剂	促生长	所有食品动物

注：食品动物是指各种供人食用或其产品供人食用的动物。

（三）给药方法

药物进入机体的途径不同，不仅会影响药物作用的快慢和强弱，甚至会改变药物的基本作用。所以，应根据病情需要及药物性质、种类等选择适当给药方法。

1. 口服法　口服是最常见的给药方法。优点是操作简便，适用于多种药物的给药。缺点是药效慢，吸收不完全。

（1）拌料给药　在药量较少、无特殊气味、毒性较小、病兔尚有食欲的情况下，可将药物拌入少量饲料，让兔自由采食。常用于群兔的预防给药。对毒性较大的药物由于个体差异，服药量难以控制，应先做小量实验，以保证安全。

（2）饮水给药　常用于短期投药。方法是将药物按剂量溶解于水中，任兔自由饮用。有些腐蚀性药品对金属饮水器有腐蚀作用，最好使用陶瓷或搪瓷器具。对有特殊气味、颜色和挥发性的药物，不可采用此法。

（3）胃管给药　在病兔采食困难或使用有异味药物时，常用橡皮胶管或塑料导管经开口器插入胃部，然后用注射器吸取药液注入胃内。专业养兔也可以用汤匙给药，将汤匙伸入口腔，压住舌头，使药物沿舌面慢慢灌入胃内。

2. 注射法　注射给药的优点是药物吸收快、显效快和较安全。肠内不吸收或不宜口服的药物都可以采用注射给药，但需要注意消毒和药物剂量。

（1）肌内注射　选择颈侧或大腿外侧肌肉丰满、无大血管和神经处，局部剪毛消毒后，左手按住皮肤，右手持注射器，中指按住针头垂直刺入肌肉层，轻轻回抽注射栓，如无回血即将药液徐徐注入，针头拔出后，消毒注射部位。如1次注射量超过10毫升，应分点注射。

（2）皮下注射　通常在耳根后部、腹中线两侧或腹股沟附近为注射部位，剪毛消毒后，用左手拇指和食指轻轻提起皮肤，使呈三角形，右手将针头刺入提起的皮下约1.5厘米，放松左手，徐徐注入药物。刺针时，针头不宜垂直刺入，以防进入腹腔和肌肉。

（3）静脉注射　选择两耳外缘的耳静脉部位，固定兔体，剪毛消毒，用手指掐住兔耳或弹击耳壳边缘数次，使血管怒张，右手持注射器，将针头平行刺入耳静脉，轻轻回抽注射栓，如有回血即可慢慢注入药液。注射时应注意药液不能含有气泡或颗粒，发现皮下隆起小泡或有阻力时应拔针重注。

3. 外用法　外用法主要用于体表消毒和杀灭外寄生虫，常用洗涤和涂擦两种方式。

（1）洗涤　将药物配成适当浓度的溶液，清洗局部皮肤或鼻、眼、口腔及创伤等部位。

（2）涂擦　将药物配制成药膏或适宜剂型，涂擦于皮肤或黏膜、创伤表面。

此外，气体或气雾剂可通过呼吸道吸入药物；排出粪便和洗肠，可采用直肠灌注给药。

四、环境污染的预防控制

随着集约化、工厂化、规模化养兔业兴起，兔粪尿及病死兔等废弃物，如不能及时处理，不仅成为公害，也可以阻碍养兔业自身的发展，必须引起足够的重视。

（一）粪尿污染的预防控制

据测定，1只成年兔，每年可排粪100千克左右，加上大量的粪尿污水，如不及时处理，可能使宝贵的资源成为巨大的环境污染源，污染环境、饲料和饮水等，引起病原菌繁殖，导致兔群发病。

1. 兔粪肥化处理 所谓肥化处理，就是将兔粪采用人工的方法进行处理、消毒、灭菌，从而在不使其污染环境的情况下，还原土地的一种方法。肥化过程，最常用的就是堆肥发酵，使粪便中的有机物质在微生物的作用下，进行矿质化和腐殖化的过程。矿质化就是粪便中有机质变成无机养分的过程；腐殖化就是有机质再分解成腐殖质的过程，使兔粪在腐熟的过程中，杀灭所有的微生物。这种方法简便易行，是大多数养兔场最常用的一种粪便无害化处理方法。

2. 兔粪生物能利用 所谓生物能利用就是利用兔粪中的有机质，使其在微生物的作用下分解释放能量，这种能量称为生物能，最常用的方法就是利用微生物的作用，产生沼气。沼气是一种可燃气体，主要依靠微生物的作用，使兔粪中的有机质分解产生沼气。这种粪便处理方式是建立良性生态循环的理想方式，不仅可以杀灭粪尿等污染物中的病原微生物，而且将环境污染降到了最低程度。

（二）病死兔的处理

在肉兔饲养过程中，病死兔的处理是一个重要问题，不仅关系到传染病的传播，而且是生态良性循环的关键因素，是养兔场（户）不可忽视的重要问题。

1. 深埋 选择地势较高、远离兔场的地方挖1～2米的深坑，将病死兔深埋其中后覆盖厚土并进行消毒处理。这种方法省工、省力，也不需要设备。目前一些小型养兔场或专业户大多采用这种处理方式。

2. 焚烧 就是将病死兔放入焚烧炉中，进行火化的一种方法。这种方法的优点是彻底消灭了病原微生物、虫卵、蝇蛆，控制了传染病，避免了环境污染。但需要少量的设备，故只有集约化养兔场中采用。

（三）兽药残留的预防控制

兽药残留主要是由于不合理地使用药物和作为饲料药物添加剂引起的，已危害动物和人体健康和安全，必须引起重视。

1. 疫病预防 根据《无公害食品 肉兔饲养兽医防疫准则》的规定，预防肉兔疾病，应优先使用疫苗预防，所用疫苗应符合《兽医生物制品质量标准》的有关规定。

2. 可用药物 在肉兔疫病防治过程中，允许使用的兽药主要为《中华人民共和国兽药典》（二部）及《中华人民共和国兽药规范》（二部）收载的可用于肉兔的兽用药材与制剂等，并应严格遵守规定的用法与用量。

3. 慎用药物 在肉兔疫病防治及饲料药物添加中，应慎重使用经农业部批准的拟肾上腺素药、平喘药、抗胆碱药、肾上腺皮质激素类药和解热镇痛药，并严格遵守休药期的规定时间。

4. 禁用药物 在肉兔疫病预防及饲料药物添加中，严禁使用麻醉药、镇痛药、镇静药、中枢兴奋药、化学保定药及未经农业部批准或已经淘汰的兽药和用基因工程方法生产的兽药。

五、常见传染病防治

（一）兔病毒性出血症

兔病毒性出血症俗称兔瘟，是由兔病毒性出血症病毒引起的兔的一种急性、高度接触性传染病，以呼吸系统出血、肝坏死、实质脏器水肿、瘀血及出血性变化为特征。本病常呈暴发性流行，发病率和病死率极高，是养兔业的一大灾害。

【病原体】兔病毒性出血症病毒具有独特的形态结构。病毒颗粒无囊膜，直径25～35纳米，表面有短的纤突。

病毒存在于病兔所有的器官组织、体液、分泌物和排泄物中，以肝、脾含量最高，肺、肾、血液次之，其他器官含毒量较少。病毒对氯仿和乙醚不敏感，能耐受 pH3 和 50℃ 40 分钟处理。

病毒对紫外线和干燥等不良环境的抵抗力较强。1%氢氧化钠 4 小时，1%～2%甲醛、10%漂白粉 3 小时，2%农乐 1 小时，2%戊二醛 30 分钟灭活效果极好，均达到 100%。

【流行病学】本病主要感染 60 日龄以上的青年兔和成年兔。各种品种和性别的兔都可感染发病，长毛兔的易感性高于皮肉兔。未断奶的幼兔很少发病死亡。

病兔、隐性感染兔和带毒的野兔是传染来源。它们通过粪便、皮肤、呼吸和生殖道排毒。除直接接触传染外，也可通过被污染的饲料、饮水、灰尘、用具、兔毛、环境及饲养管理人员、毛皮商人和兽医的手、衣服、鞋子等的间接接触传播。消化道、呼吸道是主要的传播途径，皮下、肌内、静脉注射、配种、腹腔注射等均可感染发病。

本病在新疫区多呈暴发性流行。成年兔、肥壮兔和良种兔中的发病率和病死率都高达 90%～95%，甚至 100%。来势猛，传播快，从第一只感染兔倒毙到最后一只兔死亡，往往仅 8～10 天。本病一年四季都可发生，但北方一般以冬、春寒冷季节多发。

【临床症状】潜伏期为 2～3 天，一般可分为最急性型、急性型和慢性型。

最急性型：多发生在流行初期。突然发病，迅速死亡，几乎没有什么明显的症状。有的鼻孔流出血样泡沫或鲜血。一般在感染后 10～12 小时，体温升高到 41℃，约稽留 6～8 小时而死。有的死前还在吃食，突然抽搐几下即刻死亡。

急性型：多在流行中期发生。感染后 24～40 小时，体温升高到 41℃ 以上，病兔食欲减退，渴欲增加，精神沉郁，迅速消瘦。死前有短期兴奋、挣扎、狂奔、咬笼架，继而前肢俯伏，后肢支起，全身颤抖，倒向一侧，惨叫几声而死，死亡兔呈角弓反张姿势，尸僵较快。病程 1～2 天。

慢性型：多见于疫区或流行后期，潜伏期和病程较长。病兔体温升高到 41℃ 左右，精神沉郁，被毛杂乱无光泽，最后消瘦、衰竭死亡。有些病兔可以耐过，但生长迟缓、发育较差，常常带毒和从粪中排毒至少 1 个月之久。

【病理变化】本病特征性病变是呈出血性败血症变化。剖检可见鼻腔、喉头和气管黏膜瘀血和出血，气管黏膜呈小点状或弥漫性出血，而呈"红气管"外观。气管和支气管内有泡沫状血液。肺有不同程度充血，一侧或两侧有数量不等的小米粒至绿豆大的出血斑点，切开肺叶流出多量泡沫状液体。肝瘀血、肿大、质脆，被膜呈弥漫性坏死，边面呈黄色或灰白色条纹，切面粗糙，流出多量暗红色血液。胆囊肿大，充满稀薄胆汁。脾脏变化不明显或肿大 2～3 倍。肾瘀血、肿大，呈暗红色，皮质有针尖大的出血斑点。心脏扩张瘀血，心内外膜有出血点。脑膜血管明显瘀血扩张。胃内积食，胃黏膜潮红、脱落，肠黏膜及浆膜充血及出血。肠系膜淋巴结肿大，其他淋巴结多数充血。母兔子宫内胎儿死亡。有些病例眼球底部常有血肿。

组织学变化为多种器官充血、出血、坏死，有弥散性血管内凝血；肝细胞弥漫性变性、坏死；非化脓性脑炎；心肌纤维变性、坏死等。

【诊断】在疫区根据流行病学的特点、典型的临床症状和病理变化，一般可以做出诊断。在新疫区要确诊可进行病原学检查和血清学试验。也可将病料做本动物感染试验。

【防治】本病重在预防。平时坚持自繁自养，认真执行卫生防疫措施，定期消毒，禁止外人进入兔场。新引进的兔要隔离饲养观察至少两周，无病时方可入群饲养，目前有效的预防措施就是定期预防注射脏器组织灭活苗，一年免疫2次，每次剂量为1毫升。注射后4天即能产生高滴度的内源性干扰素，而阻止病毒复制；仔兔20日龄开始初免。

在非疫区发现疫病时，立即封锁疫点，关闭兔及兔产品交易市场。采取全群扑杀、销毁病兔和可疑病兔尸体，无害处理未发病兔胴体及其内脏，彻底消毒兔舍内外环境等综合性防治措施消灭本病。

（二）巴氏杆菌病

兔巴氏杆菌病又称兔出血性败血症，是由多杀性巴氏杆菌引起的一种常见传染病。按临床症状可分为传染性鼻炎、地方流行性肺炎、败血症、中耳炎、结膜炎、子宫炎、睾丸炎等。

【病原体】多杀性巴氏杆菌是两端钝圆、中央微凸的短杆菌，革兰氏染色呈阴性。用病料组织或血液涂片，姬姆萨或美蓝染色镜检，菌体多呈卵圆形，两端着色深，中央着色浅，很像并列的两个球菌。

该菌存在于病兔全身各组织、体液、分泌物及排泄物中。健康兔的上呼吸道也可能带菌。本菌对外界环境的抵抗力不强，普通消毒药对本菌都有较好的消毒效果。家兔对来自其他动物的多杀性巴氏杆菌也较为敏感。

【流行病学】本病一年四季均可发生，但以春秋两季及多雨潮湿的季节多发，常散发或呈地方性流行，一般发病率为20%～70%不等。病菌可随唾液、鼻液、粪便、尿液污染饲料、饮水、用具等，可经消化道、呼吸道、皮肤、黏膜伤口而感染。当饲养管理条件差、营养缺乏、气候剧变、潮湿、拥挤、长途运输、寄生虫等应激条件造成机体抵抗力降低时，存在于上呼吸道黏膜的多杀性巴氏杆菌便侵入兔体，发生内源性感染，导致此病的发生。不同品种和年龄的家兔易感染，尤其刚断奶的幼兔更易发生。

【临床症状】本病的潜伏期急性型为数小时，慢性型为2～5天。由于多杀性巴氏杆菌的毒力、数量、感染途径及病程长短的不同，所引起的症状及病变也不相同。临床上可分为多个类型，各个类型间还经常互相转化。

1. 败血症 最急性型死亡迅速，通常不见症状。急性型病兔表现精神委顿，呼吸急促，食欲不振，体温41℃以上，病程短的24小时内死亡，较长的1～3天死亡。临死前体温下降，抽搐，角弓反张。如鼻炎或肺炎混合发生，则可见到相应的症状。

2. 传染性鼻炎 是最常见的一种病型，以流浆液性或黏液性鼻液为特征。病初主要表现为上呼吸道卡他性炎症，流出浆液性液体，然后转化为黏液性以及脓性鼻液。病兔打喷嚏、咳嗽、用前爪擦揉外鼻孔，使鼻孔周围被毛潮湿、脱落，鼻孔周围皮肤发炎，并附有鼻痂，常因鼻孔被堵塞而出现鼻塞呼吸音。

3. 地方流行性肺炎 常由于传染性鼻炎继发而来，病初往往仅见食欲减退和精神沉郁，病兔肺实质虽发生实变，但往往没有呼吸困难的表现，很少能见到肺炎的临床症状，常因败血症而迅速死亡。

4. 中耳炎 又称斜颈病，单纯的中耳炎一般不表现明显的症状。临床上见到的斜颈病兔是病菌扩散到内耳和脑部的结果。斜颈表现有轻有重，严重病例，病兔向着头倾斜的方向翻滚，直到靠住墙或兔笼的侧壁为止。病兔饮食困难，体重减轻，可能出现脱水的现象。如扩散到脑膜和脑组织时，则可能出现运动失调及其他的神经症状。

5. 结膜炎 主要发生于未断奶的仔兔及少数老年兔。临床上表现为流泪，结膜充血发红，眼睑肿胀，眼分泌物常将上下眼睑粘住。转为慢性时，红肿消退，而流泪经久不止，有的甚至失去视力。

6. 生殖系统感染　主要见于成年兔交配感染，母兔的发病率明显高于公兔，母兔感染通常没有明显的临床症状，但有时表现为不孕，伴有脓性分泌物从阴道流出，如转为败血症，则往往造成死亡。公兔睾丸发炎时，可表现为一侧或两侧睾丸肿大，触摸感到发热。

除上述各型外，病兔还可能发生全身各个部位的肿胀。

【病理变化】各个病型的变化不一致，往往有两种或两种以上的病型联合发生。

1. 败血症　因死亡十分迅速，很少见到明显的变化。胸腔和腹腔器官可能有出血，浆膜下和皮下可能出血。如与其他病型相伴，可能出现其他的病变。

2. 传染性鼻炎　当鼻炎从急性向慢性转化时，鼻漏从浆液性向黏液性、黏液脓性转化，鼻孔周围皮肤发炎，鼻窦和副鼻窦内有分泌物，窦腔内层黏膜红肿。在较为慢性阶段，仅见黏膜呈轻度到中度的水肿增厚。

3. 地方性流行肺炎　通常呈急性纤维素性肺炎和胸膜肺炎变化，以肺的前下方最为常见。开始时呈急性炎症反应，表现为肺实质内可能有出血，胸膜面可能有纤维素覆盖。消散时肺膨胀不全。如肺炎严重，则可能有肿胀存在，脓肿被纤维素包围。在后期主要表现为肺脓肿或整个肺小叶的空洞等。

4. 中耳炎　病变主要是一侧或两侧鼓室有奶油状白色渗出物。初期鼓膜和鼓室内壁变红。有时鼓膜破裂，脓液渗出物流入外耳道。中耳或内耳的感染扩散到脑时，可出现化脓性脑膜脑炎的变化。

除上述外，结膜炎多为两侧性，眼睑中度肿胀，结膜发红，分泌物常将上下眼睑粘住。生殖器感染主要表现为母兔子宫炎和子宫积脓，公兔的睾丸炎和附睾炎；脓肿可发生于皮下和任何内脏器官。

【诊断】根据流行病学、临床症状和剖检变化可做出初步诊断，确诊必须进行细菌学检查。败血症型可从心、肝、脾和体腔渗出物等，其他病型主要从病变部位、渗出物、脓汁等取材，如涂片、染色、镜检可见到两极着色的卵圆形杆菌，接种培养基能分离该菌，可以得出正确的诊断，必要时可用小鼠进行实验感染。

【防治】建立无多杀性巴氏杆菌的种兔群是预防此病的最好方法。种兔群一开始建立时，要选择无临床症状的并经鼻腔的连续细菌检查阴性而确定无多杀性巴氏杆菌的作为种兔，同时要采取严格的卫生消毒措施，实行经常的细菌监护，把多杀性巴氏杆菌的危害降低到最低的程度。

坚持自繁自养，如引进种兔时，必须隔离 1 个月，并进行细菌学检查和血清学的检查，健康兔方可混群饲养。

定期进行疫苗预防注射，兔免疫接种后 7～10 天产生免疫力，免疫持续期 6～8 个月。对发生巴氏杆菌病的兔场最好用本场分离出的菌株制苗。

对病兔可用链霉素，按每千克体重 2 万～4 万单位，肌内注射，每日两次，连用 5 天。若配合同样剂量的青霉素联合应用，效果更好。此外，卡那霉素、磺胺嘧啶也高度敏感。急性病例，按每千克体重 4～6 毫升，皮下注射高免血清效果更显著。有呼吸道症状的病兔，可用青霉素、链霉素、卡那霉素等抗生素滴鼻，也有一定的效果。

（三）大肠杆菌病

兔的大肠杆菌病，又称黏液性肠炎，是由一定血清型的致病性大肠杆菌及其毒素引起的一种仔兔肠道传染病，以水样或胶冻样粪便和严重脱水为特征，发病急，死亡率高。

【病原体】致病性大肠杆菌是革兰氏阴性、无芽孢、有鞭毛的细菌。在普通培养基上生长良好，在麦康凯琼脂培养基上形成红色菌落。大肠杆菌的内毒素是引起腹泻的主要原因。

【流行病学】不同年龄和性别的兔均易感染，但主要发生在1～4个月龄的兔。病兔体内排出的大肠杆菌污染饲料、饮水、场地等，经消化道感染健康兔。饲料管理不良，气候环境突变和其他病的协同作用，使兔的肠道功能紊乱，仔兔抵抗力下降，容易引发疾病。该病一年四季均可发生，多发于夏天、秋高温、高湿季节。

【症状】潜伏期4～6天。最急性者突然死亡。多数病兔初期腹部膨胀，粪便细小，成串，外包有透明胶冻状黏液，随后出现水样腹泻。病兔体温一般正常或偏低，精神沉郁，四肢发冷，磨牙，流涎，眼眶下陷，迅速消瘦，1～2天内死亡。

【病理变化】肝脏、心脏有小点状坏死灶。胆囊扩张，黏膜水肿。胃膨大，内充满液体和气体，胃黏膜有点状出血。十二指肠充满气体和染有胆汁的黏液，空肠、回肠、盲肠充满半透明胶冻样液，并混有气泡。结肠扩张，有透明胶冻状液体。肠道黏膜和浆膜充血、出血。

【诊断】根据流行病学、临床症状和剖检变化可做出初步诊断，确诊必须进行细菌检查。用麦康凯培养基从结肠和盲肠内容物中分离大肠杆菌。同时要与兔球虫病等类似疾病进行鉴定。

【防治】加强饲养管理，怀孕母兔应加强产前产后的饲养和护理，仔兔应及时吮吸初乳，饲料配比适当，勿使饥饿或过食，饲料变换要逐步过渡，不可突然改变。常发病的兔场，可用本场分离的大肠杆菌，制成大肠杆菌灭活苗，进行预防注射，21～30日龄仔兔肌内注射1毫升，有一定效果。

一旦发现病兔应立即进行隔离治疗，对笼具和用具进行消毒；病兔可使用经药敏试验对分离的大肠杆菌血清型有抑制作用的抗生素和磺胺类药物，并辅以对症治疗。近年来，使用活菌制剂，如促菌生等治疗和预防兔下痢，有良好功效。

（四）沙门氏菌病

兔沙门氏菌病是由鼠伤寒沙门氏菌和肠炎沙门氏菌引起的一种消化道传染病。以败血症、腹泻及流产为特征。幼兔和怀孕母兔的发病率和死亡率较高。

【病原体】鼠伤寒沙门氏菌和肠炎沙门氏菌为革兰氏阴性、短杆菌，具有周身鞭毛并有菌毛，无荚膜，不形成芽孢。本菌为需氧和兼性厌氧，在普通培养基上生长良好，菌落圆形、光滑、凸起呈半透明，普通肉汤培养基上生长良好，呈均匀一致浑浊。许多血清型沙门氏菌具有产生毒素的能力，尤其是肠炎沙门氏菌、鼠伤寒沙门氏菌，毒素有耐热能力，75℃经1小时仍不能破坏。

本菌对干燥、腐败、日光等因素具有一定的抵抗力，在外界条件下可以生存数周或数月。对于化学消毒剂的抵抗力不强，一般常用消毒剂均能达到消毒的目的。

【流行病学】本菌对许多动物都有致病性，并常呈带菌现象。病兔及其他的带菌动物是本病的传染源。健康兔摄入被病菌污染的饲料和饮水等，通过消化道而感染，也可通过断脐感染；病兔与健康兔交配或用病公兔的精液人工授精可发生感染。此外，带菌兔在应激因素作用下，也可发生内源性感染。饲料不足、管理不善、卫生条件不良及患其他疾病，都能促进本病的发生和传播。不同品种和年龄的兔皆可感染发病，但以幼龄和怀孕母兔的发病率和死亡率高。本病无明显的季节性，但以气候骤变、潮湿、闷热时发生较多。

大多数沙门氏菌能使人感染，发生副伤寒及食物中毒，感染多来源于带菌兔及其产品，所以对于人类公共卫生威胁很大。

【临床症状】潜伏期2～5天，少数病例无任何症状突然死亡。多数病兔表现为腹泻，排出有泡沫的黏液性粪便，体温升高，精神沉郁，食欲降低，消瘦。母兔从阴道流出脓样分泌物，阴道黏膜潮红，水肿，并发生流产。流产胎儿体弱，皮下水肿，很快死亡。孕兔常于流产后死亡，康复兔难以再怀孕产仔。

【病理变化】急性死亡者呈败血症病理变化，多数内脏器官充血和出血，胸、腹腔内有多量浆液或纤维素性渗出物。肝脏有针尖大小的坏死灶，脾脏肿大充血，肾脏有散在的小出血点。肠系膜淋巴结肿大，肠黏膜水肿，集合淋巴结滤泡肿大或形成坏死灶。流产兔的子宫肿大，浆膜和黏膜充血，子宫黏膜表面有溃疡灶，并有化脓性子宫炎。未流产的病兔子宫内有木乃伊或液化的胎儿，阴道黏膜充血，有脓性分泌物。

【诊断】根据细菌分离培养及血清学试验可对此病做出诊断。若能从典型的病变部位分离出细菌，并经生化试验，也可确诊。另外，可用沙门氏菌多价诊断抗原与待检兔的血清进行玻片凝集反应，可检出阳性兔。

【防治】加强饲养管理，搞好环境卫生，增强肉兔的抗病能力是控制该病的关键。要杜绝易感兔与传染源的接触，防止对饲料、饮水、用具等的污染，兔舍、笼具要定期消毒，兔群要定期检疫，检出阳性兔应隔离治疗或淘汰。孕前和孕初母兔可接种鼠伤寒沙门氏菌灭活苗，每只皮下或肌内注射 1 毫升，注射后 7 天产生免疫力，免疫期 6～8 个月。

对病兔进行抗生素治疗时，首选药物为土霉素及链霉素。还可用黄连 3 克，黄芩 6 克，黄柏 6 克，马齿苋 9 克，煎汤内服。灌服 20% 的大蒜汁，每次 5 毫升，每天 3 次，连用 1 周，或直接内服大蒜泥。

（五）支气管败血波氏杆菌病

支气管败血波氏杆菌病是有支气管败血波氏杆菌引起家兔常见的一种慢性呼吸道传染病，以鼻炎、支气管肺炎和脓包性肺炎为特征，成年兔发病较少，幼兔发病及死亡率较高。

【病原体】支气管败血波氏杆菌，为革兰氏阴性、多形态的小杆菌，呈两极染色、散在或成对排列。不形成芽孢，有鞭毛，能运动，为需氧菌。在营养琼脂上生长良好，形成圆形隆起、光滑的小型菌落。在麦康凯培养基上生长良好呈无色的菌落。鲜血琼脂上有的菌株产生 β 溶血。

本菌抵抗力不强，一般常用消毒药均可将其杀灭。

【流行病学】病兔和带菌兔是主要的传染源，主要通过接触病兔的飞沫、污染的空气，经呼吸道感染。不同年龄的兔都能受到感染，妊娠后期的母兔和哺乳仔兔发病突然，死亡率高。多发生于气候易变的春秋两季，多呈散发性。成年兔多呈慢性经过。各种应激因素刺激都能降低兔机体的抵抗力，促进本病的发生发展甚至呈地方性流行。本病常与巴氏杆菌病、李氏杆菌病并发。

【临床症状】根据临床表现，分为鼻炎型和支气管肺炎型。

鼻炎型：此型在兔群中经常发生，病兔鼻腔流出浆液性或黏液性的分泌物，一般没有脓性分泌物。当诱因消除后，可在较短的时间内恢复正常，但常出现鼻中隔的萎缩。

支气管肺炎型：其特征是鼻炎长期不愈，鼻腔流出黏液或脓性分泌物，打喷嚏，呼吸加快，食欲不振，精神沉郁，逐渐消瘦，病程较长，一般经过 7~60 天死亡。

【病理变化】剖检可见病兔的鼻腔黏膜和支气管黏膜充血，并有多量的浆液性、黏液性或黏稠脓性分泌物。严重时发现小叶性肺炎或支气管肺炎，肺表面光滑、水肿、有暗红色实变区，切开后有少量液体流出。有的肺区有芝麻大至鸽蛋大的脓包，多者可占肺体积的 90% 以上，脓包内有黏稠的乳白色脓汁。少数病例可在肝脏上形成脓包。

【诊断】根据流行特点、临床症状、病理变化可做出初步诊断。要确诊本病，必须做细菌的分离和鉴定。在镜检及分离时应注意与巴氏杆菌相区别。

【防治】兔场应坚持自繁自养，新引进的种兔，必须隔离观察 1 个月以上，并进行细菌学和血清学检查，阴性者方可混群饲养。同时要定期检疫，阳性者扑杀或淘汰，对建立无支气管败血波氏杆菌的兔群是一种有效的方法。平时要做好消毒工作，加强饲养管理，改善饲养环境，消除各种诱发原因，是控制该病发生的关键。

要做好免疫接种工作。应用兔波氏杆菌灭活苗，进行预防注射，每只兔皮下或肌内注射 1 毫升，免疫期为 4～6 个月，每年免疫 2 次，可有效地控制此病的发生。

对发病的兔进行药物治疗时，首先将分离的支气管败血波氏杆菌做药敏试验，选择有效的药物治疗。如果条件不具备，可选用卡那霉素，每只兔每次 0.2～0.4 克，肌内注射，每天 2 次，连用 5 天。庆大霉素，每只兔每次 1 万～2 万单位，肌内注射，每天 2 次，连用 5 天。内服磺胺类药物，如酞酰磺胺噻唑，每千克体重 0.2～0.3 克，每天 2 次，连用 1 周。此外，用硫酸链霉素，按每千克体重 8 万单位的剂量肌内注射，同时按每千克体重 1 万单位的剂量滴鼻，有效率也很高。

（六）葡萄球菌病

兔葡萄球菌病是由金黄色葡萄球菌所引起的兔的一种常见病，以致死性败血症变化和几乎可以发生于任何器官和部位的化脓性炎症为特征。

【病原体】金黄色葡萄球菌，为革兰氏阳性、圆形或卵圆形细菌，常不规则地排列成葡萄串状。在普通培养基上生长良好，在鲜血培养基上可发生溶血现象。本菌对外界环境因素如高温、干燥和冷冻等的抵抗力较强，在 60℃ 湿热中可耐受 30～60 分钟，煮沸则迅速死亡。在常用消毒药中，以 3％～5％ 石炭酸溶液的消毒力最强，3～5 分钟可杀死该菌，70％ 的酒精数分钟可杀死该菌，对苯胺类染料如龙胆紫、结晶紫等也很敏感。

【流行病学】本菌在自然界分布广泛，空气、饲料、饮水、土壤、灰尘和各种动物体表都有染附，动物的皮肤、黏膜、肠道、扁桃体、乳房和爪甲缝等也有寄生。兔对金黄色葡萄球菌是一种很易感的动物。各种年龄、不同性别的兔都可通过不同途径发生感染。而皮肤伤口感染是最常见的感染途径，也可通过直接接触、呼吸道和消化道等途径感染，哺乳母兔的乳头口是本菌进入机体的重要门户。

幼龄兔和受应激因素作用的兔感染后，多呈败血症经过。

【临床症状及病理变化】根据兔年龄、抵抗力、感染部位和细菌在体内扩散的情况不同，可表现多种病型。常见的如下。

1. 脓肿　可发生于全身各部位和器官。初红肿、硬结，以后形成波动的脓肿。小如豌豆，大至苹果，数目不一。一般脓肿常被结缔组织包围形成囊状，手摸时感到柔软而有弹性。患有皮下脓肿的病兔，一般精神和食欲不受影响。当内脏器官形成脓肿时，患部器官的生理机能受到影响和干扰，就会出现轻重不等的相应症状。皮下和肌肉脓肿，经 1~2 个月可自行破裂，流出浓稠、乳白色干酪样的脓液，破口经久不愈。当脓肿向内破溃时，则发生全身性感染，呈现脓毒败血症，病兔很快死亡。

2. 仔兔脓毒败血症　仔兔出生后 2~3 天，多处皮下，尤其是腹部、胸部、颈、颌下和腿部内侧的皮下出现粟粒大的脓肿。常于 2~5 天内以败血症死亡。较大的乳兔（一般 10~21 日龄）患病，可在上述部位皮肤上出现黄豆至蚕豆大脓肿，高出皮表，病程较长，最后消瘦死亡。不死的，脓肿逐渐变干、消散而痊愈。剖检病死兔，可见肺脏和心脏上有许多白色小脓包。

3. 脚皮炎　常见于兔后脚掌表面皮肤，前脚掌少见。兔脚掌心的表皮开始出现充血、发红、稍肿和脱毛，而后出现脓肿。以后形成大小不一、经久不愈的出血溃疡面。病兔行动困难，食欲减退、消瘦。有些病例发生全身性感染，呈败血症而死亡。

4. 乳房炎　大多在分娩后最初几天内发生。由于乳头被仔兔咬破，葡萄球菌侵入所致。急性乳房炎时，体温和乳房皮温都略有升高，乳房肿胀发红，甚至呈紫红色或蓝紫色。转为慢性后，乳房局部发硬，硬块逐渐增大，进一步发展，乳房表面或深层形成脓肿、溃疡、结痂。腹部皮下结缔组织也出现化脓，脓汁呈乳白色或淡黄色奶油状。

5. 仔兔急性肠炎 俗称仔兔黄尿症。是由于仔兔吃了患乳房炎母兔的乳汁而引起的一种急性肠炎。一般常全窝发生，病仔兔的肛门四周及后肢被毛潮湿、腥臭。病仔兔昏睡，全身发软，病程 2～3 天，病死率较高。剖检可见肠黏膜（尤其是小肠）充血、出血、肠腔充满黏液，膀胱极度扩张，积满橙黄色尿液。

【诊断】根据此病的特征性症状和病理变化，可对各种病型做出诊断，必要时通过细菌学方法做出诊断。

【防治】防治本病主要依靠加强饲养管理和兽医卫生措施。经常保持兔舍、兔笼和运动场的清洁卫生，定期消毒，防止和避免兔体外伤。对产仔后和断奶前的母兔，要视情况适当减少优质精料和多汁青料，以预防由于乳汁过多、过浓和积乳而发生乳房炎。

发生本病时，通常选用合适的抗菌药物进行局部或全身治疗，越早治疗效果越好。有条件时分离病菌做药敏试验，以确定选用最敏感的抗菌药物。

全身治疗：可用磺胺或抗生素类。庆大霉素，按每千克体重 4 万单位剂量，肌内注射，每天 2 次，连用 3～5 天。青霉素，按每千克体重 4 万国际单位剂量，肌内注射，每天 2～3 次，连用 3～5 天。内服红霉素，按每千克体重 2～6 毫克，每天 2 次，连用 3 天。也可口服磺胺噻唑或长效磺胺。

局部治疗：脓肿按外科常规处理，采用外科手术排脓和清除坏死组织，涂擦的药物以 5％龙胆紫酒精溶液、3％石炭酸溶液、3％～5％碘酊、青霉素软膏等效果较好。也可采用结扎法，用缝合线将脓包基部扎牢，切断血液供应，1 周左右脓包干枯脱落，皮肤自然愈合。

（七）魏氏梭菌病

兔魏氏梭菌病又称梭菌性下痢，是由 A 型魏氏梭菌及其毒素引起的一种以消化道为主的全身性、急性传染病。其临床症状以剧烈腹泻为特征。发病迅速，病程较短，病死率很高，给养兔业带来严重损失。

【病原体】A 型魏氏梭菌，革兰氏染色阳性，有荚膜，形成芽孢，菌体两端钝圆，一般为单个或成双存在。在羊血琼脂平板上厌氧培养 20～24 小时，菌落圆形，边缘整齐，表面光滑凸起，直径 2 毫米，菌落周围出现双重溶血圈，内圈为透明 β 溶血，外圈较暗，为 α 溶血。

【流行病学】此病一年四季均可发生，但在冬春季节青饲料缺乏时更易发。不同品种、年龄、性别的兔均易感，但以 1～3 月龄的仔兔发病率最高。消化道是本病的主要传染途径。A 型魏氏梭菌的芽孢广泛分布于土壤、粪便、污水和劣质面粉中，经消化道和伤口感染发病。有的呈散发，也有的暴发性流行，导致大批兔在几天内发病、死亡。当饲养管理不当、饲料突然改变、气候骤变、长途运输等应激因素作用下，极易导致本病的暴发。

【临床症状】除少数病例突然死亡看不到任何症状外，下痢是本病特征性临诊症状。病初排灰褐色软便，随后出现水泻。粪便黄绿、黑褐或腐油色，水样或胶冻样，具特殊的腥臭味，粪水污染臀部及后腿。病兔体温一般偏低，精神沉郁，拒食，消瘦，脱水。大多数病兔于出现水泻的当天或次日死亡，多数病兔可拖延 1 周，极个别的拖至 1 个月，最终死亡。病兔死亡率很高。

【病理变化】尸体外观不见明显消瘦，肛门附近和后肢飞节下端被毛被稀粪污染。剖开腹腔可嗅到特殊臭味。胃内充满饲料，胃底部黏膜脱落，常见有出血和大小不等的黑色溃疡。小肠充满气体，肠壁薄而透明，肠黏膜呈卡他性炎症。盲结肠内容物稀薄呈黑绿色，有腥臭腐败味，肠黏膜有弥漫性充血和出血。肝质地变脆，脾呈深褐色，膀胱积有茶色尿液。

【诊断】根据流行特点、临床症状和病理剖检变化的特征，可做出初步诊断。确诊还必须进行细菌学检查或血清学检查。此病应于兔球虫病、沙门氏菌病、巴氏杆菌病等相区别。

【防治】平时要加强兔场的饲养管理，减少应激因素，做好兽医防疫卫生工作，可以减少发病。有本病史的兔场可用 A 型魏氏梭菌甲醛氢氧化铝灭活苗，肌内注射 2 次，间隔 1 周，剂量成年兔 2 毫升，青年兔 1.5 毫升，仔兔 1 毫升。第二次注苗后 1～2 周产生免疫力，免疫期 6 个月，每年预防接种 2 次。乳兔在 15～30 日龄，每 7 天注射 1 次抗血清，剂量 5 毫升，断奶后立即进行主动免疫保护，较为安全。

病兔要尽早使用抗血清，每次肌肉或皮下注射 5 毫升，每天 1～2 次，连用 2 天。同时配合应用抗生素、磺胺类、黄连素等药物，还要采用收敛、补液等对症治疗，方可收到良好的效果。如不及时使用抗血清，单纯用抗生素、磺胺类药物结合补液进行治疗，难以收效。如果没有抗血清，可使用康复兔或健康兔的抗凝血，给病兔肌内注射，每只 5 毫升，种病兔 6 小时后再注射 1 次，效果也比较好。

据报道，对患病兔早期使用 0.5%痢菌净，每只兔皮下注射 1～2 毫升，每日 2 次，有一定的治疗效果；对未发病兔注射 0.5%痢菌净，有较好的预防作用。

（八）链球菌病

兔链球菌病是由溶血性链球菌引起的一种急性败血性传染病，以高热、呼吸困难和下痢为特征，对幼兔危害极为严重。

【病原体】本病病原主要是 C 群的链球菌。是一种圆形球状杆菌，为革兰氏阳性，无鞭毛，不能运动，不形成芽孢，有时可形成荚膜。在病料中呈单个或成对排列，极少呈长链。在肉汤培养时呈短链或长链，单个或成对排列极少。生长要求严格，在鲜血琼脂培养基上，菌落细小、灰色，菌落周围呈完全溶血。

【流行病学】溶血性链球菌在自然界中分布广泛，在多种动物及兔的呼吸道、口腔和阴道中都存在致病性链球菌，病兔、带菌兔是重要传染源。病菌随着分泌物、排泄物排出体外，污染饲料、饮水、用具及周围环境等，健康兔经上呼吸道黏膜或扁桃体感染。当饲养管理不良、气候突变、受寒感冒、拥挤闷热、营养不良、长途运输等不良应激因素作用下，使兔体抵抗力下降，可促进本病的发生。

【临床症状】病兔体温升高达40℃以上，精神沉郁，食欲减退或废绝，呼吸困难，间接性下痢。如不及时治疗，一般经1～2天死亡。有的致病性链球菌可引起中耳炎，表现为歪头，行动滚转；有的病兔淋巴结发炎，肿大变硬，之后变软，破溃排出脓液。

【病理变化】皮下组织呈出血性浆液性浸润，胸腹腔液及心包液呈微黄色，心内外膜有出血点，脾脏肿大，肝脏和肾脏脂肪变性，肺有出血点，肠黏膜充血、有弥漫性出血。

【诊断】根据流行特点、临床症状和病理变化可做出初步诊断。为确诊应进行细菌学检查，即取病料涂片染色，做显微镜检查，若观察到革兰氏阳性的链球菌，即可确诊。

【防治】加强饲养管理，尽量避免各种不良应激因素的发生，坚持经常性的卫生防疫措施，增强机体抵抗力。一旦发现病兔立即隔离治疗，兔舍、笼具及场地等要全面严格消毒。未发病兔可用磺胺类药物预防。

治疗本病最好先做药敏试验，选择高敏药物。若无药敏试验条件，可选用青霉素，每只兔肌内注射5万～10万国际单位，每天2次，连用3～5天。红霉素，每只兔肌内注射50～100毫克，每天3次，连用3天。先锋霉素Ⅱ，每千克体重20毫克，肌内注射，每天2次，连用5天。磺胺嘧啶钠，每千克体重

0.2～0.3 克，内服或肌内注射，每天 2 次，连用 5 天。也可选用卡那霉素、庆大霉素等。如发生脓肿，应切开排脓，用 2%洗必泰溶液或 3%过氧化钠溶液冲洗，涂擦碘酊、碘仿磺胺粉或磺胺软膏，每天 1 次。

（九）土拉杆菌病

本病是由土拉杆菌引起的一种人兽共患的急性、热性、败血性传染病，又称野兔热。体温升高、鼻炎、淋巴结肿大和内脏器官坏死为特征。

【病原体】土拉杆菌是一种多形态的细菌，在患病动物的血液内呈球状，在培养基上则有球状、杆状、豆状、精子状和丝状等。菌体宽为 0.2～1 微米，长 1～3 微米。革兰氏阴性、无鞭毛、不形成芽孢。美蓝染色呈两极着色。

本菌对自然条件的抵抗力较强，在土壤、水、肉和毛皮中可存活数十天，在尸体和毛皮中能存活 40～133 天。在冰冻组织内可保持活力 13 周。60℃以上高温能在短时间杀死。1%～3%来苏儿和 3%～5%石炭酸经 3～5 分钟，0.1%升汞经 1～3 分钟可杀灭本菌。本菌对链霉素较敏感。

【流行病学】本病易感动物的范围非常广泛，除兔以外，啮齿动物、毛皮动物、家畜、家禽和人类都可感染。主要通过蜱、螨、蝇、蚊、虱等吸血昆虫叮咬而传播，也可通过污染的饲料、水源和用具，经消化道传染；病兔还可通过直接接触传染给健康兔。

本病的发生季节随地区而不同，与啮齿动物及外寄生虫的繁殖孳生期有关，一般春末夏季啮齿动物及外寄生虫繁殖最旺，本病发生也最多，常呈地方性流行。

【临床症状】潜伏期 1～9 天，根据病程可将其分为急性型和慢性型两种。主要症状为发热、衰弱、麻痹和淋巴结肿大。急性型常不出现明显症状而呈败血症突然死亡，个别病兔在临死之前出现运动失调和不食；慢性型病兔鼻腔发炎，下颌、颈部及腋下等体表淋巴结肿大、发硬或化脓，体温升高到41℃左右，厌食，逐渐消瘦，病程持续时间较长，呈高度消瘦和衰竭。

【病理变化】急性死亡的病兔为败血症病变，无明显的变化。慢性死亡的病兔，淋巴结显著肿大，呈深红色，有针尖大灰白色干酪样坏死灶。脾脏肿大，呈深红色，表面和切面均有灰白色或乳白色的粟粒至豌豆大的坏死灶。肝脏充血肿大，有粟粒大的坏死灶。肺充血肿胀，有块状突变区。肾脏肿大，有灰白色粟粒大小的坏死灶。

【诊断】根据病理变化和细菌学检查可做出诊断。也可采用血清学试验，分离病兔血清与土拉杆菌凝集抗原反应，当凝集价达1∶40或以上者可判为阳性。

【防治】在土拉杆菌病流行地区，预防的方法主要在于扑杀啮齿动物和消灭体外寄生虫。兔场应该经常进行灭鼠和杀虫，经常进行兔舍、兔笼、用具、环境等的消毒工作。疫区可试用弱毒苗预防接种。一旦发现病兔要立即隔离治疗，治疗时，应用链霉素效果最好，每千克体重3万～5万单位，肌内注射，每日2次，连用5天。无治疗效果的病兔应及时扑杀处理，尸体和分泌物等要深埋，严格控制污染环境。需引进兔种时，应从无此病的兔场引入，同时必须隔离饲养1个月以上，证实为健康无病的兔才可以进场。该病对人有危害，要注意个人卫生，防止感染。

（十）密螺旋体病

兔的密螺旋体病是由兔密螺旋体引起的成年家兔和野兔的一种慢性传染病，又称兔梅毒。其特征为外生殖器官、肛门、颜面部等部位的皮肤和黏膜发生炎症、结节和溃疡，局部淋巴结发炎。此病仅发生于兔，其他动物不易感染。

【病原体】兔的密螺旋体长约10～16微米，宽0.25微米，有的可长达30微米，为细长、弯曲的螺旋形细菌，在暗视野显微镜下检查，可见呈旋转运动。革兰氏染色阴性，但着色力差，常用姬姆萨氏和镀银染色法染色。病原主要存在于患病兔的外生殖器的病变部位。本菌抵抗力较弱，一般常用的消毒药都能将其杀灭。

【流行病学】本病只发生于兔，其他动物不感染。主要通过交配而传播，因此，发病的主要见于成年兔，但未交配过的兔也有少数发病。病兔所污染的垫草、饲料、用具等都是传播媒介，如果有损伤也可增加感染的机会。兔群中流行本病时发病率较高，一般呈良性经过，几乎没有死亡。

【临床症状和病理变化】本病无明显全身症状，精神、食欲、体温等均无异常。对公兔的性欲影响较小，但可影响母兔的配种和受胎率。该病主要为慢性经过，病程可拖延几个月，甚至更长，以后则可恢复。稍严重的，病初可见外生殖器和肛门周围发红、水肿，形成粟粒大的小结节，以后肿胀部的表面逐渐有渗出物而变成湿润，结成棕色的痂。痂下出现溃疡，有凹陷，边缘不整齐，易于出血。由于病变部的痛痒使病兔摩擦或抓搔而造成自身不断感染，使病变蔓延到唇、鼻孔、舌、眼睑、耳等处，形成继发病灶。常见腹股沟淋巴结肿大。

【诊断】根据该病的流行特点、临床症状和病理变化可做出初步诊断。确诊必须进行实验室检查。

【防治】为了控制本病，最好自繁自养，购入种兔时应隔离饲养、观察，确定无病者方可合群。在有本病流行的兔场，配种前应详细检查公、母兔的外生殖器，或做血清学试验，临床检查健康或血清学试验阴性时才能参加配种。对兔病和可疑兔停止配种，重者淘汰，轻者隔离治疗。彻底消除污物，用1‰～3‰来苏儿或1‰～2‰的火碱水消毒笼具、用具和环境。

治疗可用青霉素，每次5万国际单位肌内注射，每天2次，连用5天为一个疗程。用药后10～14天内往往治愈。也可用新胂凡纳明（九一四），每千克体重40～60毫克，用灭菌蒸馏水配成 5％溶液，耳静脉注射，必要时隔 2 周重复一次。上述两种药物配合应用效果更好。局部用 2％硼酸溶液、0.1％高锰酸钾溶液洗涤后，涂擦青霉素软膏或碘甘油，可加速愈合。

（十一）传染性水疱口炎

传染性水疱口炎又称流涎病，是由水疱性口炎病毒引起的兔的一种急性热性传染病，以口腔黏膜发生水疱性炎症并伴有大量流涎为特征。

【病原体】本病病原是弹状病毒科，疱病毒属的水疱性口炎病毒。外观呈子弹状，病毒粒子表面具有囊膜，囊膜上有均匀性密布的纤突，病毒粒子内部为密集盘卷的螺旋状结构。病毒分为两个血清型，二者不能交互免疫。

病毒对乙醚敏感。加热至 60℃和直射阳光下，病毒很快失去毒力。病毒存在于水疱液、水疱皮、口腔黏膜坏死组织、唾液及局部淋巴结中。在 2％氢氧化钠溶液、1％福尔马林在数分钟内杀死病毒。在 50％甘油磷酸盐缓冲液中能长期保存病毒（3～4 月）。

【流行病学】自然情况下，本病毒只感染兔，主要发生于 1～3 月龄的仔兔，多发生于春秋两季。传染途径主要经消化道而感染。病兔口腔分泌物及坏死黏膜内含有大量的病毒。健康兔吃了被污染的饲料、饮水后病毒通过口腔黏膜而传染。饲养管理不良，饲喂霉烂及有刺的饲料，口腔损伤等都可以引起本病发生。

【临床症状】潜伏期 5～7 天。病初口腔黏膜潮红，随后在唇、舌、硬腭及口腔黏膜等处出现米粒至扁豆大浆液性的水疱，不久破溃成烂斑和溃疡，同时大量流涎。如发生继发性细菌感染，则造成唇和舌的坏死，并伴有恶臭味。由于口腔受到损伤，食欲减退或拒食，随着损伤程度的加重，则表现出体温升高至 40～41℃，精神沉郁，消化不良而腹泻，日渐消瘦，衰竭，5～10 天后死亡。死亡率达 50％以上。

【病理变化】剖检可见唇、舌和口腔黏膜有水疱、糜烂和溃疡。咽头部位聚集泡沫样唾液，唾液腺肿大发红，胃扩张，充满黏稠的液体和稀薄的食物。肠黏膜通常有卡他性炎症。尸体十分消瘦。

【诊断】根据流涎和口腔炎症等特征，可做出诊断。注意与化学性刺激剂、发霉饲料和有毒有刺激的植物引起的口腔炎相区别。

【防治】目前此病防治无疫苗及特异的治疗方法，除隔离病兔，防止疾病传播之外，对病兔可做一些对症治疗，并用抗菌药物控制继发感染。同时创造良好的饲养条件，特别要加强春秋两季的卫生防疫措施。防止引进病兔。检查饲草的质量，以免过于粗糙的饲草等损伤口腔黏膜。定期对兔舍、笼具及用具用1%～2%火碱溶液或20%热草木灰水消毒。

六、常见寄生虫病防治

（一）球虫病

兔球虫病是肉兔最常见且危害严重的一种寄生虫病。依据球虫寄生部位的不同，可分为肝球虫病和肠球虫病两种，但以混合感染最为常见。临床上以腹泻为主症，4月龄内的幼兔感染率很高，病死率也很高，严重的可达80%～90%。耐过的兔生长发育受到严重影响。

【病原体】文献记载共有16种艾美耳球虫和1种等孢球虫寄生于兔，我国都已发现，除艾美耳球虫寄生于肝胆管上皮样细胞内引起肝型球虫病外，其余都寄生于肠上皮样细胞引起肠型球虫病。

【生活史】兔球虫的发育史可分为裂体增殖、配子生殖和孢子生殖三个阶段。前两个阶段在兔体内进行，称内生性发育；孢子生殖在外界环境中完成，称外生性发育；在适宜的温度、湿度条件下，卵囊经过一定的时间（常为 24～72 小时），发育形成孢子囊，每个卵囊内形成了 4 个或 2 个孢子囊，每个孢子囊内含 2 个或 4 个孢子，成为感染性卵囊。兔在采食、饮水时吞食了这种孢子化的感染性卵囊以后，子孢子在肠道内破卵而出，侵入肠上皮样细胞或胆管上皮样细胞，形成圆形的滋养体。滋养体的核进行裂体增殖，形成多核的裂殖体。随后，围绕着细胞核的细胞质也分开，便形成了含有许多裂殖子的成熟的裂殖体。裂殖体内形成大量的裂殖子后，由于其体积增大，使上皮样细胞遭受破坏，裂殖子逸出，侵入新的上皮样细胞，再次进行裂体增殖，如此反复，进行若干世代后就出现有性的配子生殖。一部分裂殖子转化形成小配子体，并分裂生成许多活动自如、带有鞭毛的小配子（雄性），一部分裂殖子转化成无运动的大配子（雌性）。小配子钻入大配子内，它们的核便融合成为合子。合子周围迅速形成一层被膜，成为卵囊。卵囊由上皮样细胞进入肠管内，随粪便排出体外。即为在粪便中所见到的卵囊。

【流行病学】各品种和不同年龄的肉兔对球虫都有易感染性，但以 1～3 月龄的幼兔最易感染，病死率也最高。成年兔发病轻微，呈带虫现象。带虫兔在幼兔球虫病的传播中起着重要的作用。一般在温暖多雨季节流行，当饲养管理不良、拥挤、潮湿等不良应激因素作用下，可促进本病的发生。

【临床症状】临床上以混合型多见。开始食欲减退，以后食欲废绝，精神沉郁，行动迟缓，眼、鼻分泌物增多，唾液分泌增多。体温略升高，贫血，下痢，尿频，常做排尿姿势，后肢和肛门周围被粪便污染。病兔由于肠膨胀，膀胱积尿和肝脏肿大而呈现腹围增大。肠型有顽固性下痢，甚至带血或便秘与腹泻交替发生。肝脏被侵害时则肝脏肿大，肝区触诊疼痛，病兔虚弱消瘦，结膜苍白，可视黏膜轻度黄染。病后期，幼兔往往出现神经症状、痉挛或麻痹，多因极度衰弱而死亡。病死率一般为 50%～60%，有时可高达 80%。病程为 10 余天至数周。病愈后长期消瘦，生长发育不良。

【病理变化】尸体消瘦，被毛粗乱无光，肛门周围被粪便污染，黏膜苍白或黄染。肠球虫病时，肠壁血管充血，十二指肠壁肥厚，黏膜发生卡他性炎症。小肠内充满气体和大量微红色黏液，黏膜充血并有溢血点。慢性过程中，肠黏膜有许多小而硬的白色结节，内含有卵囊，有时可以看见脓性坏死灶。肠系膜淋巴结肿大。肝球虫病时，肝脏肿大，肝表面及实质内有白色或淡黄色粟粒大至豌豆大的结节，多沿胆小管分布。取结节压片镜检，可见到裂殖体、裂殖子、配子体和卵囊等不同发育阶段的虫体。陈旧病灶中内容物变稠，形成粉粒的钙化物质。在慢性肝球虫病时，胆管周围和小叶间结缔组织增生，使肝细胞萎缩，肝脏体积缩小，呈间质肝炎变化。胆囊黏膜有卡他性炎症，胆汁浓稠色暗，内含许多裂解的上皮样细胞。

【诊断】根据流行病学特点、临床症状、剖检变化及粪便中查到球虫卵囊或在肝脏和肠管病变处刮屑内发现大量卵囊或裂殖体等，就可确诊。此外，由于兔的带虫现象极为普遍，所以不能单纯根据检出卵囊确诊球虫病，应结合临床症状和病变特点综合诊断。

【防治】合理的饲养管理对预防兔球虫病是很重要的，平时要注意喂给含有丰富蛋白质、矿物质和各种维生素的全价饲料，以提高兔体的抗病力。兔舍要保持清洁、干燥、通风良好。笼子、饲养等用具要定期彻底清洗，火焰或蒸汽消毒。消灭兔场内的鼠类、蝇类及其他昆虫，杜绝卵囊的散布。合理安排母兔的繁殖期，尽量使幼兔断奶不在梅雨季节。仔兔和母兔尽早分开饲养。

发病时可用下列药物进行治疗。氯苯胍：按每只兔每天30毫克拌入饲料连喂5天，能有效地预防球虫病，隔3天再用1次。暴发球虫病后，可以此剂量进行全群治疗，疗程应在2周以内；磺胺-6-甲氧嘧啶：按0.1%的浓度混入饲料中，连用3～5

天，隔 1 周再用一个疗程；磺胺二甲基嘧啶：按 5：1 比例以 0.02%的浓度混入饲料中，连用 3～5 天，隔 1 周再用一个疗程。

(二) 豆状囊尾蚴病

兔豆状囊尾蚴病是有豆状带绦虫的幼虫寄生于兔的肝脏、肠系膜和腹腔内所引起的一种绦虫蚴病。本病呈世界性分布，我国各地都有本病发生。本病可使感染兔生长发育缓慢，饲料报酬降低，对养兔业危害极大。

【病原体】豆状囊尾蚴呈白色的囊泡状，大小如豌豆，囊壁薄而透明，囊内充满液体，囊壁上可见附于壁内的乳白色头节，头节呈小球形，上有 4 个突出体壁的吸盘，有顶突，顶突上有两排角质的小钩。成虫为白色带状，链体长 60～200 厘米，边缘锯齿状，故又称锯齿带绦虫，寄生于犬、狼、狐狸等肉食动物的小肠。

【生活史】豆状带绦虫在终宿主体内发育成熟，其脱落的孕卵片和虫卵随粪便排到外界。兔等中间宿主吞食了被卵污染的饲料和饮水后，卵内的六钩蚴在兔的消化道逸出，钻入肠壁血管，随血液循环到达肝实质中，发育 15～30 天后，出肝实质到腹腔，附着在网膜、肠系膜及盆腔内，约经过 20 天发育成熟。当犬等终宿主吞食了含有成熟豆状囊尾蚴的兔内脏后，囊尾蚴在其肠内出头节，附着于小肠黏膜上，约经过 1 个月发育成为成虫。

【流行病学】本病呈地方性流行，多发于犬、狼、狐狸等肉食兽较多、饲喂野草的地区。一般多在夏秋两季流行。

【临床症状】少量感染时，症状不明显，仅表现为生长发育缓慢；大量感染时，造成肝脏的损伤，表现肝功能障碍和肝炎的症状。患兔精神不振，嗜眠，消化功能紊乱，食欲下降，口渴等。幼兔生长缓慢，成年兔腹部膨胀，逐渐消瘦，后期腹泻。感染严重时可引起死亡。

【病理变化】尸体消瘦，皮下水肿，腹腔内有大量淡黄色腹水。早期肝脏肿大，肝表面和实质内有黑红色或黄色条纹状病灶，这是六钩蚴在肝脏中移行造成的。时间较长的病例可转化为肝硬化，在肝脏表面、网膜、肠系膜、腹膜或腹腔中可见到成串的或单个的豆状囊尾蚴。

【诊断】本病无特征的临床症状，故生前诊断较困难，一般靠死后剖检发现豆状囊尾蚴而确诊。

【防治】兔场严禁养犬，严防犬粪污染饲料和水。尽量不饲喂野生草，应饲喂耕种的牧草，减少被犬类粪便污染。禁止用含有豆状囊尾蚴的兔内脏喂犬，以此切断流行环节。治疗可用吡喹酮，按每千克体重 25 毫克的剂量，皮下注射，每天 1 次，连用 5 天。也可用甲苯咪唑，按每千克体重 35 毫克剂量，口服，每天 1 次，连用 3 天。

（三）螨病

兔螨病又称兔疥螨病，是由寄生于兔体表的多种疥螨和痒螨引起的一种慢性寄生性皮肤病。以剧痒、湿疹性皮炎、脱毛、患部逐渐向周围扩展和具有高度传染性为本病特征。

【病原体】引起兔疥螨病较为常见的螨有两种，兔疥螨和兔痒螨。疥螨主要寄生于兔的体表，黄白色或灰白色，长 0.2～0.5 毫米，虫体呈圆形，前端有一圆形咀嚼式口器，腹面有 4 对肢呈圆锥形。痒螨主要寄生于兔的外耳道，黄白色或灰白色，长 0.5～0.8 毫米，虫体呈椭圆形，前端有一刺吸式口器，腹面有 4 对肢，前 2 对粗大，后 2 对细长。

【生活史】兔疥螨和痒螨全部发育过程都在兔体上度过，包括卵、幼虫、若虫、成虫 4 个发育阶段，为不完全变态。

疥螨主要在兔的嘴、鼻孔周围和脚爪部皮肤挖掘隧道，以角质层组织和渗出的淋巴液为食，在隧道内进行发育和繁殖。雌螨在隧道内产卵，一生可产 40～50 个卵。卵呈椭圆形，黄白色，长约 150 微米。卵经 3～8 天孵出幼螨，幼螨 3 对腿，很活跃，从隧道爬到皮肤表面，然后钻入皮内造成小穴，在其中蜕变成若螨。若螨和成螨相似，有 4 对腿，但体型较小，生殖器尚未发育成熟。若螨约经 3 天退化成为螨。雌雄交配后，雄螨不久即死亡。受精的雌螨非常活跃，在宿主表皮找适当部位，以螯肢和前足末端的爪挖掘隧道，约经 2～3 天开始产卵，产完后死亡，寿命约 4～5 周，疥螨的整个发育过程为 8～22 天，平均 15 天。

痒螨主要寄生于兔的外耳道的皮肤表面，吸食渗出液。雌螨多在皮肤上产卵，约经 3 天孵化为幼螨，经若螨发育成成螨。雌雄交配后，雌螨采食 1～2 天开始产卵，一生可产卵约 40 个，寿命约 42 天，痒螨整个发育过程 10～12 天。

【流行病学】本病的主要感染方式是接触感染，健康兔接触病兔或病兔污染物，如兔笼、饲槽、用具等造成感染。也可由饲养人员或兽医人员的衣服和手传播病原。螨病主要发生于冬季和秋末春初，因为这些季节，日光照射不足，特别是兔舍潮湿，兔体卫生不良，皮肤表面湿度较高的条件下，最适合螨的发育繁殖。螨虫在外界生存能力很强，在 11～20℃的条件下，可存活 2 个月。一般幼年兔、老年兔和营养不良的兔容易感染，发病也较严重。

【临床症状】当兔发生螨病时，首先发生剧痒，病势越重，痒觉越剧烈。当兔进入温暖场所或活动时，皮温增高时，痒觉加剧，剧痒使病兔不停地啃咬患部，并向物体上用力摩擦，因而越发加重患部的炎症和损伤，同时还向周围环境散布大量病原。

结痂、脱毛和皮肤增厚，是螨病必然出现的症状。在虫体的机械刺激和毒素的作用下，皮肤发生炎性浸润，发痒处皮肤形成结节和水疱，当兔蹭痒时结节、水疱破溃，流出渗出液。渗出液与脱落的上皮样细胞、被毛及污垢，混杂在一起，干燥后就结成痂皮。痂皮被擦破或除去后，创面有多量液体渗出及毛细血管出血，又重新结痂。随着病情的发展，毛囊、汗腺受到侵害，皮肤角质层角化过度，患部脱毛，皮肤肥厚，失去弹性而形成皱褶。

病兔日渐消瘦，有时继发感染，严重时甚至引起死亡。

兔疥螨病先由嘴、鼻端周围和脚爪部位发病，以后逐渐蔓延到眼圈、上唇、下颌，甚至全身。病兔脚爪上出现灰白色痂皮，嘴唇肿胀，形成的厚痂，影响采食。

兔痒螨病主要侵害耳部，引起外耳道炎，渗出物干燥成黄色痂皮，塞满耳道如纸卷样。病兔耳朵下垂。不断摇头和用脚搔耳朵。严重时蔓延至筛骨或脑部，引起癫痫症状，抽搐而死亡。

【诊断】对有明显症状的病兔，根据发病季节，剧痒，患部皮肤上的痂皮，检查有无虫体，才能确诊。在诊断本病时要与湿疹、钱癣等进行鉴别。

【防治】预防本病要搞好兔舍内卫生，经常清扫，定期消毒，并保持干燥、透光通风良好。经常检查兔群，发现病兔及时隔离治疗，对污染环境、兔舍、笼具等进行彻底消毒。兔舍和用具要严格消毒。搞好饲养管理，多喂给全价饲料，特别是含维生素较多的青饲料，如胡萝卜等。引进兔时，应彻底检查，并隔离观察一段时间，确认无螨病时再合群饲养。

治疗螨病的药物和方法很多，主要有以下几种。伊维菌素：按每千克体重0.02～0.04毫克剂量，皮下注射，7天1次，严重病例需注射3次；杀虫丁软膏：先用温水浸泡患部，去掉痂皮，在患部涂擦软膏，可杀死成虫、幼虫和卵。

（四）弓形虫病

弓形虫病是一种世界性分布的人兽共患原虫病，在人畜及野生动物中广泛传播，各种兔均可感染。

【病原体】病原为龚地弓形体原虫。弓形虫在兔体内有两种类型，一种是增生型（滋养体），出现于急性期病例的细胞内外；另一种是包囊型，常出现于慢性期病例或呈隐性阶段，在细胞内发育。

【生活史】弓形虫的整个发育过程需两个宿主，猫是弓形虫的终末宿主，在猫小肠上皮样细胞内进行类似于球虫发育的裂体增殖和配子增殖，最后形成卵囊，随猫的粪便排出体外，卵囊在外界环境中经过孢子生殖，发育为含有两个孢子囊的感染性卵囊。

弓形虫对中间宿主的选择不严，已知有200余种动物，包括哺乳类、鸟类、鱼类、爬行类和人类都可作为它的中间宿主，猫也可作为弓形虫的中间宿主。在中间宿主内，弓形虫可在全身各器官组织的有核细胞内进行无性繁殖，急性期形成半月形的滋养体及许多虫体聚集在一起的虫体集落（又称假囊）；慢性期虫体呈休眠状态，在脑、眼和心肌中形成圆形的包囊（又称组织囊），囊内含有许多形态与滋养体相似的慢殖子。动物吃了猫粪中的感染性卵囊或含有弓形虫滋养体或包囊的中间宿主的肉、内脏、渗出物、排泄物和乳汁而被感染。滋养体还可通过皮肤、黏膜途径感染，也可以通过胎盘感染胎儿。

【流行病学】兔饲料被含有大量弓形虫卵囊的猫粪污染，是兔场弓形虫病暴发、流行的主要原因。通过口、呼吸道、结膜、皮肤等途径侵入机体，也可通过胎盘感染胎儿。蚤、蝇等可机械传播卵囊。

【临床症状】根据症状的急缓，可分为急性、慢性两种类型。

急性型：主要发生于仔兔，病兔以突然不吃、体温升高和呼吸加快为特征。病兔鼻孔流出浆液性鼻液，眼有浆液脓性眼屎，腹部因有腹水而膨胀。病兔嗜睡，几天后出现全身性惊厥的神经症状，有的病例出现后肢麻痹，通常在发病2～8天后死亡。

慢性型：主要见于成年兔，病程比较长，病兔因厌食而消瘦、贫血，神经症状通常表现为后躯麻痹，经过治疗一般可以康复。

【病理变化】急性型：全身许多器官组织（淋巴结、肺、肝、脾、心等）发生广泛坏死与出血，肠道黏膜充血并有溃疡，胸腹腔积液，单核巨噬细胞系统的细胞出现活化、增生。肺充血、水肿和巨噬细胞浸润，有的含有多少不等的弓形虫。

慢性型：病变不明显，或器官中有坏死。但肠系膜淋巴结明显肿大、坏死。脑内小胶质细胞、血管内皮与外膜细胞明显增生，有的细胞内存在多少不等的虫体。

【诊断】

（1）现场诊断　根据体温升高，呼吸急促，有浆液性或浆液性脓性眼分泌物及鼻液，神经症状及病理剖检变化可以做出初步诊断，确诊需经过实验室检查。

（2）实验室检查　在急性期，取病死兔的肝、脾、淋巴结及胸腹腔渗出液做涂片，姬氏液或瑞氏液染色后镜检。弓形虫的滋养体呈橘瓣状或新月形，一端较尖，另一端钝圆，胞浆蓝色，中央有一紫红色的核。也可将上述病料注射于小鼠腹腔，当小鼠发病死亡后取其腹水涂片镜检，查出虫体即可确诊。

【防治】平时要加强兔舍的卫生管理，定期作好消毒工作，防止人畜将侵袭性弓形虫的卵囊带入兔场。病兔场要用加热的消毒药水进行消毒，病死兔尸体要深埋或烧毁。兔场内要做好灭鼠工作，并禁止养猫及防止猫进入兔场，以防猫、鼠粪便污染兔场。

治疗：20%磺胺嘧啶钠肌内注射，成年兔每只每次4毫升，幼兔每只每次2毫升，每天3次，连用3～5天；抗菌增效剂肌内注射，每千克体重15～30毫升，每天两次，连用3～5天。

（五）肝片吸虫病

兔肝片吸虫病是由肝片吸虫寄生在兔的肝胆管内引起的一种人兽共患病，对养兔业的危害十分严重，一旦发病即可造成严重的经济损失。

【病原体】肝片吸虫虫体扁平，呈叶片状，自胆管取出时呈棕红色，固定后变灰白色。虫体长为20～35毫米，宽为5～13毫米。虫体前端呈圆锥状突出，称为头锥，头锥后方变宽，称为肩部，肩部以后逐渐变窄。体表有很多小刺。口吸盘位于头锥的前端，其稍后方为腹吸盘。在口吸盘与腹吸盘之间有生殖孔。肝片吸虫的生殖系统特别发达，且为雌雄同体，可自体或异体受精。虫卵呈长卵圆形，黄褐色，有一个不明显的卵盖。卵壳薄而透明，卵内充满着卵黄细胞和一个胚细胞，虫卵长为116～132微米，宽为66～82微米。

【生活史】肝片吸虫的成虫在胆管内产卵，卵随胆汁进入肠道，随粪便一起被排出体外。在外界适宜的温度（15～30℃）、充足的氧气、水分及光线条件下，卵经10～25天孵出毛蚴。毛蚴在水中钻入中间宿主淡水螺体内继续发育，形成尾蚴。尾蚴自螺体内逸出，进入水中，附着在水草上，脱去尾部，变成圆形的囊蚴。家兔采食了附着囊蚴的水草后，囊蚴中的幼虫就在兔的小肠中脱囊而出，钻入肠黏膜，最后穿破肠壁进入腹腔，再经肝包膜进入肝实质中。幼虫在肝脏中经过一段时间的移行后，进入肝胆管中，经过约2个多月发育为成虫。

【临床症状】一般情况下表现为急性和慢性两种类型。

急性型：主要由幼虫在肝组织中移行造成的。病兔表现为精神沉郁，食欲减退，病初体温升高，喜俯卧，贫血，腹痛，腹泻，黄疸，逐渐衰弱，肝区有压痛，并很快死亡。

慢性型：主要由成虫寄生在胆管造成的。病兔运动无力，被毛松乱，无光泽，消瘦，严重贫血，可视黏膜苍白，结膜黄染；后期严重水肿，特别是眼睑、额下、胸下水肿尤为明显，消化功能紊乱，腹泻及便秘交替出现，逐渐衰竭而死。

【病理变化】急性病例：可见肠壁和肝组织损伤。肝肿大，肝包膜上有纤维素沉积，出血，有数毫米长的暗红色虫道，虫道内有凝固的血液和很小的童虫。可引起急性肝炎和内出血，腹腔中有血性液体，出现腹膜炎病变；慢性病例：可见寄生的成虫。由于虫体进入胆管后长期的机械性刺激和毒性物质的作用，引起慢性胆管炎、慢性肝炎和贫血。早期肝脏肿大，后期萎缩硬化，小叶间结缔组织增生。有较多虫体寄生时可见胆管扩张，胆管壁增厚、变粗，胆管狭窄，甚至堵塞，胆汁瘀滞而出现黄疸。

【诊断】根据临床症状、流行特点、病理变化和粪便、虫卵检查可做出初步诊断；实验室检查，以粪便涂片法或沉淀法在粪中查到虫卵，或者剖检时在胆管中发现有肝片吸虫的成虫，则可确诊。

【防治】预防：以喂青饲料为主的兔，每年进行两次预防性驱虫。不用水生植物直接作饲料，如用一定要洗净晾干，最好是青贮发酵后再喂兔，以杀灭饲料上面附着的囊蚴。经常打扫兔舍，隔一段时间用2％的火碱溶液消毒兔笼及地面一次，对饮水器和食槽也应彻底清洗。对兔粪特别是病兔的粪便要经堆积发酵等无公害化处理后再利用，以防止病原扩散。加强饲养管理，增强家兔的抵抗力。治疗：丙硫苯咪唑（抗蠕敏）：按每千克体重20毫克，每天一次，连用3天；硫双二氯粉（别丁）：按每千克体重80～100毫克，口服，隔两天再服一次；四氯化碳：按每千克体重0.3毫升，加等量液体石蜡，肌内注射。

七、常见普通病防治

肉兔普通病多是由于饲养管理不当、卫生条件差、气候突变等因素所引起的。如饲料突然变化，引起的消化不良甚至拉稀；气候的变化所致的感冒、中暑；饲料配制不当，缺乏某种矿物质或某种维生素时产生的营养代谢病等。

（一）便秘

便秘是肠内容物在肠内滞留时间过长，变干，变硬，表现排粪次数和排粪量减少的一种疾病，多发生于老年兔。

【病因】主要原因是饲养管理不当所引起的，长期饲喂干饲料或粗饲料少、精料偏多而饮水又不足时所致；长期喂饲单一干饲料，而青饲料少或缺乏；运动不足，误食兔毛等均使肠胃蠕动减弱而造成便秘。此外，在热性病等全身疾病的过程中也会出现便秘的症状。长期或较长时间口服抗生素或磺胺类药物而改变肠道内常在菌群，也可以引起便秘。

【症状】病兔食欲日渐减退或废绝，肠音减弱或消失，初期排出的粪量少且坚硬变小，以后则排粪停止。有时患兔头颈弯曲，俯视或回顾腹部，表现出排粪缓慢现象，有明显的触痛。当肠管阻塞而产生过量气体时，则有肚胀现象。没有并发症时则体温无显著变化，严重的病兔常因粪便长期阻塞而导致自体中毒或呼吸、心力衰竭而死亡。

【防治】饲料要合理搭配，应注意青饲料、粗料、精料搭配合理，饲喂要定时定量，防止饥饱不均，经常供给清洁的饮水，适当运动，即可达到预防效果；在应用抗生素、磺胺类药物作预防和治疗时，要严格按照规定使用。

患病初期，应适当多给青绿饲料和多汁饲料，但不能饲喂过多，易引起腹泻；对病情较严重的但食欲尚未废绝的，应多给清洁的饮水并增加运动。严重的病兔，为了使肠管蠕动，排除积滞的内容物，可内服盐类泻剂（如硫酸钠，成年兔 5～6 克，幼兔用量减半）；油类泻剂（蓖麻油或石蜡油，成年兔 10～15 毫升，灌服）；双醋酚酊（成年兔每次 1 片约 5 毫克）；温肥皂水或盐水（45℃左右）30～40 毫升，灌肠，同时进行腹部按摩；为了防腐止酵，可内服 10％鱼石脂溶液 5～8 毫升或 5％乳酸溶液 3～5 毫升，有利于疾病的治愈。

（二）毛球阻塞

毛球阻塞是指肉兔食入大量的被毛，在胃肠内缠结成团，堵塞幽门或肠管某部位，影响胃肠机能或导致胃肠阻塞的疾病。多发生于早春季节。

【病因】主要因为饲料营养不全，缺乏矿物质、微量元素或维生素，导致兔食毛癖；兔笼清理不及时，兔笼狭小、拥挤，互相啃咬；疥癣、皮肤患真菌病、外寄生虫病时，皮肤奇痒，啃咬患部被毛。在上述各种情况下，兔毛被成团咽下，在胃内又经黏液浸透，随着胃的蠕动，可滚转成球，或与胃内的植物性纤维掺和，逐渐形成团块，即成毛球。毛球多在胃中，有些细小的毛球可同时成串地进入肠道；毛球严重影响胃肠道机能，或造成胃肠阻塞。

【症状】病初表现食欲不振，不安，喜饮水，不愿走动，精神不佳，大便干燥或秘结，粪便带毛，有时成绳索状，时间较长时身体消瘦。在胃内大的毛球不能通过幽门形成胃肠阻塞，此时病兔只饮水，不采食，胃内饲料发酵膨胀，触诊胃部有毛球疙瘩；较小的毛球通过幽门后，滞留在小肠内，形成肠梗阻，如不及时治疗，则因消化障碍，终致衰竭引起死亡。

【防治】针对病因，改善饲养管理。兔笼应适当宽畅，对兔身上的皮毛要经常梳理，每日清扫舍内卫生，定时清理食槽和水槽。增加矿物质和富含维生素的青饲料，补充富含蛋氨酸和胱氨酸较多的饲料，保持营养平衡。将食毛癖兔隔离，以防止吞食被毛。

药物治疗时可使用植物油或矿物质油灌服，如豆油每次20～30毫升，蓖麻油每次10～15毫升。当用药物治疗无效时，可进行手术治疗，取出毛球。

（三）腹胀

也称胃肠鼓气、膨胀病，多发生于2～6月龄幼兔，是引起肉兔发生急性死亡的原因之一。

【病因】多由于采食了过多的易发酵饲料、豆科饲料、霉烂变质饲料、冰冻饲料及含露水的青草等，引起胃肠道异常发酵，产气而膨胀。兔舍寒冷，阴暗潮湿，运动不足，可促使本病的发生。便秘、肠阻塞、消化不良以及胃肠炎等也可继发本病。

【症状】病兔精神抑郁，蹲卧少动，呼吸急迫，心跳加快，可视黏膜潮红或发绀，食欲废绝；腹部逐渐膨大，触压有弹性，充满气体感，扣之有鼓音，痛苦、鸣叫。

【防治】预防本病的方法是加强饲养管理，合理搭配饲料。易产气发酵饲料和豆科饲料喂量要适度，不喂带露水的青草和冰冻饲料，严禁饲喂霉烂变质的饲料；兔舍要通风透光，干燥保温；适当增加光照和运动。

治疗：可灌服液体石蜡或植物油 20 毫升；大蒜 4～6 克捣烂，食醋 20～30 毫升灌服；也可用消胀片或二甲基硅油等消胀剂；中药用石菖蒲、青木香、山楂各 6 克，橘皮 10 克，神曲 15 克，加水煎服。同时配合抗菌消炎和支持疗法效果更好。

(四) 腹泻

是指在致病因素的作用下，排粪次数和排粪量增加，粪便变软或呈水样。

【病因】饲养管理不当，如饲料的突然变换，饲喂不定时定量、贪食过多、断奶过早或刚断奶后的贪食以及兔舍寒冷潮湿等；饲料、饮水品质不良，如给予腐败发酵的饲料，采食有露水的草或冰冻的饲料，过食不容易消化的草料，饮水不洁等；有毒植物或化学药品的刺激；微生物和寄生虫的侵害及中毒等。长期使用抗生素，导致肠道正常菌群失调，也可引起本病的发生。此病多见于幼兔。

【症状】根据临床表现可分为臌气型、胃肠卡他型、痢疾型和便秘型-腹泻型。患兔一般均表现精神不振，常蹲于一隅，不愿采食，甚至食欲废绝。粪便变软，稀薄，以致呈稀糊状或水样；有臭味，混有不消化的食物、气泡和浓稠的黏液，肛门周围及后肢被粪便污染呈黑色，有时腹围增大。随着炎症的加剧体温升高，消瘦，被毛粗乱，无光泽，黏膜发绀或黄染，全身恶化，如不及时治疗，便会引起死亡。

【防治】改进饲养管理，杜绝治病因素的作用。将病兔移往干燥温暖的兔舍，停喂青绿或多汁的饲料。

治疗首先考虑抗菌消炎，内服磺胺噻唑及黄连素等；肌内注射链霉素，内服大蒜汁。对脱水严重，全身恶化者可静脉注射10％葡萄糖溶液 10～20 毫升或皮下注射 5％葡萄糖氯化钠溶液30～50 毫升。

（五）呼吸器官的炎症

呼吸器官的炎症是指肉兔鼻腔黏膜、气管黏膜、支气管黏膜和肺实质的炎症。在肉兔常发生的有鼻黏膜炎（伤风、感冒）、支气管炎和肺炎。这些疾病之间具有一定的联系，往往由于机体的抵抗力下降，或治疗、护理不当，一个部位的炎症通过蔓延或扩散而发展到其他部位。

【病因】寒冷为诱发和引起呼吸器官疾病的主要因素，如气温剧变、贼风侵袭，剪毛后受冷，兔舍潮湿而通风不良，遭受雨淋，安全越冬的措施不力等。此外，呼吸道黏膜受理化因素的刺激，如兔舍密闭、通风不良，加上兔笼脏污、吸入空气的氨、尘埃、烟火等也是致病因素。如果从外界侵入的细菌或呼吸道常在菌乘虚而入，大量繁殖，则在多种因素的作用下，促进了该病的发生和发展。本病也继发于某些传染病。

【症状】兔患鼻炎时，病初不好动，食欲稍减，轻度咳嗽；鼻黏膜潮红，流出浆液性或黏液性鼻液，常用前爪擦拭；不时打喷嚏，眼神无神。患肺炎时，精神高度沉郁，食欲减退或废绝，体温明显升高，呼吸急促，眼内充满泪水，呼吸困难，咳嗽，在肺部能听到啰音，流出大量浆液性或黏液性鼻液。若不及时治疗，病兔常于 3～4 天内窒息和衰竭而死亡。仔兔多发生肺炎。

【防治】建立健全合理的饲养管理制度，防止家兔突然受寒，气温突变时要采取防寒措施。及时将病兔置于保暖、干燥、通风良好的环境中饲养，给少量温水，增加富含维生素的饲料。在没有排除传染性鼻炎以前，应隔离病兔。

治疗本病时，首先考虑选用抗菌消炎药物，其次选用缓解症状的药物。

全身症状明显时，要及时应用磺胺药，如磺胺嘧啶，每日内服 0.3 克，一个疗程服 5 天，休药 3 天。或应用抗生素，如肌内注射青霉素 10 万国际单位和链霉素 10 万单位，每日 2 次；卡那霉素，按每千克体重 10～30 毫克，肌内注射，一天 2 次，连用 3 天。全身症状严重和食欲废绝者，可静脉注射 20% 葡萄糖注射液 20～30 毫升，维生素 C 100 毫克，每日或隔日 1 次。

(六) 结膜炎

结膜炎是眼睑结膜和眼球结膜的炎症，是眼病中最多发的一种疾病。在肉兔中，经常会看到一些兔子的眼结膜红肿，流眼泪，黏附眼屎，虽无致死影响，但影响兔的健康发育。

【病因】病因较复杂，主要是灰尘，泥沙落入眼内，化学性刺激如烟、氨气、沼气、石灰等；维生素 A 缺乏症、细菌感染、某些传染病等也有结膜炎症状。寒冷季节兔舍内粪尿清理不及时，通风不良，使空气中含氨量过高，是诱发结膜炎的主要因素。

【症状】一般表现为怕光、流泪、结膜潮红、肿胀、疼痛和眼睑闭合等。根据分泌物的性质，分为黏液性结膜炎和化脓性结膜炎。在黏液性结膜炎时，病初结膜轻度潮红，眼睑结膜稍肿胀，分泌物较少，随病程发展，分泌物变为浆液黏液性，眼睑闭合。在化脓性结膜炎时，则眼睑结膜剧烈充血和肿胀，眼睑变厚，疼痛剧烈，眼睑闭合，在结膜囊内蓄积黄白色脓性分泌物，并从眼内流出。如炎症侵害角膜，则角膜浑浊，甚至溃疡，角膜溃疡可造成穿孔而继发全眼球炎症，导致家兔失明。

【防治】应保持兔笼、兔舍的清洁，防止尘埃、污物、异物对家兔眼的侵害。经常饲喂含维生素 A 较多的饲料，如胡萝卜、青干草、玉米、南瓜等。

治疗时，先用无刺激的防腐、消毒、收敛药液清洗患眼，如2%～3%硼酸溶液、0.01%呋喃西林溶液等。然后选用抗菌消炎药物滴眼或涂敷，如0.5%金霉素眼药水、0.5%土霉素眼膏。分泌物过多时，可用0.25%硫酸锌眼药水。为了镇痛，则用1%～3%普鲁卡因溶液滴眼。

（七）微量元素缺乏症

微量元素缺乏症在兔较为常见，动物体中含有钙、磷、钾、钠、镁、氯、硫、铁、铜、锰、钴、锌、碘、硒、氟、铬等矿物质，一般把前6种元素叫做常量元素，后面的几种因为在体内含量较少，称为微量元素。虽然这些元素在体内含量很少，但对于机体代谢却起着十分重要的作用。微量元素缺乏主要是指后几种元素的缺乏。

【病因】土壤中的微量元素缺乏，植物生长过程中不能正常吸收微量元素，饲草饲料中微量元素不足或缺乏是导致本病发生的直接原因；食物中营养物质的比例失调，干扰了微量元素的吸收和利用。如饲料中植酸、纤维素含量过高等可干扰锌的吸收。饲喂过多的甲状腺肿原食物，如硫氰酸盐葡萄糖异硫氰酸盐等，可干扰碘的吸收，引起碘缺乏症。

【症状】铜缺乏症：被毛缺乏光泽、粗乱褪色、精神不振，并出现皮肤病，贫血，骨骼肌营养障碍，易发生骨折，行走不稳。剖检时可见病兔消瘦，血凝缓慢，心肌变软、变薄、色淡；肝脏、肾脏呈土黄色，肝脏轻度肿大，边缘变钝，肾皮质和髓质界限不清，浑浊。多数病例的肝脏、肾脏有大量含铁血黄素沉着。

锰缺乏症：表现为生长发育不良。前肢弯曲，骨骼变脆，易发生骨折，骨质疏松，灰质含量减少。繁殖能力下降，发情异常。公兔精子密度下降，精子活力减退。骨骼中碱性磷酸酶升高，肝脏中精氨酸酶活性升高，可作为辅助诊断方法。

碘缺乏症：表现为机体代谢紊乱，发育停滞，掉毛，皮肤厚。公兔性欲减退，母兔不发情，怀孕后易发生流产，出现死胎、弱胎。剖检变化主要是甲状腺增生，颈部黏液性水肿，镜检可见甲状腺组织增生，骨组织钙化作用延迟。实验室测定血清碘的浓度常作为本病诊断指标。

锌缺乏症：锌缺乏可引起多种疾病及病理学改变，主要表现为繁殖能力下降，仔兔多数难以存活，幼兔生长发育停滞。皮肤角化不全，被毛异常，脱毛，皮肤出现鳞片，擦痒，无热候等。食欲减退，生长缓慢，骨短粗，关节僵硬。幼兔成年后，繁殖能力丧失。要注意皮肤出现的鳞片样病变应与疥螨性皮肤病、烟酸缺乏、维生素 A 缺乏等引起的皮肤病区别。

硒缺乏症：主要表现为被毛稀疏，食欲减退，成年兔体重下降、消瘦、幼兔生长发育迟缓、精神不振，对外界环境反应明显迟钝。重症病例，身体僵直，肌肉乏力，运动平衡失调，转圈，神经系统发生障碍，头歪向一侧，全身痉挛或昏睡。

【防治】预防一般采取饲料中加入适量的微量元素添加剂，尤其是繁殖母兔、种公兔和生长发育期幼兔的饲料。缺乏某种微量元素时，可单项补充。

铜缺乏时，可以投放含铜盐砖，让兔自由舔食，或每周 1 次口服 1% 硫酸铜溶液 1～2 毫升。

锰缺乏时，用 0.005% 的高锰酸钾溶液饮水每天 2 次，连用 2 天；或用硫酸锰每千克体重 15～16 毫克混入饲料喂食。

碘缺乏时可以饲喂海藻、海带，或将碘化钾与硬脂酸混合后掺入饲料中，使浓度达 0.01%，有良好的防治碘缺乏的作用。

锌缺乏时可以按每千克体重 100 毫克在饲料中加入 0.02% 的碳酸锌，或按每千克体重 2～4 毫克，肌内注射，连用 10 天。

硒缺乏时可以肌内注射 0.1% 的亚硒酸钠水溶液 0.1～0.5 毫升，连用 2 天，或每周 1 次，口服 0.1% 的亚硒酸钠水溶液

0.5 毫升。

（八）中毒

是由各种毒物引起的肉兔生理性机能失调和出现一系列病理改变的一类疾病。

【病因】引起家兔中毒的原因很多，常见的有以下几方面：饲料中毒，家兔饲喂腐败的青草、发霉的玉米及麸皮、喂过量的食盐等；误用农药或使用过多的化学药品等；误用有毒野生植物等。

【症状】由于中毒的原因很多，所表现的症状比较复杂，但其共同的特点是：多数为突然发病，变化急剧，死亡率高。往往是食欲好的家兔先有症状，解剖均出现出血或充血现象。一般通过神经、循环、消化、呼吸及泌尿系统的检查，可以检查出中毒症状。

【防治】最常见的几种中毒症状及防治方法：

1. 霉菌中毒 饲喂发霉的玉米粉、麸皮或其他发霉饲料，均在饲喂后出现精神不振，腹泻，口唇和眼结膜发绀，尿带血、浑浊，神经系统紊乱，全身麻痹，食欲、饮欲减少或废绝等中毒症状。

发现肉兔中毒后，要立即停喂原有饲料，可口服 10% 糖水溶液，成年兔每只每天 80 毫克。也可口服硫酸钠 5～6 克，幼兔减半。剪耳尖放血后，静脉注射 25% 葡萄糖 50～60 毫克，皮下注射安钠咖 0.5～1 毫升。

2. 农药中毒 农药中毒主要有有机磷农药中毒、砷制剂农药中毒和灭鼠药中毒等。有机磷农药主要有 3911、4049（马拉硫磷）、乐果、敌百虫等；砷制剂农药主要有砒（又叫砒霜、信石等）、亚砷酸钠、砷酸钙以及有机砷杀菌剂等。常用灭鼠药有磷化锌、氟乙酰胺、安妥等。

兔中毒后的表现是急性发作，常在食入毒物后 0.5 小时即出现症状。有机磷中毒表现沉郁、口吐白沫，流涎，肌肉痉挛，头颈向上仰，呼吸急迫，呼气有大蒜味，瞳孔变小，眼球斜视，粪带黄色黏液，心跳加快，流泪。

砷制剂农药中毒表现先兴奋后沉郁，流涎，有大蒜味，瞳孔散大，肌肉震颤，共济失调，下痢、混有血液，抽搐，出汗，四肢和耳根发凉。一般体温无变化，出现血尿和蛋白尿，呼吸迫促。

磷化锌中毒表现口渴，精神沉郁，口吐白沫，腹痛腹泻，呼出气味有大蒜味，共济失调。

氟乙酰胺中毒表现为出汗，肌肉震颤，呼吸急促，肢端冰凉，心律不齐，兴奋不安。

安妥中毒表现呼吸急促，体温偏低，流涎，腹泻，结膜发绀，口吐白沫，鼻中流出暗红色带泡沫液体，咳嗽，心跳加快，强直性痉挛。

预防的主要措施是严格控制饲料饲草来源，严禁去喷过农药的地方割草喂兔。在用敌百虫治疗家兔外寄生虫时用药准确计量，以防中毒。

有机磷农药中毒首先肌内注射硫酸阿托品 0.5～1 毫升（每毫升含 5 毫克），以解痉挛镇静。接着用解磷定或氯磷定，两种药物按每千克体重 15～30 毫克用量，用无菌水配成 4％的注射液进行静脉注射，在症状缓解前应每 2 小时用药一次。也可注射强力解毒敏、百毒解等药物。

磷化锌中毒时用 0.1％～0.5％硫酸铜溶液 10～20 毫升灌服，或者灌服 0.1％高锰酸钾水 10～20 毫升，有解毒作用。也可注射强力解毒敏、百毒解等药物。

安妥中毒目前尚无特效解毒剂，早期可用盐类泻剂，并用抗生素防止继发感染。也可注射强力解毒敏、百毒解等药物。

氟乙酰胺中毒按每千克体重 0.1 克，肌内或静脉注射解氟灵，每日 3～4 次，至震颤现象消失。也可注射强力解毒敏、百毒解等药物。

3. 饼类饲料中毒　饼类饲料有棉籽饼和菜籽饼。

棉籽饼中毒是因棉叶和棉籽中含有棉籽毒，长期大量饲喂，往往引起中毒。轻度中毒发病较慢，食欲渐减，消化不好，结膜苍白或黄色，粪便干燥，有时下痢，排尿次数增加，尿量少。严重的体温升高，不吃食，呼吸急促，眼结膜呈蓝紫色，咬牙。肌肉震颤，卧地不起。怀孕母兔常发生流产或早产及死胎。死亡胎儿发育正常，但四肢及腹部皮肤呈青褐色。

菜籽饼中毒表现为食欲渐减至废绝，精神不振，被毛粗乱，呼吸急促。

防治方法是发现中毒立即更换饲料，停止喂饲棉叶和棉籽饼及菜籽饼。饲喂量每天不超过 60 克，喂前应充分蒸煮或水浸发酵，以减少毒性。中毒的兔用 0.2%高锰酸钾水洗胃，然后灌服硫酸钠 5～6 克，加温水 20 毫升或静脉注射 25%葡萄糖溶液、维生素 C、10%氯化钙，同时皮下注射 10%安钠咖溶液。也可注射强力解毒敏等药物。

（九）中暑

中暑也称日射或热射病，多在夏季长期处于高温下（33℃以上）环境，体热散发困难，使中枢神经系统机能紊乱而发病。

【病因】家兔的汗腺不发达，体表散热很慢，在炎热的季节极易发生中暑。主要由于长时间处于高温环境或天气闷热，兔舍通风不良而又潮湿，或运输过程中闷热而又过度拥挤而引起。各种年龄的兔都易发生本病，但以怀孕母兔发病较多见。

【症状】患兔体温升高，可高达 40℃以上，精神不振，食欲废绝，呼吸急促，心跳加快。全身表面灼热，结膜充血，行走不稳，盲目奔跑。严重的病兔结膜发绀，呼吸困难，四肢抽搐或全身痉挛，直到死亡。

【防治】本病主要注重预防，当气温在 35℃时，应疏散过分拥挤的兔，同时要保持兔舍通风清凉。供给充足的清凉饮水及多汁饲料。尽可能不在夏季长途运输，同时注意不能过分拥挤。

一旦发现病兔，立即移至凉爽的地方，内服2～3滴十滴水或2～3滴清凉油的生理盐水，耳静脉采血以减轻脑和肺充血。出现神经症状的，用2.5%盐酸氯丙嗪注射液，按每千克体重0.5～1毫升剂量，肌内注射。静脉注射樟脑磺酸钠，也有一定的疗效。

第十章

肉兔场的经营管理

兔场经营管理的主要任务是充分调动场内工作人员的积极性，合理利用场内房舍、设备等条件，通过对人、财、物的筹集和自然资源的合理配置，运用计划、组织、指挥、协调和控制等措施，以保证经营活动的顺利进行和目标的实现。因此，科学经营管理成为肉兔生产中的一项重要内容。

一、肉兔生产经营管理新概念

我国肉兔养殖业是在国际大环境下，在广大农民有养兔习惯的基础上逐步发展起来的。通过近半个世纪的发展，由当初的年产几万吨发展到现在年产 30 余万吨。改革开放以后，肉兔生产呈现稳步发展态势。随着人们对兔肉营养价值认识的进一步提高，兔肉逐渐成为继猪、牛、鸡肉等之后肉类食品的消费热点，在改变中国人不合理的膳食结构，提高人们的身体素质方面发挥着重要的作用。

无公害商品肉兔的生产，应该立足于国内市场需求，积极拓展国际市场；积极构建"种肉兔生产体系→优良肉兔品种扩繁体系→商品肉兔生产体系"三级无公害肉兔生产体系；在肉兔生产经营中，要树立肉兔生产经营的市场观、竞争观、风险观、时效观；以肉兔生产为主，开展多种经营，发展生态肉兔养殖产业，走良性循环可持续发展之路。

兔场的经营管理是肉兔生产中的一项重要内容，肉兔产业不仅受技术因素的影响，还受到经济、社会等因素的制约，并且这些因素具有综合性和不稳定性等特点。经营与管理是两个既相互联系又相互区别的经济概念，属于统一的经济范畴。经营是企业或经营者有目的的经济活动，是经营者在国家的方针政策指导下，根据国家计划任务、市场需求状况及企业自身的需要，从本身所处的内外环境出发，对企业的经济活动进行筹划、设计与安排等的活动。管理是实现经营目标的一种有组织的活动，它通过计划、组织、指挥、协调、控制等职能，对企业的人力、物力、财力、信息及其要素的合理利用，对再生产过程的产、供、销、分配等环节合理组织，保证各项经济活动顺利进行，达到实现经营目标的要求。

兔场经营管理者必须树立以市场为导向、用户至上、产品适销对路的营销观念，做好市场调查与预测，才能广开销路，赢得用户和社会认可。从事肉兔养殖业的经营管理人员，必须既要懂得肉兔养殖的新技术，又要懂得在市场经济条件下的科学经营之道；不仅要养殖好肉兔，还要掌握经营管理的科学知识，这样才能提高我国肉兔养殖加工的经济效益，既能服务于社会，又能获得良好的经济效益。

二、肉兔市场预测与经营决策

经营管理好肉兔场，应当树立市场观、竞争观，主动了解市场，了解国家的方针政策，根据肉兔生产的内外条件，掌握市场信息，做出科学决策，实现经营目标，取得良好的经济效益。

（一）肉兔市场预测

1. 市场预测的内容　市场预测的主要内容包括：市场需求预测，购买力投向情况，主要产品需求预测。

（1）**市场需求预测**　市场需求分现实需求和未来需求。现实需求，是指产品投放市场后的零售额，表示已经满足需要的产品。未来需求，是指有货币支付能力的需求，而未满足消费的部分和随着购买力的增长，将在一定时期变成现实购买力的需求。通过现实需求和未来需求的预测，可以让经营者及时了解和掌握消费者的支付能力需求及其发展变化的趋势。

（2）购买力投向情况　购买力的投向是决定市场商品供需变化的重要因素。社会购买力的变化，必然引起社会需求在一定时期对肉兔产品消费能力以及在各种肉兔产品的消费结构上发生变化。随着人民生活水平的逐步提高，人们对肉兔产品需求量的不断增长，成为考虑市场需求量的基本出发点。

首先，要探索消费规律。不同地区、不同民族、消费习惯、季节、购买力、货源等，对消费规律的变化都会产生一定影响。例如，当猪、牛、羊肉供应紧张时，兔肉购买力则上涨；节假日兔肉的需求量上升；沿海开放城市需求旺盛等。其次，及时了解市场中的肉、乳、禽、蛋类等畜产品的成交量、成交价格、产品质量等。

（3）**主要产品需求预测**　市场需求情况、社会购买力投向的调查和预测，是研究和分析市场销售结构变化的依据。由于消费者或用户对肉兔产品的需求是具体的，所以经营者还必须对具体生产的肉兔产品进行调查和预测。

①对肉兔产品销售情况的调查和预测　同行业经营的同类产品，在销售渠道、品种、质量、价格等方面的现状及其可能做出的经营决策，引起肉兔产品经营上发生的变化，经营上的优劣。充分发挥经营优势，巩固和扩大现有的经营范围，不断提高市场占有率。

②对肉兔新产品销售情况的调查和预测　主要是对新开发的兔肉产品的适销性作出预期的判断，为新产品的开发提供比较精确的数据。这就需要调查了解需求量和购买力的关系，进一步掌握新产品的品种、质量、加工、包装、贮运和销售方法以及价格

等对销售额有什么影响。如果肉兔产品是国内外市场需要的，有市场容量，但用户没有购买能力和购买行为，仍旧形成不了市场的需要。肉兔场生产经营者调查清楚用户对产品的购买力，有助于对新产品的产量、质量、价格等做出正确的决策。

③研究肉兔产品的寿命周期与产品经营的关系 肉兔产品寿命周期受多种因素的影响。例如，肉兔产品的实用性、可代性、价格的稳定性等，都会对不同肉兔产品的寿命周期产生不同的影响。

一般地说，肉兔产品进入市场要经过试销、畅销、竞争、饱和、滞销五个阶段。生产经营者应分别对肉兔产品不同阶段，在经营上提出不同的要求，并采取相应的经营措施。如果刚刚经过试销阶段，认定可以打开销路，就应着手继续组织生产，扩大销路；进入畅销阶段，应特别强调提高和保持产品质量；进入竞争阶段，则应把准备好的新产品投放市场，以代替即将走向饱和的产品，并密切注视需求变化和转向滞销阶段的时机。

2. 市场预测的方法 根据国内外情况，可选择以下三种方法：

（1）**经验估计法** 就是凭经验和直觉来进行调查分析和预测。它的准确性主要取决于预测人的经历和知识面、经营管理经验、业务熟练程度、心理倾向或行业专家的权威意见等。有典型调查法、全面调查法、抽样调查法、表格调查法、询问调查法和样品征询法等具体方式。经验估计法只适宜缺乏数据、无资料（如新产品），或者资料不够完备，或者预测的问题不能进行定量分析，只能采用定性分析（如对消费心理的分析）的研究对象。

（2）**数学测算法** 就是运用统计公式或数学模式推导未来，找出肉兔产品经营的规律性。运用肉兔产品经营的各项经济指标和原始核算资料，对生产经营活动进行细致的分析研究，用各种数据比较经营成果，提示肉兔产品经营中存在的问题，帮助决策人判断变化趋势，做出正确决策。常用如下方法。

①因素分析法　即用来揭示影响肉兔产品经营的若干因素及各因素的影响程度的分析方法。例如，当产品销售量大时，就必须分析影响销售利润的各种因素，如成本、税金、价格和利润率的调整等。通过分析，找出原因，进而针对经营上的薄弱环节采取有效的措施。

②对比分析法　即把性质相同的经营指标进行对比分析。通过对比分析，找出差距，确定改善经营的方向。例如，用报告期的各项实际指标数与计划指标数对比，来研究肉兔产品销售计划完成的情况；与同行业先进指标对比，衡量本企业的经营水平所处的位置；与同年上期或上年同期或历史最高水平的实际指标数对比，用以提示肉兔产品销售的发展趋势和增长速度以及经营中的潜力。

③体系分析法　即利用与分析对象相互联系的指标体系进行分析。例如，全部流动资金周转率与各阶段的部分周转率相互联系起来，用计划与实际完成情况比较，就可以发现流动资金周转的全过程的实际状况及存在问题，同时也可以分析出相互结合的实际情况，从而找出其互相依存最佳结合的比例，为以后合理使用经营资金提供可靠的依据。

④分项分析法　就是对构成肉兔产品经营总指标的细目逐项进行分析。这种方法有利于挖掘生产经营潜力，全面地评价肉兔产品经营在整个市场上的作用。

（3）统计分析法　运用数理统计、经济学和运算学等方法，为研究生产经营活动和分析肉兔产品销售动态，提供科学依据。目前，国内许多企业已开始运用电子计算机进行测算，从而能够较快地测算出影响肉兔产品经营的有关因素的变化趋势。下面主要介绍趋势预测法：这种方法是通过分析计算求出变动趋势，对今后一段时期内的任意阶段作出预测。例如，某肉兔场肉兔当年1～12月份的销售额见表10-1，预测下一年2月份的期望值，即预测值。

表 10 - 1 肉兔场趋势预测资料

月份	销售（千元）	五期平均数	变动趋势	四期趋势平均数
1	33			
2	34			
3	37	35.8		
4	34	38.0	+2.2	
5	41	41.2	+3.2	
6	44	43.0	+1.8	+2.45
7	50	45.6	+2.6	+2.245
8	46	47.8	+2.2	+1.70
9	47	48.0	+0.2	+1.50
10	52	49.0	+1.0	
11	45			
12	55			
下一年2月份预测值	55.0			

根据表 10 - 1 计算结果，下一年 2 月份的预测值：

$$49.0 + 4 \times 1.5 = 55（万元）$$

式中：49.0 为五期平均数最后一个数；4 表示距预测月份差 4 期；1.5 是四期趋势平均数最后一个数。

表内平均数取资料期数的多少，应视具体情况而定。期短，反映波动较灵敏，但预测较粗糙；期长，波动平滑，预测较精确，当然要看掌握资料的多少而定。

3. 市场预测的步骤

（1）搜集资料 生产经营中，要做出正确的国内外市场预测和经营决策，必须搜集大量精确的预测资料。如果单凭主观印象去决策，容易造成指挥上的失误，使企业生产经营工作失利。因此，必须采取各种办法，通过有效的途径，调查和搜集资料。

①利用销售人员搜取国内外市场有关肉兔产品的资料。销售人员处于市场的前哨，每天为广大消费者、客商服务，最了解顾

客和客商的心理和对肉兔产品的具体意见。所以，销售人员必须利用销售肉兔产品的机会，切实掌握和发现经营的肉兔产品在国内外市场的动向，顾客和客商对肉兔产品需求的变化趋势。同时，还应调查了解其他企业经营同类肉兔产品的销售情况、经营方式、服务方法、价格和质量变化情况，以及这些变化对本企业肉兔产品经营的影响。

②对消费者和客商进行直接调查，即对消费者、客商的实际需要与市场需求的调查。这样调查来的数据和情况比较可靠，但开展普查有一定困难，消耗人力过多，所以一般采用抽样调查。

③充分利用肉兔场内部资料和社会有关部门提供的情报。本单位历年的销售统计资料是预测的基础资料；社会提供的资料范围比较广泛，包括市场调查情报中心、情报联络站、报刊杂志以及有关企业发表的数据等资料，社会提供的情报资料，有的可通过互相交换取得，有的可以采取有报酬的方式搜集。

（2）分析归纳资料　通过调查和搜集到的资料，要经过加工整理，对各种数据和情况做出细致分析和研究才能应用。如利用历史数据，要分析它的适用性、有效性、精确程度和时间期限等。对于那些只出现过一次而今后可能不会出现的事件，不应列入历史数据。在分析各种数据时，力求排除各种干扰因素。只有这样，才能透彻地了解国内外市场的过去。

（3）提出预测模式　提出预测模式是通过一种或几种有用而科学的预测方法进行基本假设，由过去的模式测算未来。推导过程中要尽可能考虑到所有的影响因素，尽量减少不确定性未来事件，以增加对今后肉兔产品经营活动的控制能力。

只有预测人员对所预测的领域有充分的认识和较高的知识水平，才能从实际出发选出适当的预测模式；才能正确运用同预测目标有内在联系的有关数据，分析其可靠性及其互相影响的关系；才能根据搜集到的新数据，考核原预测的准确程度，以免失误；才能把数据、预测技术和预测人员的水平有效地结合起来，做出科学的预测。

（二）肉兔经营决策

发展肉兔养殖、建肉用兔场，必须对肉兔的品种、产品的特点、销路及市场行情等情况进行深入细致的了解、考察和预测，并结合当地和自身的条件，进行可行性分析，最终决定是否可以经营，发展多大规模为宜，预计效益如何，制订出最佳的经营方案。因此，决策的正确与否，对肉兔养殖加工经营的成效起决定性的作用。

1. 可行性分析　发展养肉兔或是想扩大养殖规模，必须在搞好市场调查的基础上，搞好可行性分析。首先，要弄清肉兔生产当前处于一种什么样的形势，是上升趋势还是下降趋势，肉兔产品行情怎样，核算一下投入产出的成本以及商品售后的利润，看合算不合算。当然，我们不能简单地下结论，认为何时能养，何时不能养，我们要一方面借鉴以前的经验，掌握规律，另一方面对市场要有前瞻性，以便抓住机遇。纵观肉兔业发展历史，一般来讲在低潮过后，就会出现新的转机，因为养肉兔业多年来一直是起起伏伏、波浪式的发展，低潮过后就必然有高潮的到来。如果能看准形势，抓住机遇，这时上马就比较理想。同时，还应当结合技术力量、资金实力来考虑发展的规模、速度及经营方式，做到心中有数，量力而行，以免盲目上马，造成不必要的损失。

2. 确定规模　对于肉兔场的规模，没有固定的模式可循，可根据当时当地的情况，如人力、物力、财力、饲养管理技术、资金来源、市场行情等通盘考虑。总的原则是，因时因地因人制宜，切忌搞一刀切。根据养殖户的经验认为，一般庭院养殖以10～20只可繁母肉兔为宜；租赁场地办中小型肉兔场以50～100只可繁母肉兔为宜；组建公司实行工厂化养殖，其数量要根据场地、资金、技术力量、饲料来源、管理水平、市场行情等因素慎重考虑。因集约化养殖，虽说可以形成规模效益，但投资风险也大，搞不好会事与愿违，有的地方实行公司加农户的养殖模式，以公司为龙头带动千家万户，集约化养殖与松散性养殖相结合，农户依托公司，公司从放种、技术培训、饲料供应、防疫到产品回收等环节搞全程服务，收到了较好的效果。

三、肉兔场生产管理

生产管理是经营管理的关键环节，因为它涉及人、财、物、技术等方面的具体组织与运作，关系到人员积极性的发挥、生产力效率、产品率的高低、成本费用的大小等，这个环节抓得好与坏，直接决定肉兔场的效益与成败。因此，必须切实加强生产活动各个环节的组织和管理工作。

（一）建立合理的肉兔群结构

凡具有一定规模的肉兔场，其肉兔群结构在一定阶段要保持相对的稳定性。合理的肉兔群结构，是由一定数量和一定比例的种母肉兔、种公肉兔和后备公母肉兔所组成。从事繁殖配种的公、母肉兔比例，是以自然交配或人工辅助控制交配来计算。一般公母比例为 $1:8\sim10$。即一只健壮、性欲旺盛的成年公肉兔，可负担 $8\sim10$ 只成年母肉兔的全年配种工作。若以每只母肉兔全年繁殖 6 窝仔肉兔计算，平均每周交配两次左右，符合公肉兔生殖生理的要求。若以肉兔群的年龄结构来计算，一般以 $1\sim2$ 岁的壮年肉兔为主，每只母肉兔平均全年产 $4\sim6$ 胎，3 岁以上的公母肉兔，要及时淘汰，由后备公母肉兔来补充。实践证明，肉兔群的最佳利用期较短，因此，肉兔群的最佳结构应为：$7\sim12$ 个月龄的后备肉兔约占 $25\%\sim35\%$，$1\sim2$ 岁的壮年肉兔占 $35\%\sim50\%$，$2\sim3$ 岁的老年肉兔可占 $25\%\sim30\%$。这样可保持肉兔群比较强的繁殖力，对肉兔场的经营管理是非常重要的。

家肉兔是多胎动物,仔肉兔的性别比例一般为 1∶1,在生产实践中,多数场、户对种公肉兔缺乏严格的选择,以致影响肉兔群的品质。随着肉兔养殖业的发展,特别是规模型、集约化生产的发展,肉兔场的经营者,必须高度重视种肉兔群的结构,商品肉兔场的经营者则更应注意公、母肉兔的比例和优良种公肉兔的选育,这是肉兔群的基础,并以此为依据,才能制订详细的生产计划、交配计划和产仔计划,做到心中有数,避免盲目性,特别是在养肉兔业比较发达的省市区,已经开始兴办集约化、规模型的肉兔场,但开始上规模时,不应一步到位,应在不断积累经验的基础上逐步扩大,更为稳妥。

(二)建立健全生产管理制度

肉兔场不论其规模大小,都必须建立与健全有关的生产规章制度,并能做到切实认真执行,才能维护肉兔场的整体效益。

1. 制定必要的规章制度

(1)制定饲养管理操作规程　首先,严格按照科学配方,为种肉兔(含配种期、妊娠期、哺乳期)、仔肉兔、后备肉兔、商品育肥肉兔等配制不同饲粮,并在饲喂时做到定时、定量、少给多餐、不浪费,并注意饲草、饲料的质量,及时喂给清洁的饮水。第二,保证肉兔舍(肉兔笼)内外清洁、干燥、卫生、通风、透光,保持安静,不能使肉兔群受惊吓。第三,对仔肉兔要做到精心管理,防止吃患乳房炎的母肉兔乳汁,补饲时要给优质草料,少吃多餐,逐步增加。第四,肉兔群变更饲草、饲料时,要逐步过度,不能突然变更,以防患消化道疾病。

(2)建立卫生防疫制度　肉兔场必须建立严格的卫生防疫制度,以免传染病的传播与流行,降低肉兔群死亡率,提高经济效益。肉兔场的卫生防疫内容主要有:

①定期搞好肉兔场、肉兔笼、肉兔舍卫生,定期消毒灭菌。

②定期预防注射各种疫苗或口服有关预防性药物或添加剂。

③定期对肉兔群进行健康检查，特别是对球虫病、疥癣病等，作好预防、治疗乃至隔离等工作。

④肉兔场、肉兔舍门口处要有消毒设施，进场人员或参观人员要更换场内专用衣服，并经紫外线室消毒，方可接近肉兔群。

⑤发现病肉兔要及时隔离，死肉兔要及时送剖检室检验，若系死于传染性疾病的尸体与内脏，应进行彻底消毒处理，并防止老鼠、猫、狗等进入肉兔舍，严防任何传染病的发生。

⑥坚持兽医工作日志制度，及时记载各组肉兔群的淘汰、死亡、疫情等情况。

（3）建立饲养人员的培训、考核与奖惩制度　肉兔场的效益与饲养人员的素质和责任心有着密切的关系，因此每个饲养人员要坚持业务学习制度，定期培训与考核，并根据每个人员的技术水平、完成任务的好坏与业绩，定期给予评定，做到奖惩分明，及时兑现。培养一支素质高、技术过硬、责任心强的管理队伍。这是肉兔场兴旺发达的基础。

（4）建立成本核算与财务管理制度　严格按生产成本和计划使用资金，努力做到增收节支，这是办好肉兔场的成功之道。要按月、季、半年或年度核算出销售幼肉兔及育肥商品肉兔的生产成本，以使根据成本信息确定销售价格。在总体上按计划使用资金，以免超支挪用，影响正常生产和必要的开支，做到账目清楚，为领导决策提供可靠的依据。

经营管理的目标，是用最少的原料和最低的成本，获得最多的优质产品，为肉兔场产、供、销三大经营管理环节提供具体数据，并与责、权、利结合起来，确保实现各项管理目标。

2. 建立龙头产业，提高科学养肉兔水平　只有不断改善养肉兔业生产的基本措施，真正做到增产节约、增收节支、优质高产低消耗，才能达到降低成本、经营有利的目的。因此，在肉兔场管理工作中，要逐步完善生产承包责任制，正确处理国家、集体和个人三者的利益关系。在我国肉兔业开始走向集约化、规模化生产过程中，应把各肉兔场、专业户组织起来，实行统一管理，分散饲养，集中收购，集中加工（肉兔皮、肉兔肉），直接投放国内外市场的松散型联合体，形成产、加、销现代化的龙头产业，以不断提高现代科学饲养肉兔的水平和经济效益与社会效益。

3. 肉兔产品的深加工与增值　　肉兔的主要产品是兔肉、兔皮和兔毛，若作为原料出售，其经济价值不高，但若经过深加工和综合利用，为市场提供各种深加工的成品，直接为市场消费者所利用，则其经济价值和经济效益能成倍增长。例如，把商品肉兔收购起来屠宰，减少中间环节，并把兔肉加工成各种兔肉制品，再把兔皮加工成裘皮制品或革皮制品，就能大大增值增收。

四、肉兔场的效益与经济核算

肉兔场的经济效益，是通过周密的成本核算与认真执行节约开支而获得，所谓肉兔场的增产与增收，则是通过降低成本和堵塞漏洞来实现。肉兔场经营者为了达到预期的目标，必须及时了解、掌握与科学分析市场信息，作出切合实际的经济效益预测，决策投资方向，增强计划性与科学性，防止盲目性与被动性，从而达到经营有利的目的。

所谓经济核算，就是精打细算，节约劳动时间，提高劳动效率和节省开支。

经济核算，是以成本核算为核心，即产品成本。而产品成本是指生产一定产品所需要的全部费用，亦即总成本。包括生产过程中直接消耗的生产费用、固定资产的折旧、劳动力开支和生产管理费等。总成本，又可分为可变成本和固定成本两种。可变成本主要是饲料费、低值易耗品、劳动力和医药用费等。这部分成本占产品成本比例较大，约占70%左右，其中饲料费又占可变成本的2/3以上。

应当指出的是，产品成本主要受饲料费用和产品率的影响。因此，提高产品率，节省饲料消耗，是降低成本、增加收益的主要措施。

（一）影响肉兔场收支的主要因素

肉兔场经济效益的高低，要从生产的角度来分析，即在不改变饲养规模的前提下，主要取决于提高肉兔的生产水平和降低成本、节省开支来获得。

1. 肉兔产肉量

效益：育肥初期的日龄；育肥的时间（天数）；屠宰时活重（千克/只）；产肉量（克/只）；肉的品质。

支出：每只肉兔育肥期间所耗饲料＋人工费＋管理费＋笼具折旧＋资金利率＋水电费＋其他杂支等。

2. 种肉兔饲养生产

（1）收益部分 母肉兔的初配年龄；种肉兔利用时间（总天数）；老肉兔淘汰活重（千克/只）；每只母肉兔年产仔肉兔数；每只母肉兔年育成幼肉兔数；每只公肉兔年交配母肉兔数；公肉兔的初配日龄；公肉兔的利用时间（总天数）；老公肉兔淘汰活重（千克/只）；由幼肉兔饲养到屠宰产肉及种用肉兔生长发育阶段所需时间（天数）等。

（2）支出部分 影响肉兔成本的主要项目有：饲养育肥肉兔所需劳动工时的多少；每增重1千克肉或兔毛以及每增加一张合格兔皮，饲养一只种肉兔（公、母）所耗饲料的多少，以及每只或每群肉兔所需水、电、笼舍折旧费用的多少等，均列入支出内容。

通过上述对肉兔场收支情况的剖析和测算，使经营者们比较清楚地了解与掌握了各类肉兔场增收、节支的主要因素和环节，以便采取果断措施，定员、定量和定工时，建立岗位责任制，节省开支，防止浪费和堵塞漏洞，降低成本，并及时采用科技成果，提高肉兔舍及笼位的利用率和肉兔的生产水平。

肉兔场经营管理与成本核算的核心内容是：肉兔各种产品的销售价格和市场销售情况。应当指出的是，肉兔若通过自己初步加工后再销售，便可大大增加产值，也就是在经营管理工作中，设法使每只肉兔的产品增值，以提高经济效益，肉兔养殖业便可按照科学核算的生产计划正常运转，取得发展。

（二）肉兔场经济效益分析

某商品肉用兔场，全年采取自然交配与人工授精相结合的配种方式，以配合饲粮和加喂青草（或干青草）的科学饲养方法饲养种母肉兔，可繁母肉兔按90％配种率计算，每只母肉兔年产仔肉兔控制在6胎（2个一胎），胎均产活仔肉兔按7只计算，断奶成活率按90％计算，3个月龄出栏成活率按85％计算，每只母肉兔年均提供出栏育肥肉兔29只，仔肉兔30天断奶，再经60天（8~9周）培育，即90日龄体重达2.25千克，母肉兔最佳利用期为2年，育肥期间饲料消耗指数为2.8~3.3：1。根据以上肉兔群各项指标与要求，其经济效益估算为：

1. 肉兔场收入部分

第一，按配种率、产仔胎数、断奶成活率、出栏成活率等指标，计算出肉兔场全年商品肉兔总只数与总产量，即从1月1日起到年末12月31日止，统计全年出售商品肉兔的总只数与总重量。

第二，计算出全年出售商品肉兔的总收入，即从1月1日起到年末12月31日出售商品肉兔收入的总和（其中包括年末未出售商品肉兔总只数及其折款）。

第三，计算全年实际淘汰的肉兔群总只数及总重量，折算成实际收入款数（其中包括淘汰的成年种肉兔与后备种肉兔）。

第四，肥料收入，按每只成年肉兔年产肉兔粪肥料100~150千克，计算出全场肉兔群全年所产总粪尿数量，再按当时实际价格统计出总收入。

第五，年底对肉兔场所有存栏总数进行盘点，再按成年公母肉兔、后备公母肉兔、断奶育肥肉兔、哺乳仔肉兔等分类计算出存栏总只数，减去上年度各类肉兔群的存栏总只数，再分类乘以每只肉兔的折价款，即可得出本年度内全部肉兔群的增值。

上述各项收入的总和，即是本年度的总收入。

2. 肉兔场开支　肉兔场的全年开支包括以下内容：

第一，饲料费开支：包括肉兔群全年消耗的各种饲料。即按日、月、年统计出全年各类饲料的总消耗量。上年度库存的饲料数量，要转入本年度所消耗饲料总数之内，再按实际情况，计算饲料的成本价，折算出总款数，即为当年的饲料开支。年底盘点库存饲料数量，也应折价转入下年度的开支中。

第二，生产人员的工资、奖金、劳保福利等开支，按本年度内的实际支出计算。

第三，固定财产折旧，其中包括：①房屋折旧费，指肉兔舍、库房、饲料间、办公室和宿舍等，其中砖木结构的折旧年限为 20 年；土木结构的为 10 年。可根据当地有关规定处理。②设备折旧费，指肉兔笼、产仔箱、饲料生产与加工机械，折旧年限为 10 年，拖拉机、汽车等为 15 年。凡价值在百元以上者，均视为固定财产，列入折旧范围。

第四，燃料费、水电费：按本年度实际开支情况进行统计，列入当年总开支中。

第五，医药费、防疫费：按本年度实际执行情况进行统计，列入当年总开支中。

第六，运输费：按本年度运送饲料、种肉兔、商品肉兔等实际情况进行统计，列入当年总开支中。

第七，引种费：肉兔场为了提高兔群质量，每年有计划地引入部分优良种肉兔，按实际情况进行统计，列入当年总开支中。

第八，维修费：包括房舍维修与所用机械、运输工具等的维修，按实际情况进行统计，列入当年总开支中。

第九，低值易耗费：指百元以下的零星开支，如购买各种用具、劳保用品等，按实际情况进行统计，列入当年总开支中。

第十，管理费：指肉兔场中非直接参加生产人员的工资、奖金、福利待遇以及差旅费等，均按实际情况列入当年总开支中。

第十一，其他开支：指上述各项以外的有关肉兔场的开支，均按实际情况进行认真统计，列入当年总开支中。

3. 肉兔场全年盈亏计算

盈利＝全年各项收入的总和－全年各项支出的总和

亏损＝全年各项开支的总和－全年各项收入的总和

总之，在兔场的经营管理工作中，要重点抓好以下几个环节：肉兔群的繁殖，保证全年肉兔群的繁殖率；兔群的饲养管理，首先要增强饲管人员的责任感，把肉兔群管好、养好；肉兔群的疾病防治，保证全年不发生任何疫情，使肉兔群的死亡率降低到最低限度；注重节约，杜绝各种浪费现象发生，切实做到勤俭办场；要建立与健全有关规章制度，主要领导成员要以身作则，奖惩分明，肉兔场就会出现欣欣向荣的局面。

附录

附录1 中华人民共和国农业行业标准

NY 5129—2002

无公害食品 兔肉

1 范围

本标准规定了无公害兔肉的定义、技术要求、检验方法、标志、包装、贮存和运输。

本标准适用于来自非疫区的无公害肉兔，屠宰后经兽医卫生检疫检验合格的兔肉。

2 规范性引用文件

下列文件中的条款通过本标准的引用而成为本标准的条款。凡是注日期的引用文件，其随后所有的修改单（不包括勘误的内容）或修订版均不适用于本标准，然而，鼓励根据本标准达成协议的各方研究是否可使用这些文件的最新版本。凡是不注日期的引用文件，其最新版本适用于本标准。

GB 191 包装储运图示标志

GB 4789.2 食品卫生微生物学检验 菌落总数测定

GB 4789.3　食品卫生微生物学检验　大肠菌群测定

GB 4789.4　食品卫生微生物学检验　沙门氏菌测定

GB 4789.10　食品卫生微生物学检验　金黄色葡萄球菌测定

GB 4789.11　食品卫生微生物学检验　溶血性链球菌测定

GB 4789.5　食品卫生微生物学检验　志贺氏菌测定

GB/T 5009.11　食品中总砷的测定方法

GB/T 5009.12　食品中铅的测定方法

GB/T 5009.15　食品中镉的测定方法

GB/T 5009.17　食品中总汞的测定方法

GB/T 5009.19　食品中六六六、滴滴涕残留量的测定方法

GB/T 5009.44　肉与肉制品卫生标准的分析方法

GB/T 6388　运输包装收发货标志

GB 7718　食品标签通用标准

GB 9687　食品包装用聚乙烯成型品卫生标准

GB 11680　食品包装用原纸卫生标准

GB 12694　肉类加工厂卫生规范

GB/T 14962　食品中铬的测定方法

GB/T 17239　鲜、冻兔肉

NY 5130　无公害食品　肉兔饲养兽药使用准则

NY 5131　无公害食品　肉兔饲养兽医防疫准则

NY 5132　无公害食品　肉兔饲养饲料使用准则

NY/T 5133　无公害食品　肉兔饲养管理准则

SN/T 0125　出口肉中敌百虫残留量检验方法

SN 0341　出口肉及肉制品中氯霉素残留量检测方法

关于发布动物源食品中兽药残留检测方法的通知（农牧发〔2001〕38 号文）

3　术语和定义

下列术语和定义适用于本标准。

3.1 无公害兔肉 non-environmental pollution rabbit meat

肉兔饲养过程中，严格遵守 NY/T 5133、NY 5132、NY 5130 和 NY 5131，屠宰加工后，经兽医卫生检疫检验合格，符合本标准各项规定指标要求的兔肉。

3.2 肉眼可见异物 visibable abnormal materials

不能食用的屠宰加工废弃物、污染物，如甲状腺、病变淋巴结、肾上腺、病变组织、胆汁、瘀血、浮毛、血污、金属、肠道内容物、植物质等。

4 技术要求

4.1 原料

活兔应来自非疫区的无公害肉兔，经当地动物防疫监督机构检疫合格。

4.2 加工

按 GB/T 17239 要求进行，屠宰加工过程中的卫生要求按 GB 12694 执行。

4.3 冷却

胴体应在宰后 1h 内进入 0℃～4℃预冷间，使肉中心温度达到 2℃～5℃。

4.4 分割

冷却胴体应在低于 12℃良好卫生环境下的车间内进行分割。刀具和操作人员的双手应每隔 1h 消毒一次。

4.5 感官指标

感官指标应符合表 1 的规定。

表 1 无公害兔肉感官指标

项　目	指　标
色泽	肌肉呈浅粉红色，有光泽，脂肪呈乳白色或淡黄色
组织状态	肌肉致密，有弹性，指压后凹陷立即恢复，表面微干，不粘手

项　目	指　标
气味	具有鲜兔肉固有气味，无异味
煮沸后肉汤	澄清透明，脂肪团聚于表面，具有兔肉固有的香味
肉眼可见异物	不应检出

4.6 理化指标

理化指标应符合表2规定。

表2　无公害兔肉理化指标

项　目	指　标
挥发性盐基氮/（mg/100g）	≤15
汞（以 Hg 计）/（mg/kg）	≤0.05
铅（以 Pb 计）/（mg/kg）	≤0.1
砷（以 As 计）/（mg/kg）	≤0.5
镉（以 Cd 计）/（mg/kg）	≤0.1
铬（以 Cr 计）/（mg/kg）	≤1.0
六六六/（mg/kg）	≤0.2
滴滴涕/（mg/kg）	≤0.2
敌百虫/（mg/kg）	≤0.1
金霉素/（mg/kg）	≤0.1
土霉素/（mg/kg）	≤0.1
四环素/（mg/kg）	≤0.1
氯霉素/（mg/kg）	不应检出
呋喃唑酮/（mg/kg）	不应检出
磺胺类（以磺胺类总量计）/（mg/kg）	≤0.1
氯羟吡啶/（mg/kg）	≤0.01

4.7 微生物指标

微生物指标应符合表3规定。

表 3   无公害兔肉微生物指标

项　目		指　标
菌落总数/（cfc/g）		$\leqslant 5\times 10^5$
大肠菌群/（MPN/100g）		$\leqslant 1\times 10^3$
致病菌	沙门氏菌	不应检出
	志贺氏菌	不应检出
	金黄色葡萄球菌	不应检出
	溶血性链球菌	不应检出

5   检验方法

5.1   感官检验

按 GB/T 5009.44 规定的方法检验。

5.2   理化检验

5.2.1   挥发性盐基氮

按 GB/T 5009.44 规定的方法测定。

5.2.2   汞

按 GB/T 5009.17 规定的方法测定。

5.2.3   铅

按 GB/T 5009.12 规定的方法测定。

5.2.4   砷

按 GB/T 5009.11 规定的方法测定。

5.2.5   镉

按 GB/T 5009.15 规定的方法测定。

5.2.6   铬

按 GB/T 14962 规定的方法测定。

5.2.7   六六六、滴滴涕

按 GB/T 5009.19 规定的方法测定。

5.2.8   敌百虫

按 SN/T 0125 规定的方法测定。

5.2.9 呋喃唑酮、磺胺类、氯羟吡啶

按《关于发布动物源食品中兽药残留检测方法的通知》（农牧发［2001］38 号文）规定方法测定。

5.2.10 四环素、金霉素、土霉素

按 GB/T 14931.2 规定方法测定。

5.2.11 氯霉素

按 SN 0341 方法测定。

5.3 微生物检验

5.3.1 菌落总数

按 GB 4789.2 检验。

5.3.2 大肠菌群

按 GB 4789.3 检验。

5.3.3 沙门氏菌

按 GB 4789.4 检验。

5.3.4 志贺氏菌

按 GB 4789.5 检验。

5.3.5 金黄色葡萄球菌

按 GB 4789.10 检验。

5.3.6 溶血性链球菌

按 GB 4789.11 检验。

6 标志、包装、贮存、运输

6.1 标志

内包装（销售包装）标志按 GB 7718 的规定执行，外包装标志按 GB 191 和 GB/T 6388 的规定执行。

6.2 包装

6.2.1 应符合 GB 11680 和 GB 9687 的规定。

6.2.2 包装印刷油墨无毒，不应向内容物渗漏。

6.2.3 包装物不得重复使用，生产方和使用方另有约定的除外。

6.3 贮存

产品应贮存在通风良好、清洁卫生的场所，不应与有毒、有害、有异味、易挥发、易腐蚀的物品同处贮存。冷却兔肉在−1℃~4℃下贮存，冻兔肉在−18℃以下贮存。

6.4 运输

应使用符合食品卫生要求的专用冷藏车（船），不应与对产品发生不良影响的物品混装。

附录2 中华人民共和国农业行业标准

NY 5027—2008
代替 NY5027—2001

无公害食品 畜禽饮用水水质

1 范围

本标准规定了生产无公害畜禽产品过程中畜禽饮用水水质的要求、检验方法。

本标准适用于生产无公害食品的畜禽饮用水水质的要求。

2 规范性引用文件

下列文件中的条款通过本标准的引用而成为本标准的条款。凡是注日期的引用文件，其随后所有的修改单（不包括勘误的内容）或修订版均不适用于本标准，然而，鼓励根据本标准达成协议的各方研究是否可使用这些文件的最新版本。凡是不注日期的引用文件，其最新版本适用于本标准。

GB/T 5750.2 生活饮用水标准检验方法 水样的采集与保存

GB/T 5750.4 生活饮用水标准检验方法 感官性状和物理指标

GB/T 5750.5 生活饮用水标准检验方法 无机非金属指标

GB/T 5750.6 生活饮用水标准检验方法 金属指标

GB/T 5750.12 生活饮用水标准检验方法 微生物指标

3 要求

畜禽饮用水水质应符合表1的规定。

表1 畜禽饮用水水质安全指标

项 目		标准值	
		畜	禽
感官性状及一般化学指标	色	≤30°	
	浑浊度	≤20°	
	臭和味	不得有异臭、异味	
	总硬度（以 CaCO₃ 计），mg/L	≤1 500	
	pH	5.5～9	6.5～8.5
	溶解性总固体，mg/L	≤4 000	≤2 000
	硫酸盐（以 SO₄²⁻ 计），mg/L	≤500	≤250
细菌学指标	总大肠菌群，MPN/100mL	成年畜 100，幼畜和禽 10	
毒理学指标	氟化物（以 F⁻ 计），mg/L	≤2.0	≤2.0
	氰化物，mg/L	≤0.20	≤0.05
	砷，mg/L	≤0.20	≤0.20
	汞，mg/L	≤0.01	≤0.001
	铅，mg/L	≤0.10	≤0.10
	铬（六价），mg/L	≤0.10	≤0.05
	镉，mg/L	≤0.05	≤0.01
	硝酸盐（以 N 计），mg/L	≤10.0	≤3.0

4 检验方法

4.1 色：按 GB/T 5750.4 规定执行。

4.2 浑浊度：按 GB/T 5750.4 规定执行。

4.3 臭和味：按 GB/T 5750.4 规定执行。

4.4 总硬度（以 CaCO₃ 计）：按 GB/T 5750.4 规定执行。

4.5 溶解性总固体：按 GB/T 5750.4 规定执行。

4.6 硫酸盐（以 SO₄²⁻ 计）：按 GB/T 5750.5 规定执行。

4.7 总大肠菌群：按 GB/T 5750.12 规定执行。

4.8 pH：按 GB/T 5750.4 规定执行。

4.9 铬（六价）：按 GB/T 5750.6 规定执行。

4.10 汞：按 GB/T 5750.6 规定执行。

4.11 铅：按 GB/T 5750.6 规定执行。

4.12 镉：按 GB/T 5750.6 规定执行。

4.13 硝酸盐：按 GB/T 5750.5 规定执行。

4.14 氟化物（以 F⁻ 计）：按 GB/T 5750.5 规定执行。

4.15 砷：按 GB/T 5750.6 规定执行。

4.16 氰化物：按 GB/T 5750.5 规定执行。

5 检验规则

5.1 水样的采集与保存

按 GB 5750.2 规定执行。

5.2 型式检验

型式检验应检验技术要求中全部项目。在下列情况之一时应进行型式检验：

a）申请无公害农产品认证和进行无公害农产品年度抽查检验；

b）更换设备或长期停产再恢复生产时。

5.3 判定规则

5.3.1 全部检验项目均符合本标准时，判为合格；否则，判为不合格。

5.3.2 对检验结果有争议时，应对留存样品进行复检。对不合格项复检，以复检结果为准。

附录3 中华人民共和国农业行业标准

NY 5132—2002

无公害食品 肉兔饲养饲料使用准则

1 范围

本标准规定了生产无公害肉兔所需的配合饲料、浓缩饲料、精料补充料、添加剂预混合饲料、饲料原料、饲料添加剂、饲料加工过程的要求、检验方法、检验规则、判定规则、标签、包装、贮存、运输的规范。

本标准适用于生产无公害肉兔所需的商品配合饲料、浓缩饲料、精料补充料、预混合饲料和生产无公害肉兔的养殖场自配饲料。

出口饲料产品的质量,应按双方签订的合同进行。

2 规范性引用文件

下列文件中的条款通过本标准的引用而成为本标准的条款。凡是注日期的引用文件,其随后所有的修改单(不包括勘误的内容)或修订版均不适用于本标准,然而,鼓励根据本标准达成协议的各方研究是否可使用这些文件的最新版本。凡是不注日期的引用文件,其最新版本适用于本标准。

GB/T 4285 农药安全使用标准

GB/T 6432 饲料中粗蛋白测定方法

GB/T 6435 饲料中水分测定方法

GB/T 6436 饲料中钙的测定方法

GB/T 6437　饲料中总磷的测定方法　光度法

GB/T 10647　饲料工业通用术语

GB 10648　饲料标签

GB 13078　饲料卫生标准

GB/T 13079　饲料中总砷的测定

GB/T 13080　饲料中铅的测定方法

GB/T 13081　饲料中汞的测定方法

GB/T 13082　饲料中镉的测定方法

GB/T 13083　饲料中氟的测定方法

GB/T 13084　饲料中氰化物的测定方法

GB/T 13086　饲料中游离棉酚的测定方法

GB/T 13087　饲料中异硫氰酸酯的测定方法

GB/T 13090　饲料中六六六、滴滴涕的测定

GB/T 13091　饲料中沙门氏菌的检验方法

GB/T 13092　饲料中霉菌检验方法

GB/T 14699　饲料采样方法

GB/T 16764　配合饲料企业卫生规范

GB/T 16765　颗粒饲料通用技术条件

GB/T 17480　饲料中黄曲霉毒素 B_1 的测定　酶联免疫吸附法

饲料和饲料添加剂管理条例

饲料药物添加剂使用规范（中华人民共和国农业部公告第168号）

禁止在饲料和动物饮水中使用的药物品种目录（农业部公告第176号）

农业转基因生物安全管理条例

3　术语和定义

GB/T 10647　中确立的以及下列术语和定义适用于本标准

3.1　饲料 feed

经工业化加工、制作的供动物食用的饲料，包括单一饲料、添加剂顶混合饲料、浓缩饲料、配合饲料和精料补充料。

3.2 饲料原料（单一饲料）feedstuff，single feed

以一种动物、植物、微生物或矿物质为来源的饲料。

3.3 能量饲料 energy feed

干物质中粗纤维含量低于18%，粗蛋白含量低于20%的饲料。

3.4 粗饲料 roughage feed

天然水分含量在60%以下，干物质中粗纤维含量等于或高于18%的饲料。

3.5 饲料添加剂 feed additive

指在饲料加工、制作、使用过程中添加的少量或者微量物质，包括营养性饲料添加剂和一般饲料添加剂。

3.6 营养性饲料添加剂 nutritive feed additive

用于补充饲料营养成分的少量或者微量物质，包括饲料级氨基酸、维生素、矿物质微量元素、酶制剂、非蛋白氮等。

3.7 一般饲料添加剂 general feed additive

为保证或者改善饲料品质、提高饲料利用率而掺入饲料中的少量或者微量物质。

3.8 添加剂预混合饲料 additive premix

由一种或多种饲料添加剂与载体或稀释剂按一定比例配制的均匀混合物。

3.9 浓缩饲料 concentrate

由蛋白质饲料、矿物质饲料和添加剂预混料按一定比例配制的均匀混合物。

3.10 配合饲料 formula feed

根据饲养动物的营养需要，将多种饲料原料按饲料配方经工业生产的饲料。

3.11 精料补充料 concentrate supplement

为补充以粗饲料、青饲料、青贮饲料为基础的草食饲养动物的营养，而用多种饲料原料按一定比例配制的饲料。

4 要求

4.1 饲料原料

4.1.1 感官指标：具有该品种应有的色、嗅、味和形态特征，无发霉、变质、结块及异味、异臭。

4.1.2 青绿饲料、干粗饲料不应发霉、结块、结冰、变质。

4.1.3 鲜喂的青绿饲料应晾干，表面无水分。

4.1.4 有毒有害物质及微生物允许量应符合 GB 13078 和附录 A 的规定。

4.1.5 肉兔饲料中禁用各种抗生素滤渣。

4.2 饲料添加剂

4.2.1 感官指标：具有该品种应有的色、嗅、味和形态特征，无发霉、变质、结块。

4.2.2 饲料中使用的营养性饲料添加剂和一般饲料添加剂产品应是农业部允许使用的饲料添加剂品种目录中所规定的品种和取得产品批准文号的新饲料添加剂品种。

4.2.3 饲料中使用的饲料添加剂产品应是取得饲料添加剂产品生产许可证企业生产的、具有产品批准文号的产品。

4.2.4 有毒有害物质应符合 GB 13078 和附录 A 的规定。

4.3 药物饲料添加剂

4.3.1 药物饲料添加剂的使用应按照中华人民共和国农业部发布的《饲料药物添加剂使用规范》执行。

4.3.2 使用药物饲料添加剂应严格执行休药期规定。

4.4 配合饲料、浓缩饲料和添加剂预混合饲料

4.4.1 感官指标无霉变、结块及异味、异臭。

4.4.2 有毒有害物质及微生物允许量应符合 GB 13078 和附录 A 的规定。

4.4.3 肉兔颗粒饲料应符合 GB/T 16765 的规定。

4.4.4 肉兔配合饲料、浓缩饲料、精料补充料和添加剂预混合饲料中不应使用违禁药物。

4.4.5 肉兔配合饲料、浓缩饲料、精料补充料和添加剂预混合饲料使用药物饲料添加剂应符合表 1 的规定。

表 1　允许用于肉兔饲料药物添加剂的品种和使用规定

（摘于农业部 168 号公告）

名称	含量规格/%	用法与用量（1 000 千克配合饲料中添加本品）/g	作用与用途	休药期/天
盐酸氯苯胍	10	1 000～1 500	用于防治兔球虫病	7
氯羟吡啶	25	800	用于防治兔球虫病	5

4.5　饲料加工过程

4.5.1 饲料企业的工厂设计与设施卫生、工厂卫生管理和生产过程的卫生应符合 GB/T 16764 的要求。

4.5.2 配料

4.5.2.1 定期对计量设备进行检验和正常维护，以确保其精确性和稳定性。

4.5.2.2 微量组分应进行预稀释，并且应在专门的配料室内进行。

4.5.2.3 配料室应有专人管理，保持卫生整洁。

4.5.3 混合

4.5.3.1 按设备性能规定的时间进行混合。

4.5.3.2 混合工序投料应按先大量、后小量的原则进行。投入的微量组分应将其稀释到配料称最大称量的 5% 以上。

4.5.3.3 生产含有药物饲料添加剂的饲料时，应根据药物类型，先生产药物含量低的饲料，再依次生产药物含量高的饲料。

4.5.3.4 同一班次应先生产不添加药物饲料添加剂的饲料，然后生产添加药物饲料添加剂的饲料。为防止加入药物饲料添加剂的饲料产品生产过程中的交叉污染，在生产加入不同药物添加剂的饲料产品时，对所用的生产设备、工具、容器应进行彻底清理。

4.5.4 留样

4.5.4.1 新接收的饲料原料和各个批次生产的饲料产品均应保留样品。样品密封后置于专用样品室或样品柜内保存。样品室和样品柜应保持阴凉、干燥。采样方法按 GB/T 14699 执行。

4.5.4.2 留样应设标签，标明饲料品种、生产日期、批次、生产负责人和采样人等事项，并建立档案由专人负责保管。

4.5.4.3 样品应保留到该批产品保质期满后 3 个月。

5 检验方法

5.1 粗蛋白：按 GB/T 8432 执行。

5.2 水分：按 GB/T 6435 执行。

5.3 钙：按 GB/T 6436 执行。

5.4 总磷：按 GB/T 6437 执行。

5.5 总砷：按 GB/T 13079 执行。

5.6 铅：按 GB/T 13080 执行。

5.7 汞：按 GB/T 13081 执行。

5.8 镉：按 GB/T 13082 执行。

5.9 氟：按 GB/T 13083 执行。

5.10 氰化物：按 GB/T 13084 执行。

5.11 游离棉酚：按 GB/T 13086 执行。

5.12 异硫氰酸酯：按 GB/T 13087 执行。

5.13 六六六、滴滴涕：按 GB/T 13090 执行。

5.14 沙门氏菌：按 GB/T 13091 执行。

5.15 霉菌：按 GB/T 13092 执行。

5.16 黄曲霉毒素 B_1：按 GB/T 17480 执行。

6 检验规则

6.1 感官指标、水分、粗蛋白质、钙和总磷含量为出厂检验项目，其余为型式检验项目。

6.2 在保证产品质量的前提下，生产厂可根据工艺、设备、配方、原料等的变化情况，自行确定出厂检验的批量。

6.3 试验测定值的双试验相对偏差按相应标准规定执行。

6.4 检测与仲裁判定各项指标合格与否时，应考虑允许误差。

6.5 判定规则：卫生指标、限用药物和违禁药物等为判定指标。如检验中有一项指标不符合标准，应重新取样进行复检，复检结果中有一项不合格即判定为不合格。

7 标签、包装、贮存和运输

7.1 标签

商品饲料应在包装物上附有饲料标签，标签应符合 GB 10648 中的有关规定。

7.2 包装

7.2.1 饲料包装应完整、无污染和异味。

7.2.2 包装材料应符合 GB/T 16764 的要求。

7.2.3 包装印刷油墨无毒，不应向内容物渗漏。

7.2.4 包装物不应重复使用。生产方和使用方有约定的除外。

7.3 贮存

7.3.1 饲料贮存应符合 GB/T 16764 的要求。

7.3.2 不合格和变质饲料应做无害化处理，不应存放在饲料贮存场所内。

7.3.3 饲料贮存场地不应使用化学火鼠药和杀鸟剂。

7.4 运输

7.4.1 运输工具应符合 GB/T16764 的要求。

7.4.2 运输作业应防止污染，保持包装的完整。

7.4.3 不应使用运输畜禽等动物的车辆运输饲料产品。

7.4.4 饲料运输工具和装卸场地应定期清洗和消毒。

8 其他有关使用饲料和饲料添加剂的原则和规定

8.1 严格执行《农业转基因生物安全管理条例》有关规定。

8.2 严格执行《饲料和饲料添加剂管理条例》有关规定。

8.3 栽培饲料作物的农药使用按 GB 4285 规定执行。

附录4 中华人民共和国农业行业标准

NY/T 5133—2002

无公害食品 肉兔饲养管理准则

1 范围

本标准规定了无公害肉兔生产过程中引种、兔场环境、兔舍设施、投入品、饲养管理、卫生消毒、废弃物处理、生产记录应遵循的准则。

本标准适用于生产无公害肉兔的种兔场和商品兔场的饲养与管理。

2 规范性引用文件

下列文件中的条款通过本标准的引用而成为本标准的条款。凡是注日期的引用文件，其随后所有的修改单（不包括勘误的内容）或修订版均不适用于本标准，然而，鼓励根据本标准达成协议的各方研究是否可使用这些文件的最新版本。凡是不注日期的引用文件，其最新版本适用于本标准。

GB 16548 畜禽病害肉尸及其产品无害化处理规程

NY/T 388 畜禽场环境质量标准

NY 5027 无公害食品 畜禽饮用水水质

NY 5130 无公害食品 肉兔饲养兽药使用准则

NY 5131 无公害食品 肉兔饲养兽医防疫准则

NY 5132 无公害食品 肉兔饲养饲料使用准则

种畜禽管理条例

饲料和饲料添加剂管理条例

3　术语和定义

3.1　肉兔 meat rabbit

在经济或体形结构上用于生产兔肉的品种（系）。

3.2　投入品 input

饲养过程中投入的饲料、饲料添加剂、水、疫苗、兽药等物品。

3.3　兔场废弃物 rabbit farm waste

包括兔粪尿，病、死兔，垫料，产仔污染物，过期兽药、疫苗和污水等。

4　引种

4.1　生产商品肉兔的种兔应来自有种兔生产经营许可证的种兔场，种兔应生长发育正常，健康无病。

4.2　引进的种兔应隔离饲养 30～40 天，经观察无病后，方可引入生产区进行饲养。

4.3　不应从疫区引进种兔。

5　兔场环境

5.1　兔场应建在干燥，通风良好，采光充足，易于排水的地方。

5.2　兔场周围 1 000 米无大型化工厂、采矿场、皮革厂、肉品加工厂、屠宰场或其他畜牧场污染源。

5.3　兔场应距离干线公路、铁路、居民区和公共场所 500 米以上，兔场周围应有围墙。

5.4　生产区要保持安静并与生活区、管理区分开。

5.5　兔场应设有病兔隔离区，避免传染健康兔。

5.6　兔场应设有焚尸坑及废弃物储存设施，防止渗漏、溢流、恶臭等污染。

5.7 兔场内不应饲养其他动物。

6 兔舍设施

6.1 兔舍建筑应符合卫生要求，内墙表面光滑平整，地面和墙壁便于清洗，并耐酸、碱等消毒液，兔舍建筑能保温隔热。

6.2 兔舍内通风良好，舍温适宜，舍内空气质量应符合 NY/T 388 的要求。

6.3 按兔体型大小和使用目的配置不同型号的饲养笼。

6.4 兔笼底网设计应防止脚皮炎发生。

7 投入品

7.1 饲料

7.1.1 饲料、饲料原料和饲料添加剂应符合 NY 5132 的要求。

7.1.2 青饲料应清洁、无污染、无毒，晾干表面水分后饲喂。

7.1.3 根据兔的不同生长阶段，按照营养要求配制不同的饲料。

7.1.4 不使用冰冻饲料或被农药、黄曲霉毒素等污染的饲料。禁用肉骨粉。

7.1.5 使用药物饲料添加剂时，应执行休药期规定。

7.2 兽药使用

7.2.1 饮水或拌料方式添加的兽药应符合 NY 5130 的规定。

7.2.2 育肥后期的商品兔，使用兽药时，应执行休药期规定。

7.3 防疫

7.3.1 防疫应符合 NY 5131。

7.3.2 防疫器械在防疫前后应消毒处理。

8 卫生消毒

8.1 消毒剂

应选择对人和兔安全，对设备没有破坏性，没有残留毒性的消毒剂，所用消毒剂应符合 NY 5131 的规定。

8.2 消毒制度

8.2.1 环境消毒

每 2～3 周对周围环境消毒 1 次。每月对场内污水池、堆粪坑、下水道出口消毒 1 次。兔场、兔舍入口处的消毒池使用 2% 的火碱或煤酚皂等溶液。

8.2.2 人员消毒

工作人员进入生产区，要更衣、换鞋，踩踏消毒池，接受 5 分钟紫外光照射。

8.2.3 兔舍消毒

进兔前应将兔舍打扫干净并彻底清洗消毒。

8.2.4 兔笼消毒

用火焰喷灯对兔笼及相关部件依次瞬间喷射。

8.2.5 用具消毒

定期对料槽、产仔箱、喂料器等用具进行消毒。

8.2.6 带兔消毒

用消毒液喷洒兔体本身及周围笼具。

9 饲养管理

9.1 饲养员

应身体健康，无人兽共患病，并定期进行健康检查，有传染病者不得从事养殖工作。

9.2 喂料

9.2.1 青绿饲料不应直接放在笼底网上饲喂。

9.2.2 保持料槽、饮水器、产仔箱等器具的清洁。

9.3 饮水

9.3.1 水质应符合 NY5027 的要求。

9.3.2 饮水设备应定期维修，保持清洁卫生。

9.4 日常清洁卫生

及时清扫兔笼粪便，保持兔舍卫生。

9.5 防鼠害

兔舍应有防鼠的措施，及时清除死鼠。

10 废弃物处理

10.1 兔场废弃物处理应实行减量化、无害化、资源化原则。

10.2 兔粪及产仔箱垫料应经过堆肥发酵后，方可作为肥料。

10.3 兔舍污水应经发酵、沉淀后才能作为液体肥使用。

11 病、死兔处理

11.1 传染病致死的兔尸或因病扑杀的死兔应按 GB 16548 要求进行无害化处理。

11.2 兔场不应出售病兔、死兔。

11.3 病兔应隔离饲养，由兽医进行诊治。

12 生产记录

12.1 所有记录应准确、可靠、完整。

12.2 生产记录，包括配种日期、产仔日期、产仔数、断奶日期、断奶数、出栏数等。

12.3 种兔系谱、生产性能记录。

12.4 各阶段使用的饲料配方及添加剂成分记录。

12.5 免疫、用药、发病和治疗记录。

12.6 资料应最少保留 3 年。

附录5 中华人民共和国农业行业标准

NY 5131—2002

无公害食品　肉兔饲养兽医防疫准则

1　范围

本标准规定了生产无公害食品的肉兔饲养场在疫病预防、监测、控制、产地检疫及扑灭方面的兽医防疫准则。

本标准适用于生产无公害食品的肉兔饲养场的兽医防疫。

2　规范性引用文件

下列文件中的条款通过本标准的引用而成为本标准的条款。凡是注日期的引用文件，其随后所有的修改单（不包括勘误的内容）或修订版均不适用于本标准，然而，鼓励根据本标准达成协议的各方研究是否可使用这些文件的最新版本。凡是不注日期的引用文件，其最新版本适用于本标准。

GB 16548　畜禽病害肉尸及其产品无害化处理规程

GB 16549　畜禽产地检疫规范

NY/T 388　畜禽场环境质量标准

NY 5027　无公害食品　畜禽饮用水水质

NY 5130　无公害食品　肉兔饲养兽药使用准则

NY 5132　无公害食品　肉兔饲养饲料使用准则

NY/T 5133　无公害食品　肉兔饲养管理准则

中华人民共和国动物防疫法

3　术语和定义

下列术语和定义适用于本标准。

3.1　动物疫病 animal epidemic disease
动物的传染病和寄生虫病。

3.2　病原体 pathogen
能引起疾病的生物体,包括寄生虫和致病微生物。

3.3　动物防疫 animal epidemic prevention
动物疫病的预防、控制、扑灭和动物、动物产品的检疫。

4　疫病预防

4.1　环境卫生条件
4.1.1　肉兔饲养场的环境卫生质量应符合 NY/T 388 的要求,污水、污物处理应符合国家环保要求,防止污染环境。

4.1.2　肉兔饲养场的选址、建筑布局、设施及设备应符合 NY/T 5133 的要求。

4.2　饲养管理
4.2.1　饲养管理按 NY/T 5133 的要求执行。

4.2.2　饲料使用按 NY/5132 的要求执行。

4.2.3　具有清洁、无污染的水源,水质应符合 NY/5027 规定的要求。

4.2.4　兽药使用按 NY/5130 的要求执行。

4.2.5　工作人员进入生产区必须消毒,并更换衣鞋。工作服应保持清洁,定期消毒。非生产人员未经批准,不应进入生产区。特殊情况下,非生产人员经严格消毒,更换防护服后方可入场,并遵守场内的一切防疫制度。

4.3　日常消毒
定期对兔舍、器具及兔场周围环境进行消毒。肉兔出栏后必须对兔舍及用具进行清洗、并彻底消毒。消毒方法和消毒药物的使用等按 NY/T 5133 的规定执行。

4.4 引进兔只

4.4.1 肉兔饲养场坚持自繁自养的原则。

4.4.2 必须引进兔只时,应从健康种兔场引进,在引种时应经产地检疫,并持有动物检疫合格证明。

4.4.3 兔只在起运前,车辆和运兔笼具要彻底清洗消毒,并持有动物及动物产品运载工具消毒证明。

4.4.4 引进兔只后,要及时报告动物防疫监督机构进行检疫,并隔离 30 天,确认兔体健康方可合群饲养。自繁自养的兔场,父母代兔要进行定期的检疫。

4.5 免疫接种

畜牧兽医行政管理部门应根据《中华人民共和国动物防疫法》及其配套法规的要求,结合当地实际情况,制定肉兔饲养场疫病的预防接种规划,肉兔饲养场根据规划制定免疫程序,并认真实施。对兔出血病等疫病要进行免疫,要注意选择和使用适宜的疫苗、免疫程序和免疫方法。

5 疫病控制和扑灭

肉兔饲养场发生疫病或怀疑发生疫病时,应依据《中华人民共和国动物防疫法》及时采取以下措施:

5.1 先通过本场兽医或动物防疫监督机构进行临床和实验室诊断。当发生二类疫病兔出血病、兔黏液瘤病、野兔热时要对兔群实行严格的隔离、扑杀及销毁措施;立即采取治疗、紧急免疫;对兔群实施清群和净化措施;全场进行彻底的清洗消毒,病死或淘汰兔的尸体按 GB 16548 规定进行无害化处理。

5.2 消毒及用药按 NY/T 5133 的规定执行。

6 产地检疫

产地检疫按 GB 16549 和国家有关规定执行。

7 疫病监测

7.1 当地畜牧兽医行政管理部门必须依照《中华人民共和国动物防疫法》及其配套法规的要求，结合当地实际情况，制定疫病监测方案，由动物防疫监督机构实施，肉兔饲养场应积极予以配合。

7.2 要求肉兔饲养场和动物防疫监督机构监测的疫病有兔出血病、兔黏液瘤病、野兔热等。监测方法按常规诊断方法中的血清学方法或病原诊断法进行。

7.3 根据当地实际情况，动物防疫监督机构要定期或不定期对肉兔饲养场进行必要的疫病监测监督抽查，并反馈肉兔饲养场。

8 记录

每群肉兔都应有相关的资料记录。其内容包括：兔只来源地，饲料消耗情况，发病率、死亡率及发病死亡原因，消毒情况，无害化处理情况，实验室检查及其结果，用药及免疫接种情况，兔只发往目的地等。所有记录必须妥善保存。

本书编写组.1989.皮毛工艺学.科学养兔指南〔M〕.北京：轻工业出版社.

陈方德.1999.兔高效生产手册〔M〕.上海：上海科学技术出版社.

单永利，张宝庆，王双同.2004.现代养兔新技术〔M〕.北京：中国农业出版社.

杜绍范，刘凤翥.2002.跟我学养肉兔〔M〕.北京：农村读物出版社.

范光勤.2001.工厂化养兔新技术〔M〕.北京：中国农业出版社.

范光勤.2002.工厂化养兔新技术〔M〕.北京：中国农业出版社.

谷子林，李新民.2003.家兔标准化生产技术〔M〕.北京：中国农业大学出版社.

刘国芬.2006.实用养兔技术〔M〕.北京：金盾出版社.

马新武，陈树林.2000.肉兔生产技术手册〔M〕.北京：中国农业出版社.

沈幼章，王启明.1999.现代养兔实用新技术〔M〕.北京：中国农业出版社.

孙效彪，郑明学.2004.兔病防控与治疗技术〔M〕.北京：中国农业出版社.

陶岳荣，等.2004.肉兔无公害高效养殖〔M〕.北京：金盾出版社.

汪志铮.2003.肉兔子养殖技术〔M〕.北京：中国农业大学出版社.

王丽哲.2002.兔产品加工新技术〔M〕.北京：中国农业出版社.

王永康.2006.无公害肉兔标准化生产〔M〕.北京：中国农业出版社.

王永坤.2002.兔病诊断与防治手册〔M〕.上海：上海科学技术出版社.

徐立德，蔡流灵.2002.养兔法〔M〕.北京：中国农业出版社.

杨正.1999.现代养兔〔M〕.北京：中国农业出版社.

于新元，王丰强，刘宝前 . 2005. 家兔标准化饲养新技术 ［M］. 北京：中国农业出版社 .

展跃平 . 2006. 肉制品加工技术 ［M］. 北京：化学工业出版社 .

张守发，宋建臣 . 2002. 肉兔无公害饲养综合技术 ［M］. 北京：中国农业出版社 .

郑军 . 2005. 养兔技术指导 ［M］. 北京：金盾出版社 .

朱香萍，杨风光，潘庆杰，张再生 . 2001. 肉兔快速饲养与疾病防治 ［M］. 北京：中国农业出版社 .

图书在版编目 (CIP) 数据

无公害肉兔安全生产手册／曹斌主编 . —2 版 . —
北京：中国农业出版社，2013.10
（最受养殖户欢迎的精品图书）
ISBN 978 - 7 - 109 - 18366 - 7

Ⅰ . ①无⋯   Ⅱ . ①曹⋯   Ⅲ . ①肉用兔－饲养管理－无
污染技术－技术手册   Ⅳ . ①S829.1 - 62

中国版本图书馆 CIP 数据核字（2013）第 222392 号

中国农业出版社出版
（北京市朝阳区农展馆北路 2 号）
（邮政编码 100026）
责任编辑   颜景辰

中国农业出版社印刷厂印刷   新华书店北京发行所发行
2014 年 1 月第 2 版   2014 年 1 月第 2 版北京第 1 次印刷

开本：850mm×1168mm 1/32   印张：11.75
字数：290 千字
定价：30.00 元
（凡本版图书出现印刷、装订错误，请向出版社发行部调换）